Pädagogisches Skizzenbuch.

Pädagogisches Skizzenbuch

von

Ludwig Noiré.

Manches habe ich gelernt von meinen Lehrern, mehr von meinen Genossen, das Meiste von meinen Schülern.

Talmud.

Seien denn auch wir Verkünder
Einer jüngern Brüderschaar,
Deren Bau und Wuchs gesünder,
Höher sei, als unsrer war.

Uhland.

Leipzig,
Verlag von Veit & Comp.
1874.

Den drei großen deutschen Erziehern,

Ludwig Beethoven,

Ludwig Uhland,

Ludwig Richter

in inniger Verehrung gewidmet.

Es war ein schöner Brauch der mittelalterlichen Kirche, der auch heute noch in der katholischen Kirche fortlebt, den Menschen bei seinem Eintritt in das Leben und die Gemeinde durch die Namengebung einem Heiligen — als Beschützer und Vorbild auf dem Lebenswege — anzuempfehlen. Mir ward als Patron der fromme und ritterliche König Ludwig IX. von Frankreich. Dieser edelste König auf dem französischen Throne war nicht nur ein Nationalheiliger, ja auch nicht ausschließlich ein katholischer Heiliger, denn sein Biograph Joinville erzählt, daß die Aegypter einmal daran gedacht hätten, durch die Vortrefflichkeit seines Charakters und seine Glaubensinnigkeit gerührt, ihn, den Gefangenen und Feind, zu ihrem Sultan zu erwählen und, was das Merkwürdigste ist, Ludwig habe nachmals geäußert, er würde es auch angenommen haben.

Seitdem das Mittelalter mit seiner ausschließlich theologischen Geistesrichtung versunken ist, leuchten jene Namen, die einst wie Sonnen die Erdenlaufbahn verklärten und die Herzen erwärmten, nur noch als blinkende, aber kalte Sterne in unser von höheren Aufgaben und mächtigeren Impulsen bewegtes Zeitalter.

Ich habe diesem Werkchen drei Namensgenossen vorangestellt, die durch ihre Schöpfungen den tiefgehendsten Einfluß auf meine Geistesentwickelung wie auf die der gegenwärtigen Generationen ausgeübt haben und auch in Zukunft ausüben werden; drei hellstrahlende Sonnen, die am Himmel deutscher Kunst und deutschen Lebens überall die Keime des Edlen und Schönen zu fröhlichem Dasein hervorrufen und entwickeln. Auch sie sind nicht ausschließlich national, sowenig als im Mittelalter jener französische König; denn indem sie die schönsten Eigenschaften des deutschen Geistes wunderbar entfalten, schmücken sie auch den Garten der Menschheit mit unvergänglichen Blüten.

Das Schöne, das Edle, das Wahre — die drei großen Zielpunkte der Erziehung — sind nur eine dreifache Manifestation desselben Grundtriebes in der Menschenseele, des Strebens nach dem hohen Ideal der Menschheit, an dessen Verwirklichung alle Culturvölker, jedes an seinem Theile und nach seinem besten Vermögen, gearbeitet und gerungen haben. Viel schuldete das deutsche Volk seinen Vorgängern, aber es hat diese Schuld durch eigenes Schaffen reichlich abgetragen und seines Dankes an die Vorzeit ein vollgerüttelt Maß in die Hände der Gegenwart und Zukunft niedergelegt.

Von diesen Gedanken bewegt widmete ich diese Blätter über Erziehung jenen drei großen Erziehern. Möge der von den Dreien, der noch unter den Lebenden weilt und lange weilen möge, dies Büchlein als ein schwaches Zeichen innigen Dankes für viele schöne und glückliche Stunden, die ich ihm schulde, freundlich entgegennehmen.

Mainz, Frühlings Anfang 1874.

Ludwig Noiré.

Vorwort.

Von den Fortschritten und Resultaten der Wissenschaft auf fast allen Gebieten haben in unserem Jahrhundert theils die Förderer der einzelnen Wissenschaften selbst, theils bescheidenere Arbeiter — berufene und unberufene — in populärer Darstellung Rechenschaft gegeben und so das Interesse der Gebildeten der verschiedensten Berufskreise für das ihrer Thätigkeitssphäre zwar Fernerliegende, aber doch allgemein Wissenswerthe erweckt. Die Chemie, die Physik, der Kreislauf des Lebens, die Geschichte der Erde, die Entwickelungslehre der organischen Wesen, die Morphologie und Physiologie der Pflanzen, das Steinzeitalter und die Urgeschichte der Menschheit, sie alle haben ihre Vertreter gefunden, und die chemischen Affinitäten, die Wärme als Bewegung, die Obertöne, die Functionen der thierischen Organe, sowie der Pflanzenzelle und Gefäßbündel, die Eiszeit und Gletscherbewegung, die Monere und der Bathybius, Feuersteinwaffen, Menhirs und Dolmen, der Menschenschädel aus dem Neanderthal sind nicht mehr ausschließliches Eigenthum der Fachgelehrten, sondern Gemeingut derer, die auf allgemeine Bildung Anspruch machen.

Ein Gebiet, Wissenschaft zugleich und Kunst, welches im achtzehnten Jahrhundert alle Geister interessirte und beschäftigte, da der jugendliche Glaube an die unendliche Vervollkommnungsfähigkeit der menschlichen Natur der Fundamentalsatz alles Denkens und Strebens geworden war, scheint dieses allgemeine Interesse gänzlich verloren zu haben und unter dem Banne einer großartigen Enttäuschung nur den speciellen Berufsgenossen überlassen zu werden: es ist die Pädagogik. Wie viel die vornehme Abgeschlossenheit der classischen Philologie, welche die höhere Jugendbildung als ausschließliches Erbtheil beansprucht, dazu beigetragen hat, dies ablehnende Verhalten des größeren Publikums zu verursachen, ist hier nicht der Ort zu untersuchen.

Ich habe den Versuch gewagt, in der anspruchlosen Form der Plaudereien dieses Interesse, soweit in meinen Kräften steht, wieder zu erwecken. Meine Berechtigung dazu glaubte ich in einer vieljährigen Beschäftigung mit der Sache, einem ehrlichen guten Willen, sowie in einer lebendigen Begeisterung für die hohe Aufgabe der Heranbildung der Jugend, der wahren Erbin aller Vortrefflichkeiten der Vergangenheit und des Saatkorns einer neuen, besseren Zukunft, finden zu dürfen. Daß die lebhafte Betheiligung der außerhalb der Schulkreise stehenden Gebildeten an diesen Fragen, welche sie mit ungetrübterem Blicke und größerer Unbefangenheit als die Fachgenossen zu beurtheilen vermögen, in letzter Instanz auch der Schule wieder zu gute kommt, indem sie dieselbe vor Einseitigkeit und scholastischer Verirrung bewahrt, ist gewiß, und von diesem Gesichtspunkte aus könnten diese Blätter — Streifzüge auf alle Gebiete des Unterrichts — auch einen wirklichen, dauernden Nutzen haben. Mögen dieselben eine wohlwollende Aufnahme finden!

Noch bemerke ich, daß die beiden diesem Werke vorangestellten Mottos für den tiefer Denkenden einen inneren Zusammenhang darbieten. Der echte Lehrer, der an dem Geistesleben der heranwachsenden Generation Antheil nimmt, sieht wie Moses von erhöhtem Standpunkte Kanaan im Morgenschimmer. So enthalten die beiden schönen Sprüche einen dichterischen Ausdruck der Entwickelungslehre.

Der Verfasser.

Inhalt.

I.

Die Classiker und die Schule.

Was glänzt, ist für den Augenblick geboren,
Das Aechte bleibt der Nachwelt unverloren.
Goethe.

An Herrn Paul Lindau.

Gestatten Sie mir, geehrter Herr Redacteur, Ihnen zuvörderst meine innige Theilnahme und warmes Mitgefühl für die Redactionsleiden, denen Sie in dem Neujahrsartikel der „Gegenwart“ so beredten Ausdruck verliehen, auszusprechen. Glauben Sie mir, es gibt verwandte Seelen, denen ähnliche Bekümmernisse, wenn auch in kleinerem Maßstabe, nicht erspart bleiben. Auch Ihr ergebener Diener gehört zu der zahlreichen Klasse derer, die die Verpflichtung fühlen, sich mit den namhaftesten Erzeugnissen der neueren Literatur vertraut zu machen. Manch stiller Seufzer entringt sich auch meiner Brust, wenn ich beim Frühstück pflichtgemäß die „Allgemeine Zeitung“ und Literaturblätter lese und dann in meinem Diarium die ganze Reihe von ausgezeichneten Schriftstellern, Dichtern und Literarhistorikern notire, deren neuestes vortreffliches Werk da in dithyrambischen Worten angepriesen wird, und das denn als ein unbedingt zu lesendes angemerkt wird. Mein Amt ist nämlich, nicht nur die literarischen Erstlinge der heranwachsenden Generation, unter der ja doch auch — der Wahrscheinlichkeitsrechnung nach — sich mindestens e i n künftiges Genie befinden muß, mit dem Rothstift zu kritisiren, sondern auch dieser nämlichen Jugend außer den Meisterwerken unserer classischen Epoche auch die große von Tag zu Tag wachsende Zahl der vorwärts, nach bisher noch nicht erreichten Idealen strebenden Gegenwarts- und Zukunftsdichter vorzuführen und bei jedem einzelnen denn doch auch ein treffend Wörtlein zu sagen, mit der nothwendigen Verclausulirung natürlich, daß über den wahren, tief menschheitlichen Inhalt dieser Werke eigentlich erst die Nachwelt berufen ist, ein Urtheil zu sprechen. Mit dieser Clausel werden wohl die meisten dieser Dichter, da sie mit ihrer innersten Ueberzeugung übereinstimmt, sich zufrieden geben. Daß dabei auch manchmal die zopfige Aeußerung eines griesgrämigen Alten, wie Grillparzer's, erwähnt wird, der sich nicht zum Voranschreiten nach dem Zukunftsideal verstehen konnte, sondern „rückwärts wollte dahin, wo Schiller und wo Goethe stand", kommt hier nicht in Betracht.

Daneben thronen denn auf meinem Schreibtisch außer den von Ihnen besprochenen dickleibigen Literaturgeschichten von Kurz, Gottschall auch noch die übrigen von Koberstein, Gervinus, Julian Schmidt, Hillebrand und noch manche andere, bei deren Anblick doch gar manchmal das Wort des Faust'schen Famulus: „Ach Gott, die Kunst ist lang und gar zu kurz das Leben", gerechtfertigt erscheint. Drohend und mahnend, wie die Stimme des Gewissens, schauen sie herunter und scheinen zu sagen: „Welche gewaltige Menge von Geistern ersten und zweiten Ranges haben wir verdaut, registrirt, paragraphirt, in saubere Kapitel eingetheilt, für jedes eine schöne Ueberschrift gefunden, die gleichsam die Signatur, das Kennzeichen jedes dieser einzelnen Geister ausmacht! Ja, wir haben den Geist, der in großen weitschichtigen Werken vertheilt war, in zierliche Fläschchen und krystallhelle Phiolen abgezogen, alle schön zugestöpselt und fein etikettirt auf sauberen Regalen aufgestellt, sodaß du nur zugreifen magst. Auch für dich und deine pädagogischen Zwecke ist Vorsorge getroffen, denn es ist eine ganze Reihe von Gläsern mit einem schwarzen Todtenkopf bemalt und darauf das warnende Wort: Gift geschrieben. Und du Undankbarer, dem es so bequem gemacht wird, wie erfüllst du deine Pflicht gegen uns, wie dankst du unserer Mühe? Kannst du dich rühmen, uns alle pflichtmäßig — nicht studirt — nein, nur gelesen zu haben?" So ruft der Chor und am lautesten vernehme ich daraus die Stimme des Herrn Julian Schmidt, dessen Werk ich in einer älteren, noch nicht von Herrn Lassalle revidirten Ausgabe besitze. „Gemach, ihr Herren!" ächzt nun in mir die menschliche Schwäche, die nie zu überwindende, „allen Respekt vor euerem Geist und der Vortrefflichkeit euerer Kritik! Wollet doch aber in gütige Betrachtnahme ziehen, daß bei alledem doch auch das geringste Menschenkind, soll es anders mit sich zufrieden sein, auf eine Kleinigkeit Anspruch macht, auf die es niemals verzichten kann, und diese heißt:

selbst denken und selbst urtheilen.“ Ja, das ist etwas, was mir so sehr unter die ungeschriebenen, aber unveräußerlichen Menschenrechte gehört, daß ich es nicht nur mir selber, sondern sagar meinen Schülern zumuthe, von denen ich doch kraft meines cum laude absolvirten Examens und Allerh. Bestallungsdecrets das jurare in verba magistri zu verlangen berechtigt wäre. So ist mir denn auch der Fall vorgekommen, daß einer meiner früheren Schüler mir vor kurzem eingestand, daß er sich ernstlichst vorgenommen, einen auf der Universität angenommenen Gebrauch, über Schriftsteller und Schriften, die er nie gelesen, nach Feuilletonsberichten oder Literaturwerken bei Gesprächen und Unterhaltungen ein „gewiegtes und maßgebendes“ Urtheil auszusprechen, sich abzugewöhnen, da er sich beim Nachhausekommen immer vor sich selbst geschämt hätte. Der Aermste! Um wie viel schönen Unterhaltungsstoff ist er durch diese Selbsterforschung gekommen, und wie würde es um viele Literarhistorien aussehen, wenn diese Ketzerei eine allgemeine würde! Statt der schönen dickleibigen, lückenlosen Vollständigkeit böten sie trostlose Magerkeit, Unvollständigkeit, Stückwerk!

Doch wohin gerathe ich? Zweck dieses meines Schreibens war, Ihnen, geehrtester Herr, ein Trostwörtlein in Ihrem mühe- und dornenvollen Berufe zukommen zu lassen, und nun merke ich, daß ich in die von Ihnen angestimmte Klage mit einstimme, ja dieselbe gewissermaßen nur paraphrasire. Also zur Sache!

Bei der Ueberschau des Meeres von Vortrefflichkeiten, in welchem der gegenwärtige Mensch, ob verantwortlicher Redacteur, ob einfacher unverantwortlicher Leser, zu schwimmen hat, kommt mir oft in den Sinn, daß ähnliche Oceane ja wohl auch in den vergangenen Jahrhunderten geflutet haben mögen, wenn auch nicht zu leugnen, daß es ehedem auch noch andere Abzugskanäle für geistreiche Gedanken und lichte Einfälle gegeben hat — ich erinnere nur an die naturwissenschaftlichen Réunions in England zur Zeit Newton's und die Bureaux d'esprit und glänzenden Salons in Frankreich — während heutzutage jede „Gehirnabsonderung“, um mich in dem eleganten modernen Stil auszudrücken, säureartig wirkt und erst zur Ruhe kommt, wenn sie sich mit der „Basis" der Druckerschwärze vereinigt hat, wobei freilich nicht immer gesagt ist, daß das Produkt ein „Salz" enthalten muß. Doch ist bei alledem auch das Vermächtniß der Vergangenheit — auf Pergament, Katzenpapier und Velin — schon ein so beträchtliches, daß auf Mittel und Wege gesonnen werden muß, dem armen Bienlein, das in dieser Flut schwimmt, ein Blättchen zuzuwerfen, auf welches es sich retten und festen Fuß fassen kann. Mit einem Worte, es muß ein Kriterium gefunden werden, wonach die tagtäglich enormere Dimensionen annehmende Speise der Verdauungsfähigkeit eines menschlichen Magens angemessen gemacht wird und der von allen Seiten gehörten Frage: „Was soll ich lesen?" — eigentlich nur ein Euphemismus für die angstvolle: „Was soll ich nicht lesen? — ein vernünftiger Bescheid gegeben werden kann. Darauf könnte nun Jemand sagen, daß die Antwort schon längst vorhanden sei, indem bereits der Prediger Salomonis die weisheitsvolle Lehre gegeben: „Lerne, mein Sohn, vieles Lesen verdirbt den Leib und des Büchermachens ist kein Ende!" Das wäre nun denn doch eine zu radicale Cur, sich gerade nach dem Manne zu richten, der schon vor Schopenhauer die große Wahrheit gefunden, daß „Alles eitel" ist, sodaß letzterer trotz seiner zeternden Selbstvergötterung auch die Wahrheit des andern Wortes: „Nichts Neues unter der Sonne" bestätigen muß. Ich möchte darum lieber den Ausspruch eines andern Mannes, eines echt deutschen und bibelkundigen — es ist kein anderer als Dr. Martin Luther — zur Richtschnur nehmen, der da sagt: „Viel Bücher macht nicht gelehrt, viel Lesen auch nicht, sondern gut Ding und oft lesen, wie wenig es sei, das macht gelehrt." Dies Kraftsprüchlein gab also schon zur Zeit des ersten Erblühens der Buchdruckerkunst den Wegweiser zu einer Rettungsinsel, die damals bereits nothwendig erschien. Also nur „gut Ding und oft lesen, wie wenig es sei", das ist die Parole, und für Niemanden ist es wichtiger, nun auszufinden, was denn eigentlich unter dem gut Ding zu verstehen, als für uns Schulmänner, die wir durch ein anderes ebenso gewichtiges Wort: „Für die Jugend ist das Beste gerade gut genug," tagtäglich an die ernste Erwägung dieser Frage gemahnt werden. Damit träfen wir denn auch mit dem Kritiker und Literarhistoriker auf einem gemeinsamen Gebiet gegenseitiger Aushilfe zusammen, indem wir ihm auf seine seufzende Frage: „Was wird Dauer haben?" die beruhigende Antwort geben können: „Was zu uns in die Schule kommt", und wir uns bei ihm Raths erholen, was er für vortrefflich genug hält, um dem Vortrefflichsten, was es gibt, den lebendigen Geistern der heranreifenden Generation als Nahrung zu dienen. Nachdem ich mir somit einen Geleits- und Berechtigungsschein in Ihr Gebiet verschafft habe, werden Sie es hoffentlich nicht ungnädig aufnehmen, wenn ich im Folgenden mit einigen harmlosen Plaudereien aus dem scheinbar so eng gezogenen und doch so reichen Bezirke der Pädagogik Ihre Zeit in Anspruch nehme.

Es ist ein eigen Ding um die sogenannten Classiker, — bekanntlich ein Wort, das in seiner jetzigen allgemeinen Bedeutung erst zur Zeit der Renaissance aufkam — und die Auswahl der classischen Schriften in unseren Schulen hat in mir schon absonderliche Betrachtungen erweckt. Es ging mir manchmal wie Feuerbach, der einst den paradoxen Satz aufstellte: Es ist ein specifisches Kennzeichen eines Philosophen, daß er kein Professor der Philosophie ist; gerade so kam ich mitunter auf den Einfall: das Wesen des Classikers besteht darin, daß er nicht für die Klasse geschrieben hat. Und in der That, hätte sich der blinde Sänger von Chios, als er den lauschenden Griechen seine unsterblichen Lieder vom Zorne des Peliden und dem Heimweh des Odysseus vortrug, hätte Cicero, als er im Senat seine heftigen Invectiven gegen Catilina extemporirte, oder Cäsar, als er seine kühnen und in tief politischer Absicht geführten gallischen Feldzüge niederschrieb, hätte Horaz, da er sein von Falerner und Liebe trunkenes Gemüth in melodischem Jauchzen austönte, oder Ovid, der zarte Sänger antik-realer Liebe — hätten sie alle wohl je sich träumen lassen, daß sie dereinst als Muster und Vorbilder in den Händen blondlockiger Germanenkinder und celtoromanischer Enkel manche wahre Begeisterung und auch manch stilles Weh und Ach veranlassen würden? Was ist, worin besteht nun das Wesen des C l a s s i s c h e n? Warum schreiben wir diese Eigenschaft vornehmlich den antiken Schriftstellern zu? Und warum halten wir dieselben als ein unersetzliches Mittel edelster, idealer Bildung bei unserer bevorzugten Jugend fest trotz der wüthenden Angriffe verbissener Utilitarier, trotz der Zeitströmung, welche entschieden aus dem modernen Geistesleben die Bildungsmittel genommen wissen möchte, ja trotz der gar oft zu Tage tretenden Abneigung der Jugend selber gegen „den griechischen und lateinischen Zopf"?

Ein eminent praktischer und moderner Geist, der aller Vermuthung nach in dem Lager unserer Gegner zu finden sein sollte, John Stuart Mill, hat darüber ein gewichtiges Wort gesprochen, welches so ziemlich den Nagel auf den Kopf trifft. „Man nehme irgend einen Satz eines antiken Classikers," sagt er, „und man wird finden, daß hier der Gedanke seine Form geschaffen und dieselbe vollkommen durchdrungen hat. Da ist jedes Wörtchen mit zwingender Nothwendigkeit an seiner Stelle; von welcher Seite man immer dem in den Worten gebundenen Thatsächlichen sich nähert, überall findet man dieselbe gedrungene Festigkeit und Geschlossenheit, sodaß ein falsches Auffassen unmöglich wird. Wie anders wir Neueren! Wir werfen da, wo das Alterthum nur einen Satz gebrauchte, den Gedanken drei- viermal in verschiedenen Sätzen herum, bis wir denken, der Leser hat ihn in verschiedenartigster Beleuchtung genugsam aufgefaßt, und gehen dann zu einem andern Gedanken über, mit dem wir es gerade so machen." Das wäre demnach etwa das Verhältniß einer antik-griechischen oder römischen Portraitbüste zu den Darstellungen der echt modernen Kunst der Photographie, von welchen Dutzende oft nicht im Stande sind, eine getreue, charakteristische Auffassung einer Physiognomie zu geben. Woher aber stammt dieser Unterschied? Und warum sind uns die Alten, wie in der bildenden Kunst, so auch in den literarischen Erzeugnissen ewige, unerreichte Muster? Durch Lyell, Darwin und die moderne Geologie haben wir bedeutend an Respekt vor dem Längstvergangenen verloren: die wissenschaftliche Methode aus dem Gegenwärtigen auf das Rückwärtsliegende zu schließen, hat zu dem Ergebnisse geführt, daß die Natur vor vielen Jahrtausenden gerade so stetig und allmählich ihr Werk fortsetzte wie heute auch. Und so haben wir uns auch zu dem heilsamen Gedanken aufgeschwungen, daß die Alten Menschen waren wie wir, daß wir bei ihrer Werthschätzung den Maßstab von unsern heutigen Verhältnissen nehmen müssen, wenn wir ein richtiges Verständniß erreichen wollen; daß es also nicht mehr genügt zu sagen: Ja, das waren eben die Alten! sondern daß wir uns ihre eigenartige Vortrefflichkeit aus besonders günstigen allgemeinen Verhältnissen zu erklären haben.

Ein wesentlicher Unterschied dieser letzteren liegt jedenfalls darin, daß es bei den Alten, wenigstens in der guten Zeit, keine Literatur ex professo gab, daß man die Beschäftigung mit den Musen als ein ruhiges Sichselbstgenießen, ein Freisein von Müh' und Arbeit betrachtete, wie denn Sallust sich noch entschuldigen zu müssen glaubt, da Viele seinen Studien den verunglimpfenden Namen „Müßiggang" beilegten. In der stillen Sammlung dieser Ruhe und ländlichen Abgeschiedenheit reiften natürlich ganz andere Produkte als in dem Sturm- und Wettlauf des modernen vielschreibenden Literatenthums, wo es gilt, vor allem und durch alle Mittel sich auszuzeichnen, um die Aufmerksamkeit des vielstimmigen, lärmenden Publikums auf sich zu ziehen. Und von diesem Gesichtspunkte aus begreift sich denn auch vollkommener jener vortreffliche Ausspruch Goethe's, der auf seiner italienischen Reise den Unterschied des Alten und Neuen in wunderbarer Reinheit schaute: „Laß mich meine Gedanken kurz so ausdrücken: sie stellten die Existenz dar, wir gewöhnlich den Effect; sie schilderten das Fürchterliche, wir schildern fürchterlich, sie das Angenehme, wir angenehm. Daher kommt alles Manierirte, alle falsche Grazie, aller Schwulst. Denn wenn man den Effect und auf den Effect arbeitet, so glaubt man ihn nicht fühlbar genug machen zu können." Tritt in dieser so tiefen und doch schlicht einfachen Bemerkung nicht der Unterschied aller wahren und falschen Kunst aufs klarste hervor? Wer fühlt hierbei nicht die Gegensätze von Händel und Bach neben Meyerbeer und Richard Wagner? Wer nicht den Unterschied der großartigen Naivetät der alten italienischen und deutschen Malerschulen gegenüber der modernen Effecthascherei, einerlei, ob diese in akademisch-rhetorischer Gewandungsphrase oder in Affectation des Naturalismus oder in gelehrter Detailrichtigkeit oder auch in harmonischer Farbenwirkung besteht; des innig-treuherzigen Volkslieds gegenüber der pathetischen Sentimentalitätsdichtung oder der saloppen Affectation liederlicher Naturdichtung? Also die Sache, der Gegenstand, der schlicht und gleichsam unbewußt den Gedankeninhalt der Rede ausmacht, das Einfach-Natürliche, das immer rein und innig wirkt und das uns zu Thränen rühren kann, das ist der eine Pol, die gewollte Wirkung der andere. Und was ist es, das uns in der letzteren so sehr abstößt, uns zu keinem frohen Genusse kommen läßt? Es ist dies das leidige Ich des Autors, das überall aus den weiten Falten des pompösen Stils oder der zusammengeflickten Hanswurstjacke des geistreich sein sollenden hervorguckt und inmitten der weinerlichen Rührung, der hochtragischen Effectscene, der übernatürlichen Natürlichkeit mit seinen Grimassen zum Lachen reizt.

Mein oben erwähnter Einfall, wonach das Charakteristische des Classischen darin besteht, daß es nicht für die Klasse und nicht in der Absicht, classisch zu sein, geschrieben worden ist, ist vielleicht doch nicht so ganz uneben und nicht ohne historische Begründung. Ich schweife einige Jahrhunderte rückwärts und finde da Eingangs des 16. Jahrhunderts das berühmte, von den Zeitgenossen als das höchste Meisterwerk angestaunte allegorisch-ritterliche Heldengedicht, den kaiserlichen Theuerdank, über welchen damals fast so viele Commentare geschrieben wurden als heutzutage über Faust und Hamlet. Im Jahre 1517 wurde es bekanntlich mit unerhörter Pracht auf Pergament gedruckt und, damit es nur den auserwähltesten Geistern zugänglich bliebe, in einer sehr kleinen Zahl von Exemplaren. Wer hätte wohl denken sollen, daß dieses Wunderwerk sehr bald in dem Staube der Bibliotheken vermodern werde, daß dagegen ein einfacher Zettel, welchen in demselben Jahre ein schlichter Augustinermönch an das Thor der Schloßkirche zu Wittenberg anschlug, zu einem weltumgestaltenden Ereigniß, zu einer der Grundsäulen der modernen Geistescultur werden würde? Oder wer hätte die Vermuthung aussprechen können, daß die gegen Ende dieses Jahrhunderts in Frankreich entstandenen tiefsinnigen theologischen Werke, in welchen das Heil der Welt, Gott und seine Schöpfung in der gründlichsten und zweifellosesten Weise abgehandelt wurden, oder gar die das Alterthum neuerweckenden Dichtungen der ruhmesstrahlenden Plejade sehr bald das Schicksal des Theuerdank theilen würden, während die harmlosen Plaudereien und Mußestündchen eines liebenswürdigen Zweiflers, der selbst die Devise gewählt hatte: Que sais-je? noch heute den Stolz und köstlichsten Besitz der französischen Literatur ausmachen? Und abermals ein Jahrhundert nachher, da der deutsche Parnaß von auserwählten, mit Lorbeeren überhäuften „Pfalzgrafen“ wimmelte, welchen von Zeit- und Berufsgenossen die Unsterblichkeit garantirt war für ihre wunderbaren geistreichen Schäferspiele, ihre blinkenden und blitzenden Madrigale, Sonette, Elegien und Oden, für ihre von ausgesuchten Bildern und mythologischer Gelehrsamkeit strotzenden Gelegenheitsgedichte, wer hätte ahnen können, daß all diese Herrlichkeit vergehen und ein paar verachtete Liedchen, die ein thüringischer Bauer oder eine elsässische Schnitterin, um sich die Zeit zu kürzen, sangen, die Bewunderung der auserwähltesten Geister und der Keim zu den herrlichsten Dichtungen des größten Genius der Nation sein würden?

O Kronos, böser Schwager, wie übel fährt man mit dir! Wie räucherst du goldene Verbrämungen und glänzendes Geschmeide ein, daß es nur noch für die Rumpelkammer gut ist! Ach, es erfaßt mich Wehmuth, wenn ich an deine Launen denke und an das Schicksal, das du vielleicht manchem jetzt auf der Sonnenhöhe seines Ruhmes stehenden „Unsterblichen“ bereitest. Ja, es sollte mich nicht wundern, wenn in fünfzig Jahren schon von manchen hochgepriesenen Volks- und Dorfgeschichten gar abfällig mit Ausdrücken wie „süßliche Sentimentalität, gesuchte Natürlichkeit, manierirte Genremalerei“ zur Tagesordnung übergegangen würde, während vielleicht die Schriften eines Jeremias Gotthelf, der eigentlich gar keine Berechtigung hat, da er seine Erzählungen nur zu Nutz und Frommen seiner Bauern schrieb, welchen daher auch Herr Gottschall, mit Recht die „Kühdreckhosen und Mistjauche“ hervorhebend, allen ästhetischen Werth abspricht, als echte Volksschriften, meisterhafte Zeit- und Sittenbilder werden gepriesen werden. Ja, so übel ist das Thun der Zeit und ihre Zerstörungswuth, daß Männer, welche ihr langes Leben hindurch an ihrem Ruhm gearbeitet haben, in ihrer Todesstunde sich resigniren, wie Hr. Alex. Dumas, der in seinem Testamente in rührender Ergebung sagt: „Peu de personnes ont fait, de leur vivant, tant de bruit dans le monde que moi. Est-ce que, six mois après mon décès, on prononcera encore mon nom?“ Ach, wo werden dann die tiefen Weisheitslehren der philosophischen Systeme sein, wo die tief durchdachten Lösungen geschichtlicher Probleme, wo die glänzenden Geschichtsdarstellungen, die von Patriotismus und Pragmatismus strotzen, wo die feinen ästhetischen Bemerkungen, die das Schaffen des Künstlers und das Werden des Kunstwerks „auf der That ertappen“? Was wird sich dann auf die grüne Insel der Classicität und Schulfähigkeit hinübergerettet haben, um von dem vorübergleitenden Strome der Vergessenheit nicht verschlungen zu werden? Ach, es ist beschämend, es eingestehen zu müssen, vielleicht nur veraltete Werke eines Lessing oder Kant, vielleicht die Schriften eines unscheinbaren jüdischen Lehrers zu Frankfurt am Main oder das von keiner literarischen Inspiration eingegebene, lediglich einem praktischen Zwecke dienende Geschichtswerk des großen Generalstabs.

In den Sprachwissenschaften wie in der Logik gibt es eine Methode, den Begriff eines Wortes durch seinen Gegensatz (Antonyme, Contraria) zu definiren. Das Classische ist schon durch verschiedenste Gegenüberstellungen bestimmt worden: Schiller setzte es in seiner berühmten Abhandlung dem Sentimentalen entgegen, die nachfolgende Zeit schied zwischen Classikern und Romantikern. Ich glaube, in unsern Tagen dürften drei Gegensätze erwachsen sein, jeder scharf gezeichnet und in directer Opposition zu dem Classischen, ich meine die Liederlichkeit, die Geistreichigkeit und die Phrase. Von den Vertretern und Incarnationen dieser drei Richtungen werde ich im nächsten Abschnitte reden. Nur mit der letzteren — denn sie ist der Crispinus, mit welchem ich im Verlaufe dieser Plaudereien immer wieder zu thun haben werde — möchte ich hier gleich von vornherein anbinden. Sie ist die wahre Seuche der Gegenwart, sie beherrscht alle Gebiete von dem Chocolat Menier, der mit riesengroßen Lettern seine Vortrefflichkeit rühmt, bis zu den weltbeglückenden Bildungsschriften, die von Hildburghausen ausstrahlen, von dem Erbsenmehl du Bary's bis zu den „von höchster Stelle inspirirten" Leitartikeln der gediegensten und einflußreichsten Tagesblätter. La phrase nous tue, die Franzosen wissen's, sie schwimmen darin und haben schon eine gewisse Eleganz erworben, mit der sie sich's gegenseitig abnehmen. Bei ihnen wäre eine Grobheit, wie die jenes Weinreisenden, der seinem aufschneidenden Collegen das Wort abschnitt mit der Bemerkung: „Ich lüge selbst", geradezu unmöglich. Die Phrase bedeckt das ganze Gebiet der Tagesliteratur mit ihren Ausläufern und Wurzeltrieben, sie ist der wahre Proteus, der alle Gestalten annimmt. Sie tritt auch zu Zeiten in der Rolle der Natürlichkeit und Biederkeit auf, wie der Hofrath in Immermann's Münchhausen. Diese Naturphrase habe ich vorhin schon angedeutet. Sie ist eine der ekelhaftesten, weil sie mit dem Scheine der Wahrheit kokettirt. Sie wird nur überboten durch die, von welcher Schiller, ich glaube, bei Gelegenheit von Manso's Liebeskunst sagte:

Doch was das schrecklichste ist von allen entsetzlichen Dingen,
Ist, wenn ein alter Pedant jugendlich locker noch thut!

Die Phrase breitet ihr weites verstrickendes Geflecht aus in zahlreichen Lehrbüchern der Aesthetik; sie steigt mit dem Docenten auf das Katheder und erfüllt eine Stunde lang mit dem süßen Klingeln ihres Wohllauts die Ohren der entzückten Zuhörer; diese versuchen sich dann später auf der Bierbank, im Repetitorium, beim ästhetischen Thee, und siehe, sie findet sich ein und strömt anstrengungslos und in melodischem Tonfall auch von ihren Lippen. In den geschichtlichen Werken kehrt sie, hundertmal vertrieben, immer wieder durch irgend ein Hinterthürchen ein und schwillt dann oft so mächtig an, daß sie einen ganzen dicken Band einnimmt, vide Exempel Herrn Henri Martin's Histoire de France, wo der ganze erste Theil Bilder aus dem altgallischen Culturleben eigenster Construction sind. Ihre liebste Domäne aber ist das Gebiet der speculativen Philosophie, wo sie entweder den Eiertanz mit fünf bis sechs dürftigen Ideen beginnt oder von Gott, Welt, Schöpfung mit einer

Sicherheit Bericht erstattet, als ob sie dabei gewesen wäre und mitgeholfen hätte. Aus einem solchen Collegium rannte einmal ein Sonderling, der offenbar Alles zu schwer nimmt und von der schlimmsten Seite ansieht, in Verzweiflung nach Hause, schrieb sich die hohe Lehre in sein Tagebuch nieder und dazu die Notiz: „Dieses und noch mehreres Derartige hat er heute gesagt. Ich hatte Lust, mit der geladenen Pistole auf ihn loszugehen und ihm zu sagen: Kerl, sterben mußt du doch. Nun gesteh', ob du dir bei diesem Zeug wirklich etwas gedacht hast oder ob du uns alle nur zum Besten halten wolltest." In der Politik feiert die Phrase ihre Orgien, die um die furchtbaren Blutströme der Guillotine oder bei dem glutrothen Feuerscheine der Petroleumbrände heulen und tanzen. Der Absolutismus hat seine Phrase, die in dem wahnwitzig gotteslästerlichen Satze: „Ich bin unfehlbar", culminirt; der Liberalismus hat einen Reichthum von Phrasen der schönsten und schimmerndsten Sorte, die wie die Seifenblasen, je dünner sie werden, in desto reicherem Goldglanze strahlen.

Das Trug- und Wahngebilde des Phrasenthums vermag oft vor einem einzigen Worte in seinem Nichts zusammenzusinken, wie der Hexen- und Gespensterspuk vor dem donnernden Eins der Glocke. Dieses Wort hat dann Anspruch auf die Bezeichnung classisch, wie jene Antwort des Spartaners, der einen Stoiker mitten im Winter seine Abhärtungsphrase produciren sah, indem er nackt eine eiskalte Statue umarmte. „Friert's dich?" fragte er. „Nein, gar nicht". — „Nun, so ist auch nichts dabei!" Und so möchte ich denn noch das Wesen des Classischen illustriren an der Antwort, mit welcher die bei allen Banketten, Festreden, Wahlversammlungen u. s. w. todtgehetzte Phrase vom „Militarismus" auf ihren wahren Werth zurückgeführt wurde. „Mein Gott, meine Herren" — ich citire aus dem Gedächtniß — „welcher gebildete und humane Mensch ist denn damit nicht einverstanden, daß es wünschenswerth wäre, soviel lebendige Kräfte und ökonomische Werthe auf fruchtbarere und nutzbringendere Zwecke zu verwenden, als der Krieg ist. Aber der Krieg ist eine Ergänzung der Politik, vielmehr er ist eine fortgesetzte Politik; denn eben wo die Politik aufhört, fängt der Krieg an. Und ein Land, das, wie Deutschland, im Herzen Europas gelegen, rings von feindseligen Nachbarn umgeben ist, muß entweder auf seine freie Selbstbestimmung verzichten oder es muß stets ein wohlgerüstetes und geübtes Heer bereit halten." Der Classiker selbst ist Niemand anders als — Moltke. Trotz alledem figurirt die Phrase noch immer als der aufregende bekannte rothe Lappen.

Da ich doch einmal von demokratischen Phrasen rede, so muß ich auch von einer andern reden, mit welcher ich wieder meinen Rückzug in die Schule, meinen classischen Boden, antrete. Sie figurirt stets neben der „Beseitigung des Militarismus" und heißt „unentgeltlicher Unterricht in allen Anstalten". Schön gesagt. Bezahlt wird der Unterricht doch, ob der Bauer zum Gemeindeeinnehmer X. geht und sein Schulgeld dort entrichtet, oder ob er diese Schulkreuzer als einen bestimmten Theil seiner Steuerquote an den Steuereinnehmer Y. abgibt: immer zahlt er ihn. Der Unterschied ist nur folgender: In letzterem Falle flucht der Bauer etwas mehr über die stets drückender werdenden Steuern, die für Zwecke verwendet werden, die ihm am wenigsten zu gute kommen; im ersteren Falle zahlt er williger, weil er die Verwendung einsieht. Ein zweiter wichtiger Unterschied ist aber, daß, wenn er für seinen Hansel oder Jockeli das Schulgeld zahlt, er auch darauf sieht, daß etwas dafür gelernt wird, und demnach seine Söhne zu fleißigem Schulbesuche anhält, oft auch den Lehrer durch häusliche Aufsicht über die Schularbeiten unterstützt, während jetzt unter der Herrschaft jener blühenden demokratischen Phrase die Schulversäumnisse zahlreich sind und weder durch Mahnungen noch Geldstrafen abgestellt werden können; der Bauer zahlt die Strafe und der Jockeli geht mit ins Feld. „Du verstehst uns nicht", werden die Vertreter jener weltbeglückenden Weisheit achselzuckend zu mir sagen; „es handelt sich hier nicht um die gewöhnliche Volksschule, sondern um die höheren Anstalten, z. B. Euer Gymnasium. Die höhere Bildung soll nicht ein exclusives Vorrecht weniger Reichen sein, jeder ohne Unterschied der Geburt soll Zutritt zu derselben haben. So soll es in unserem Staate sein, Gleichheit vor dem Gesetze und gleicher Antheil an den „ewigen Menschenrechten"! Dem Talent soll der

Weg zu jedem Beruf und allen Ehren offen stehen!" Aber, beste Herren, der arme Knabe wird ja mit der größten Liberalität von dem Schulgeld befreit und bekommt die nöthigen Bücher noch obendrein, wenn er brav ist. „Almosen! Beschämende, erniedrigende Almosen sollen nicht gereicht werden, wo es sich um ein unveräußerliches Recht handelt!" Ach so! Nun erlaubt mir nur die eine Frage. Nehmen wir einmal das Theater, auch, Gott sei's geklagt, eine sogenannte Bildungsanstalt, die zu besuchen doch meist nur der Reiche das Bedürfniß fühlt. Haltet ihr es für Recht, daß der Gemeinde- oder Staatsseckel belastet werde, damit die Crême der Gesellschaft mit ihren hoffnungsvollen Sprößlingen allabendlich sich an Verdi's Trovatore oder Offenbach's schöner Helena ergötze und erbaue? „Wo denkst du hin? Wer derartigen Luxus treiben will, der soll ihn auch bezahlen und wir halten es für eine Schande, daß die Blutkreuzer der Armen —" Schon gut. Nun möcht' ich nur noch wissen, ob es nicht auch hauptsächlich die Reichen sind, die ihre Kinder in die höheren Bildungsanstalten schicken, während der Unbemittelte darauf zu sehen hat, daß die seinigen mit dem vierzehnten Jahre schon Geld verdienen, demnach in ein Geschäft eintreten. Und wenn nun ein Schulgeld und zwar ein recht bedeutendes erhoben wird, um die Kosten der Anstalt zu bestreiten, so ist das nichts weiter als eine gerechte Besteuerung derjenigen, denen die Sache selbst zu gute kommt. Und zwar um so gerechter, da nur die Vermögenden von dieser Luxussteuer getroffen werden. Denn ein Luxus bleibt doch die höhere Bildung, wie Alles, was nicht unbedingt zum Leben nothwendig ist. Und so möchte ich Euch zum Schlusse nur bemerken, daß Alles darauf ankommt, wie man die Frage stellt. Ihr seid noch in der Anschauung derer befangen, die mit Unwillen den Sohn des Reichen mit seinem Cornelius Nepos in die Klasse wandeln sehen und dabei schon den künftigen Obergerichtsrath im Geiste erblickend mißgünstig murren: „Mein Sohn kann das nicht, ich habe ihn zu einem Knopfmacher in die Lehre thun müssen." Phrase, meine lieben Herren! Classisch dagegen scheint mir folgende Frage, die in neuester Zeit Manchen einzuleuchten beginnt. Die Schulsteuer beträgt z. B. jährlich zehntausend

Thaler; davon werden für Volksschulen verwendet 5000, für Realschule ebenfalls 5000, kommt auf den Kopf eines Schülers der Volksschule 2 Thlr., eines Realschülers 8 Thlr. Der Arme contribuirt also seinen Antheil zu einem Kapital, von welchem bei weitem der größere Theil zu einem Zwecke verwendet wird, der ihm fast gar nicht zu Nutzen dient. Also Einführung eines mäßigen Schulgeldes für die niederen, eines hohen für die oberen Schulen, womit natürlich nicht ausgeschlossen ist, daß letztere durch Stiftungen, Fonds und Schenkungen des wahren Bürgersinns aufs liberalste unterstützt werden sollen. Es löst sich demnach Eure Phrase vom unentgeltlichen Unterricht in folgende Theile auf: entweder ihr wollt damit sagen, der Arme soll und muß lernen — nun, dann lernt er erst recht nicht, oder: er soll auf höheren Anstalten lernen können — er thut's nicht und zahlt doch!

II.

Die Behandlung der deutschen Classiker in der Schule.

Wenn die Könige bau'n, haben die Kärner zu thun.
Schiller.

Wenn die Könige bau'n, haben die Kärner zu thun. Schiller.

Wer sind aber die Kärner? Ich theile sie in drei Klassen: 1) die Akademiker 2) die Feuilletonisten und 3) die eigentlichen Kärner par excellence, eine gewisse Sorte von Philologen, von denen das Wort gelten kann: das Alterthum gleicht einer Orange, deren Saft ausgepreßt ist, und sie krabbeln an der Schale herum.

Die erste Klasse erinnert an die sogenannte Académie des Inscriptions, die bekanntlich unter anderen auch die Aufgabe hatte, auf die Siege und Triumphe des „großen Königs" passende Inschriften und wohltönende Phrasen zu erfinden. An diesem akademischen Phrasenthum, das nicht allein in den Sitzungen der „Unsterblichen" blüht, krankt die französische Literatur bis auf den heutigen Tag. Charakteristisch für sie ist der Ausspruch von Paul Louis Courier: „Was liegt Plutarch daran, wer die Schlacht von Pharsalus gewonnen hat? Wenn die Periode schöner, der Rhythmus dadurch sonorer wird, so läßt er Pompejus Sieger sein und Cäsar unterliegen!" Eleganz, Gelehrsamkeit und Würde, das sind die Eigenschaften, die in ihren Schriften zu erscheinen haben. Wie elegant nahm sich nicht in der ersten Auflage des Dictionnaire de l'Académie die Definition des Krebses: petit poisson rouge aus! Leidet auch dabei die naturhistorische Schilderung des kleinen Reactionärs etwas Noth, so tritt doch das idyllische Bild des Akademikers im Festkleide, der an der Festtafel sich zu wohldurchdachtem Trinkspruch „auf die Förderung der Naturwissenschaften" erhebt, um so deutlicher vor die Seele.*) Eine Stunde lang vermag der Akademiker zu reden, indem er, wie Hariri den Buchstaben r,

*) Es kommt zwar hier und da vor, daß irgend ein grämlicher Gelehrter, dessen Kopf zu sehr vom Wissensqualm umnebelt ist, darauf dringt, daß auch dem Thatsächlichen einige Rechnung getragen werde. Ein solches abschreckendes Beispiel eines

so das Aussprechen irgend eines Gedankens glücklich vermeidet; dabei findet sich in seiner ganzen Rede keine Phrase, die nicht aus Cicero oder Buffon zu belegen wäre. Der richtige Schluß einer solchen Rede ist das so oft in französischen wissenschaftlichen Werken vorkommende „applaudissements prolongés“ oder das noch bekanntere: „Der Redner sieht sich umgeben von seinen Collegen, welche ihn aufs wärmste beglückwünschen.“

Von der zweiten Klasse und ihren Vertretern, die wie thauender Regen die dürre Oede und Trockenheit politischer Nachrichten mit ihren geistreichen Unterhaltungen aufs anmuthigste unterbrechen, habe ich schon geredet. Blendendes Feuerwerk, sprühende Raketen des Witzes und überraschende Dicta sind ihr eigentliches Element; dabei bleibt ihnen natürlich vorbehalten, von Anderer Schmaus ein pikantes Ragout zu präpariren. Nichts ist ihnen daher willkommener als das Erscheinen eines bedeutenden Werkes, in dessen Schnitzel sie sich dann theilen können, um daran ihr eigenes Lichtchen leuchten zu lassen oder durch drollige Sprünge über dieselben das Publikum zu belustigen. Kaum haben Lyell, Darwin und die Begründer der Alterthumswissenschaft des Menschengeschlechts in treuer Arbeit bahnbrechend und pfadfindend die Leuchte der Wissenschaft in dunkle Urzeit getragen, so stellt sich auch

Mannes, der keine Ahnung von der Macht der akademischen Phrase, die Thatsachen zur reinen Idee zu sublimiren, hat, ist Mr. Viollet-le-Duc, welcher in seinem „Dictionnaire du Mobilier“ die Abbildung eines Schubkarrens aus einem Manuscript des 13. Jahrhunderts gibt und dazu folgende Bemerkung macht, deren Trivialität den Mangel an philosophischem Geist so recht bloßstellt: Nous ne savons pas qui le premier a dit que la brouette avait été inventée en 1669. Or voici la copie d'une vignette d'un manuscrit du XIII siècle, qui donne une brouette absolument semblable à celles que l'on emploie aujourd'hui; ce qui n'empêchera pas de répéter encore longtemps que la brouette, ce petit véhicule, est une des découvertes aussi simples qu'utiles, dues au grand siècle. C'est une question d'ordre dans un certain monde, que tout, depuis l'art de penser jusqu'à la brouette inclusivement, date du règne de Louis XIV. Avouons cependant, pour ne rien exagérer, que les esprits larges admettraient peut-être que le XVI siècle a été témoin d'un certain effort de l'esprit humain, et qu'alors peut-être, la brouette aurait pu sortir du cerveau d'un des novateurs de cette époque. Mais remonter au-delà, donner à la brouette une origine plus ancienne, est une de ces témérités, qui ne tendent à rien moins qu'à nous faire rétrograder en pleine féodalité.

schon der ganze Chorus ein, von Herrn NN an, der in eleganteſtem Vortrag die neuen Resultate vor einem auserwählten Kreise von Damen und Herren salonfähig macht, wobei natürlich noch vorhandene Lücken der Abrundung der Darstellung zu Liebe ausgefüllt oder mit zierlichem Entrechat übersprungen werden, herab bis zu dem zu früh der Schule entwachsenen Literaten, der durch seine grotesken Sprünge zugleich einen praktischen Beweis seiner Affenähnlichkeit geben möchte. — Uebrigens finden sich bei dieser Klasse auch Spielarten, welche manche Eigenschaften von der vorigen mit den ebengenannten Vorzügen vereinigen. Als Beispiel führe ich den bekannten Verfasser einer deutschen und französischen Literaturgeschichte an, welchen eines Tages der Geist antrieb, Folgendes zu schreiben: „Bei seiner Anwesenheit in X. wurde Uhland von dem dortigen Gesangverein durch ein Ständchen überrascht, bei welchem sein Lied: Es zogen drei Burschen u. s. w. vorgetragen wurde. Nachdem die letzten Töne verhallt, blieb der Dichter noch eine Weile in tiefer Ergriffenheit schweigend: das Lied enthält nämlich sein eigenstes Leben: Uhland hat sich nie verheirathet.“ Wer nun aber, auch ohne Verfasser einer deutschen Literaturgeschichte zu sein, weiß, daß Uhland in langjähriger glücklicher Ehe gelebt hat, der muß dieses akademische Ignoriren historischer Thatsachen in seiner Verbindung mit der geistreich-feuilletonistischen Anekdotenmanier gebührend zu würdigen wissen.

Ich glaube kaum, daß es einen größeren Feind der gesunden Literatur gibt, als diese Geistreichigkeit, welche den aus allerlei bunten Fetzen zusammengeflickten Mantel um die eigene Blöße und Gedankenleere hängt, sodaß wir statt lebendiger Gestalten nur den äußerlich drapirten Gliedermann zu sehen bekommen. Wir haben ein warnendes Beispiel dieser Entartung an der römischen Literatur. Wer die Schriftsteller vom dritten nachchristlichen Jahrhundert an liest, der muß sich billig verwundern, wie aus der einst so klaren, durchsichtigen, in logischer Schärfe ausgeprägten lateinischen Sprache ein barbarisches, unverständliches Gemengsel von rhetorischen Wendungen, Wortschwall, Gedankenspielen, Archaismen u. s. w. geworden ist, durch welche der Gedanke, wenn überhaupt vorhanden, geradezu ersäuft wird. Nicht viel besser ist es mit der verfeinerten Schreibweise der Neuesten. Wie mancher von Geistreichigkeiten strotzende Aufsatz hinterläßt uns, nachdem wir ihn gelesen, nur den Eindruck, als wären wir durch eine Reihe von Gedankenblitzen Spießruthen gelaufen, ohne daß eine irgend nennenswerthe Bereicherung unseres Geistes uns dabei zurückbleibt. Man hat gesagt, daß, wenn Christus heute wieder auf die Erde käme, er von den christlichen Pharisäern aufs neue gekreuzigt werden würde. Ich glaube nicht zu übertreiben, wenn ich behaupte, daß, wenn heute Lessing und Goethe wiedererschienen und einen in ihrer schlichten, einfach klaren Weise geschriebenen Aufsatz an die Redaction irgend eines unserer belletristischen Blätter einsendeten, diese ihn ausnahmslos in den Papierkorb werfen würden.[x]) Das Publikum verlangt Gaumenkitzel, Amusement, Verscheuchung der Muse der Langeweile: also starke Gewürze, pikante Saucen und womöglich — Hautgoût. So ist es denn nur allzu begreiflich, wenn der Sinn für das einfach Wahre und Schöne immer mehr abhanden kommt und Herr Karl Vogt, auch einer der vielen Fälscher des gesunden Geschmacks, in Cicero nur einen langweiligen Schwätzer und in der herrlichen Literatur des Alterthums eine moder- und stauberfüllte Rumpelkammer sieht.

Von der dritten Klasse, die mich hier speciell interessirt, da sie mich direct zur Schule führt, aus welcher ich zu plaudern versprochen habe, könnte ich dem geneigten Leser ganz unglaubliche Dinge mittheilen, die sich auf Behandlung oder besser Mißhandlung der alten Classiker beziehen. Ich ziehe es aber vor, stets mich an das Einzelne haltend, zu zeigen, wie eine gewisse, an den geduldigen Alten geübte Kritik auch an mittelalterigen und sogar modernen Werken ihre Triumphe gefeiert hat. Vor nicht langer Zeit wurde ein lateinisches Gedicht der Aebtissin Hroswitha, welches früher im Besitze des bekannten Humanisten Konrad Celtes gewesen, herausgegeben. Flugs macht sich ein Herr Aschbach daran und beweist aus inneren und äußeren, diplomatischen und culturhistorischen Gründen, daß hier eine Fälschung des auch sonst anrüchigen Celtes vorliegt. Ein heftiger Federkrieg entspinnt sich, der die

Dimensionen des von Boileau in seinem Lutrin geschilderten Kampfes anzunehmen verspricht, da macht ein außerhalb des Streites stehender geistreicher Mann die Bemerkung, daß aus einem von Celtes' Hand corrigirten Worte aufs klarste hervorgeht, daß dieser das Original gar nicht verstanden hat, also gewiß an keine Fälschung zu denken sei, und gleich fällt der ganze gelehrte historisch-kritische Apparat in nichts zusammen und die empörten Wogen legen sich, wie wenn Oel auf die Flut gegossen wird. Daß es aber selbst der guten Frau Aja, Goethe's Mutter, passiren würde, daß ein Schreiben, welches sie an den Sohn nach Italien sandte und welches so ganz die frische, helle Freudigkeit ihres Herzens und ihrer Schreibweise athmet, von Herrn Düntzer, ich weiß nicht mehr ob aus einem oder zwei Dutzend philologischer Gründe, als „unzweifelhaft unecht" würde dargestellt werden, das hätte die gute Frau doch wohl, wenn sie's erlebt hätte, zum hellsten Lachen gereizt. Natürlich wurden, als die Echtheit anderseitig aufs evidenteste festgestellt war, die auf feinsinniger Spürkraft und genauester Goethekenntniß beruhenden Beweise des Falsums bescheiden wieder eingepackt.

Unter die nutzlosen Qualen, welche der deutschen Jugend in unseren höheren Bildungsanstalten noch heute vielfach angethan werden, rechne ich in erster Linie die aus dieser philologischen Hyperkritik stammenden Variantenjagden. Mit welchem Unwillen mag nicht oft ein begeisterungsfähiges junges Herz erfüllt werden, wenn es erleben muß, daß die herrliche Zeit mit so geisttödtenden Discursen über einen etwa vom Abschreiber gemachten Fehler ausgefüllt wird und daß an Homer und Horaz wie in anima vili Uebungen von Texteskritik und grammatisches Spintisiren getrieben werden! Statt die reichen Schätze echter Poesie — goldene Aepfel in silbernen Schalen — dem dürstenden Jüngling zu eröffnen, wird an den Worten herumgeklaubt und so dem Kinde, welches Brod verlangte, ein Stein gereicht. Diese Methode, welche in den philologischen Seminaren ihre volle Berechtigung hat, wird leider nicht nur von ergrauten Veteranen der Routine, sondern auch von jungen Lehrern, die auf der Universität alles Wissenswerthe, nur just keine Pädagogik studirt haben, in die Schulstube getragen, wo sie im günstigsten

Fall als „gelehrter Quark“ betrachtet wird. Der Schüler braucht in der That kein großer Schlaukopf zu sein, wenn er sieht, wie ganz anders seine Mühe bei mathematischen und physikalischen Studien belohnt wird, und dann vergleicht, welche Frucht ihm erwächst, wenn er stundenlang über drei oder vier Lesarten und einem Dutzend unregelmäßiger Aoriste sich abgemüht hat!

Eine Ausnahme statuire ich: es gibt allerdings ein anregendes und in hohem Grade geistbildendes Studium von Varianten, das ist, wenn dieselben bei unsern großen Dichtern sich finden und nicht Ergebniß von zufälligen Schreibfehlern, sondern der reifenden, stets nach größerer Vollendung ringenden Dichterkraft selber sind. Ich spreche hier aus Erfahrung: stets gewahrte ich die wärmste Theilnahme, das lebendigste Eingehen, wenn ich z. B. mit meinen Schülern Schiller's Spaziergang las und wir die beiden Recensionen mit einander verglichen, wobei dann die Briefwechsel mit Goethe und W. v. Humboldt treffliche Hilfsmittel und unschätzbare Commentare waren. Wie Vieles kommt dabei nicht zu Hilfe, wie Vieles wird nicht ausgebildet! Zunächst das Sprachgefühl, welches, weil die Muttersprache das Organ ist, den Schüler zu selbständigem Urtheil befähigt, während bei der Lectüre der Alten die Bezeichnungen: spätgriechisch, attisch, ciceronianisch, silberne Latinität, für ihn stets leere Phrasen bleiben, Dinge, mit denen er nichts anfangen kann, die ihm keinen geistigen Gewinn bringen. Wie anders dagegen, wenn er der lebendigen Sprachschöpfung des großen nationalen Dichters gleichsam beiwohnt, wenn er gewahr wird, wie der Unterschied des Ausdrucks dem Gedanken eine feinere Nüancirung, eine metallische Schärfe, eine hellere Durchsichtigkeit verleiht! Und wenn, wie meine feste Ueberzeugung, jeder Unterricht in den Gymnasien den Schüler dem hohen Ziele: deutsch zu reden zuführen soll, so muß gewiß gerade diese Methode der Erreichung desselben besonders günstig und förderlich sein. Daß dabei das Ohr zugleich für den reinen Wohllaut, den gefälligen Rhythmus empfänglicher wird, daß der Schüler auch bei seinen eigenen Arbeiten auf dergleichen zu achten sich gewöhnen wird, ist selbstverständlich. Aber auch der poetische Gehalt tritt deutlicher vor die Seele, indem er sich in einer von dem Dichter selbst geschaffenen Doppelform ausspricht. Wenn z. B. Schiller in den Versen:

> Kräftig auf blühender Au erglänzen die wechselnden Farben,
> Aber der reizende Streit löset in Wohllaut sich auf.

das Wort Wohllaut nachmals in Anmuth veränderte, so ist die Genesis dieser Verbesserung aus der Seele des Dichters unschwer zu ermitteln. Der philosophische Gedankeninhalt dieses Distichons, in dem so recht der aus der Einzelbetrachtung stets zu den höchsten Regionen sich erhebende Geist Schiller's sich offenbart, umfaßt am Beispiele das Wesen des Schönen: die Vielheit unter der Einheit. Diese Einheit ist aber Harmonie, welches Wort ursprünglich dem Dichter vorschwebte und das er durch das deutsche Wohllaut, die prägnanteste und häufigste Erscheinung der harmonischen Uebereinstimmung, ausdrückte. Derselbe Austausch also, der in des Dichters Geist von Harmonie auf Wohllaut führte, sollte den Geist des Lesers von letzterem zu ersterem leiten, etwa wie prägnant die Morgensterne oder die Sonnen dichterisch statt Sterne gebraucht wird. Doch mißfiel das Wort wegen des zu bestimmten Gegensatzes der Sinneswahrnehmungen und er setzte dafür Anmuth, die er selbst als „Schönheit in Bewegung" definirt hat. Auch wenn der Schüler erfährt, wie der Dichter ganze Verse und Strophen weggestrichen hat, aus denen vielleicht mancher neuere Dichter ein ganzes Poem machen würde, mit welchem Ernste und unermüdlichem Eifer überhaupt unser Schiller stets die nachbessernde Hand anlegte und sich nie zufrieden gab, bis er die nach allen Seiten hin geschlossene, wahrhaft classische Form gefunden hatte, so meine ich, könnte dies auch nur die heilsamste Wirkung auf seinen Charakter und sein geistiges Wesen ausüben, indem er von dem großen Vorbilde ein rastloses Vorwärtsstreben, selbstlose Hingabe an die großen Aufgaben erlernt und vor den so häufigen Fehlern der Jugend, Selbstüberschätzung, Haschen nach Originalität, Verpuppen in selbstgeschaffene Irrgänge der Phantasie, bewahrt wird. Auch werden ihm die großen Harmonien, der architektonische Bau, die Gedankengliederung der ganzen Dichtung nach dem Gesetze der Schönheit durch solche vom Dichter vorgenommene Streichungen am schärfsten zum Bewußtsein kommen.

Das sieht schon besser aus, man weiß doch wo und wie, — wird der vorurtheilsfreie Leser sagen, — dabei wird doch das Denken und die ganze Geisteskraft des Jünglings in Anspruch genommen, während bei der oben geschilderten pedantisch-scholastischen Methode zu befürchten ist, daß ihm schließlich jener von Montaigne geschilderte Gelehrte als Ideal seines Strebens vorschweben müßte: „Cet érudit tout pituiteux qui sort après minuit d'une étude, bien décidé à y mourir ou bien à apprendre à la postérité la mesure des vers de Plaute et la vraie orthographe d'un mot latin.“

Ein anderes Leid, welches unserer studirenden Jugend noch vielfach ohne Noth zugefügt wird, ist das Eindrillen und Abrichten auf die sogenannten rednerischen und poetischen Figuren, deren Namen allein schon im Stande sind, den schönsten Dichter einem zu verleiden und ungenießbar zu machen. Wer nennt sie alle, die Synekdoche, Enallage, Hendiadys, Aposiopese, Prosopopöie und Onomatopöie, mit welchen wir wie blöde Schäfchen gefüttert wurden, während wir lasen, wie der greise Priamus vor den Füßen des furchtbaren Achill niederfallend in rührender Bitte das Herz des zürnenden Helden erweicht, oder wie Orpheus zu den Schatten der Unterwelt hinabsteigt und durch seinen Gesang die verlorene Gattin wiedergewinnt! Ich erinnere mich noch vollkommen aus meiner Schulzeit, wie ich mir bei all diesen Dingen gar nichts denken konnte und wie mir in meiner Unschuld erst ein Licht aufzugehen schien, als wir dieselben Herrlichkeiten auch in Klopstock's Messiade, die unsere Hauptnahrung im deutschen Unterricht war, aufsuchen sollten. Da stellte ich mir denn den Dichter als einen Organisten vor, der, so oft eine derartige Figur erscheint, ein Register aufzieht, auf welchem nur, statt Viola, Tromba — Klimax, Polysyndeton zu lesen ist. Doch bin ich überzeugt, daß die meisten meiner Mitschüler sich die Sache nicht einmal so phantasiereich erklärten und daß viele von den denkenden — die andern nehmen diese Dinge als einen Theil der zahlreichen Folterwerkzeuge geduldig hin — vielleicht gar in dem Dichter oder Redner einen Schneider sahen, der auf das Gewand seiner Dichtung oder Rede von Zeit zu Zeit einen blauen oder rothen Lappen aus zur Hand stehenden Kasten nähte.

Sollen diese Abkömmlinge der mittelalterlichen Scholastik — ob directe Nachkommen oder im Generationswechsel entstanden, ist gleichgültig, sie verleugnen die Mutter nicht — in unsern Schulen forterhalten bleiben, so sorge man doch zunächst, daß auch ein Begriff beim Worte sei, daß der Schüler sich des Grundes der besondern Wirkung bewußt werde, die eine solche Figur hervorbringen soll. Wenn dies an recht anschaulichen Beispielen in der Muttersprache geschehen ist, dann möge man ihm denn in Gottes Namen noch das griechische oder lateinische Wort in den Kauf geben. Aber Maß halten vor allen Dingen und bedenken, daß ein armes Menschenhirn, mit Gedächtnißkram überlastet, nothwendig die Denkkraft verlieren muß. Wozu das Abtheilen und Unterabtheilen in Metapher, Metonymie, pars pro toto, abstractum pro concreto und so weiter in infinitum? Weiß der Schüler einmal, daß alle Sprache in ihren Anfängen von sinnlichen Bezeichnungen ausging, daß ihr Wachsthum und ihre geistige Bereicherung nichts weiter ist als ein beständiges metaphorisches Umbilden, so wird er sehr bald auch begreifen, daß dem Dichter dieses Recht in höherem Grade zusteht, weil er ein Künstler ist und sinnliche Veranschaulichung das Wesen jeder Kunst, daß also dichten nichts Anderes ist, als wie Lessing in einem seiner Kernworte sagt, sinnliches Reden, und daß demnach der große Dichter einer der Weber ist, die neue goldene Fäden in das lebendige Kleid der Sprache einfügen. Er wird sehr bald begreifen, daß die meisten tagtäglich gebrauchten Wörter, wie circulirende Münzen ihr scharfes Gepräge, so ihre Anschaulichkeit verloren haben, daß wir uns dabei etwas denken, aber nicht vorstellen, daß also schon das ungewöhnliche Wort der Phantasie einen viel lebhafteren Anstoß gibt, und so wird er das „mörderische Blei“, „die zahlreichen Segel“ „das friedliche Dach“ gesund und frisch hinnehmen, ohne daß alternde Schulweisheit ihm zu erklären braucht, daß dort die Materie für die Sache, hier der Theil für das Ganze steht. Und so von dem Einzelnen ausgehend, wird die jugendliche Phantasie sehr bald im Stande sein, den bildlichen Ausdruck und auch das ganze, breit sich entfaltende Bild nicht nur zu begreifen, sondern unmittelbar anzuschauen. Schneidet ihr nur die Flügel nicht ab durch euer Formalisiren und Schematisiren und ihr werdet Wunder sehen, wie sie sich aufschwingt und mit dem Dichter den höchsten Flug wagt. Welch eine Blumenlese von Figuren und Tropen ließe sich nicht aus Klopstock's herrlicher Frühlingsfeier herausklauben: wohin geriethe aber dabei die mächtige unmittelbare Wirkung, der großartige Psalmenstrom, die Musik der Sprache? Die geheimnißvollen Gesetze des Schönen, die soll der Lehrer, wenn er den innern Beruf hat, wenn er vom heiligen Feuer entzündet ist, seinen Schülern an einer solchen Dichtung zum Bewußtsein bringen, an dem Einzelnen durch das zündende, begeisterte Wort erläutern, warum es so mächtig auf uns wirkt; und wenn er dann aus leuchtenden Augen und verständnißvollem Vortrag seiner Schüler wahrnimmt, daß sein Feuer sich ihnen mitgetheilt hat, dann darf er ein frohes Bewußtsein mit nach Hause nehmen, daß er zum mindesten die Furche gezogen, in welcher der Samen des Edlen und Schönen aufgehen und zur Blüte gelangen könne.

Ich kann diesen Gegenstand nicht verlassen, ohne auch der grammatischen Figuren zu gedenken, welche gleichwie krystallische Grundformen und Typen den innern Bildungstrieb der Sprache beherrschen, bei welchen also das Erlernen jener scholastischen Formeln viel eher eine Berechtigung zu haben scheint. Aber auch hier vermag der Schüler bei richtiger Anleitung mit Leichtigkeit in das Wesen der Sache einzudringen und des Grundes der Erscheinung sich bewußt zu werden. Statt der haarspaltenden Subdivisionen der Wortstellung genügt es, wenn er den obersten Grundsatz auffindet, daß ein Satzglied dadurch an Kraft und Nachdruck gewinnt, daß es von seiner regelmäßigen Stelle entfernt und in eine ungewöhnlichere Stellung gebracht wird. Wie bald wird ihm dieses klar und verständlich sein, wenn er diesen Grundsatz an einzelnen, recht bedeutenden Stellen seiner eigenen Nationaldichter bewährt findet, wie z. B. die energische Nachstellung des Wortes in folgenden Versen: „So hätt' auf des Liegenden kalter Stirne gestanden mit dem eisernen Fuße der Tod", oder: „Und nur geweiht zu Friedensklängen, die Losung anstimmt zur Gewalt." Aber auch in viel complicirtere Stellungen kann auf diese Weise helles Licht fallen. Eine in der lateinischen Prosa herrschende, für die innere Gestaltung der Sätze vielfach maßgebende Form ist die sogenannte Kreuzstellung oder Chiasmus nach dem Schema a b b a. Wieder möge eine schöne Dichterstelle das Princip dieses Wortrhythmus erläutern. Wenn in den Versen: ‚Hier steh' ich! Rund um mich ist Alles Allmacht und Wunder Alles!' die vier unterstrichenen Worte gleichsam von selbst eine schwere, nachdrucksvolle Betonung verlangen, so ist dies leicht zu verstehen. Das erste Alles muß unbedingt betont werden, weil es zweimal wiederkehrt; deshalb muß nun aber das an der eigentlich entsprechenden Stelle stehende Wort Wunder den gleichen Ton erhalten. Bleiben nur noch die beiden andern Wörter, welche zwar nicht vermöge der rhythmischen Stellung, aber weil sie die logischen Paare zu den beiden bereits betonten Worten bilden, genau denselben Ton verlangen. Hat der Schüler dieses begriffen — und es macht ihm große Freude, da hier das ihm angeborene sprachliche Gefühl ihm Aufschluß über ein musikalisch-ästhetisches Princip gibt — so wird er mit Leichtigkeit auch in noch complicirteren Formen (a b c c b a) sich zurechtfinden, wie z. B.: „Wer sich des Kindes Haupt zum Ziele setzte, der kann auch treffen in das Herz des Feindes", wobei man ihn nur aufmerksam zu machen hat, wie viel schwächer und matter die gewöhnliche Stellung wäre. Dann wird er auch aus seiner Muttersprache heraus den fremden Sprachgenius begreifen, bei welchem dies rhetorisch-ästhetische Princip sogar die streng grammatische Regel durchbricht, wie z. B. in dem französischen*): Tuez-moi ou me rendez votre amour. Und endlich mag ihn der Lehrer darauf hinweisen, wie diese Form der Stellung einzelner Worte auf größere Complexe, Verse, übertragen auch

*) Schon im Lateinischen: Multa quae nostra causa numquam faceremus, facimus causa amicorum.

dem Bau einer schönen Strophe Walther's von der Vogelweide zu Grunde liegt und wie energisch in solcher Wiederkehr sich jedes einzelne Glied dem Sinne einprägt:

Gute Zucht.

Nieman kan mit gerten (Ruthen)
kindes zuht beherten (erzwingen),
den man zêren (zu Ehren) bringen mac,
dem ist ein wort als ein slac.
Dem ist ein wort als ein slac,
den man zêren bringen mac,
kindeszuht beherten
nieman kan mit gerten.

welche Form dann auch Rückert mit seiner bekannten Virtuosität nachgeahmt hat:

Jugend, Rausch und Liebe sind
Gleich drei schönen Frühlingstagen,
Statt um ihre Flucht zu klagen,
Herz, genieße sie geschwind.
Herz, genieße sie geschwind,
Statt um ihre Flucht zu klagen,
Gleich drei schönen Frühlingstagen
Jugend, Rausch und Liebe sind.

Zwei Dinge sind es, die ich im Vorausgehenden als Leitsterne im höheren Unterricht ganz besonders hervorgehoben habe. Das eine ist die große pädagogische Wahrheit, daß man bei jedem Unterricht vom Bekannten, Concreten auszugehen hat und den Schüler durch eigenes Denken daraus erst die Regel abstrahiren lasse. Die leidige Erfahrung, daß es so viele Gebildetseinwollende gibt, die nach Wörtern statt nach Begriffen denken, hat ihren Grund wohl zum Theil in der noch so vielfach in unseren höheren Schulen spukenden scholastischen Methode, die sich wie die medicinischen Perrücken auf die Frage: Cur opium facit somniare? mit der Antwort: Quia est in illo virtus dormitiva atque somnifera, cujus est effectus sensus assoupire, begnügt und darauf ein zufriedenes: Bene, bene respondere, als glänzende Censur dem würdigen Scholaren ausstellt. Im Zusammenhange damit habe ich auf die hohe

Wichtigkeit des deutschen Unterrichts hingewiesen, welchen ich zugleich als den Grund und Schlußstein des gesammten Gymnasialunterrichts betrachte, indem, wie schon bemerkt, jeder Lehrer ohne Ausnahme an seinem Theile dazu beiträgt, den Schüler deutsch reden zu lehren, andererseits die Werke unserer großen Schriftsteller für diesen den Schlüssel bilden, der ihm die prächtigen Hallen der antiken Literatur eröffnet. Wie soll sich der Knabe für die fremde Form, für die Großthaten eines längst erstorbenen Geschlechts, für Werke, die das Gepräge einer so durchaus fremdartigen Weltanschauung tragen, begeistern können, wenn diese Begeisterung nicht vorher für den Dichter des eigenen Volkes erwacht ist, dessen Worte mit den trauten, innigen Herzenslauten der heimatlichen Sprache in sein Herz sich einschmeicheln? Dazu kommt noch, daß die Meisterwerke unserer classischen Zeit durch tausend Fäden mit der classischen Dichtung des Alterthums zusammenhängen. Wie ganz anders wird der gewaltige Eumenidenchor des Aeschylus auf den Jüngling wirken, dem er schon in der vertrauteren, modernen Einkleidung aus den „Kranichen des Ibykus" bekannt ist. Modernen sage ich, denn unser Dichter entlehnt nicht nur die großartigen, hochpathetischen Züge, sondern schildert auch den Eindruck, den dieselben auf den Hörer machen.

Bei dieser so bedeutenden Wichtigkeit, die wir dem deutschen Unterrichte beimessen, ist es gewiß von hohem Interesse in allgemeinen Grundlinien die Art und Weise kennen zu lernen, in welcher unsere großen Dichter im Klassenunterricht behandelt werden sollen. Daß diese sehr verschieden sein kann, geht schon daraus hervor, daß mir einmal ein Lehrer klagte, er wisse gar nicht, wie er eine deutsche Stunde herumbringen solle, während ich einen andern kenne, der gar nicht begreifen kann, wie dieselbe so rasch verflogen ist. Dem ersteren, der ein eingefleischter Altphilologe war, gab ich allen Ernstes den guten Rath, er möchte doch seine Schüler auf die Verschiedenheit des antiken und modernen Ausdrucks und namentlich auf die Geschmacksverschiedenheit aufmerksam machen, wobei denn seine Lieblinge, die Alten, ansehnlich gewinnen dürften, indem das viel verschrieene „kuhäugige" Hera oder auch „eulenäugige“ Pallas ganz andere Naturwahrheit enthielten als die modernen Beiwörter „taubenäugig“ oder gar „Perlenzähne und Korallenlippen“. Er sah mich etwas zweifelnd an, ob ich nicht meinen Spaß mit ihm treibe, gestand mir indessen später ein, daß er den Versuch gemacht und daß der Unterricht viel belebter und anregender für ihn geworden sei. Es kommt eben nur darauf an, wie man's treibt: wenn der Schüler bemerkt, daß der Lehrer sich mit Wärme für eine Sache interessirt, so wird er davon angesteckt und beginnt auch lebhaften Antheil zu nehmen. Mir fällt dabei die Erklärung, die der treffliche Felix Mendelssohn über seine „Lieder ohne Worte“ gab, ein. „Was ich mir dabei gedacht habe? Nichts als gerade das Lied, wie es dasteht. Resignation, Melancholie, Lob Gottes, Parforcejagd, der eine denkt dies dabei, der andere jenes. Wer ein tüchtiger Jäger ist, dem ist ja ohnedies Hörnerklang wirklich und wahrhaftig das reichste Lob Gottes.“ Mein guter College fand den Weg zu den Vortrefflichkeiten der Neueren und das Interesse für dieselben erst durch den etwas weiten Umweg über die Alten. In Gottes Namen! Liest doch jeder sich aus dem Buche heraus, und wie oft habe ich Vorstellungen des Faust beigewohnt, in denen das Publikum in „stupider Gelassenheit“ zuhörte, bis die Worte kamen: „Die Kirche hat einen guten Magen rc.“, wo sie dann in wiehernden Beifall ausbrachen!

Wie soll denn nun aber der deutsche Dichter in unsern Schulen vorgenommen, resp. erklärt werden? Karl von Raumer hat gegen dieses Verfahren überhaupt die lebhaftesten Antipathien geäußert; so sagt er u. A. in einer kleinen Sammlung frischer Kinderlieder im Vorwort: „Für Schulen, in denen man die frischen Dichterblüten zerzupft, was man dann einen Dichter erklären heißt, passen sie nicht; wenigstens ist nicht eins darunter, über das sich ein langweiliger, unvernünftiger Discurs anknüpfen ließe.“ Langsam, guter Mann, nicht zu abstract, wie man bei uns in Mainz sagt; es mag allerdings recht unvernünftige Erklärungsmethoden geben und wir haben ja im obigen selbst einige davon gezeichnet; soll man denn aber deswegen das Kind mit dem Bade ausschütten und sagen, daß es überhaupt nichts zu erklären gibt? Daraus folgte, daß der Dichter niemals mißverstanden worden ist, und gegen diese Annahme möchte ich denn doch ein sehr triftiges Argument ins Feld führen, nämlich die Schriften der Erklärer selbst. Wie? Sah sich denn Goethe nicht schon durch die Schriften der Ausleger, die sich an seiner Harzreise abquälten, veranlaßt, selbst eine Erläuterung zu dieser Dichtung zu schreiben, was nicht hindert, wie Gödeke richtig bemerkt, daß sie noch immer mißverstanden wird? War nicht Schiller genöthigt, seine Briefe über Don Carlos zu schreiben, da er sah, daß das Publikum in der Auffassung dieses Dramas so sehr neben die Scheibe schoß? Ist nicht vor kurzem ein Commentar zu Schiller's „Mädchen aus der Fremde" erschienen, in welchem dieses duftige Dichtergebilde als die frostige Allegorie des Musenalmanachs gedeutet wurde, wovon ich nur den einen geistreichen Zug erwähne, daß „sobald die ersten Lerchen schwirrten" so viel zu bedeuten hätte als „zur Ostermesse"! Man halte doch einmal Umfrage, wie die Mehrzahl der Leser die Worte: „Sieh da, sieh da, Timotheus, die Kraniche des Ibykus" auffassen, und man wird erfahren, daß die meisten sich vorstellen, daß der Mörder von peinigender Seelenangst ergriffen sein Verbrechen laut eingesteht, wie denn auch Herr Viehoff es aufgefaßt zu haben bekennt, ehe er Schiller's und Goethe's Briefwechsel gelesen. Jetzt fühlt er sich nun veranlaßt, dem Dichter etwas am Zeuge zu flicken, indem er sagt, daß die Katastrophe dadurch an Interesse verloren hat, daß es einen unangenehmen Eindruck macht, just den Mörder unzerknirscht zu sehen ꝛc. Und bezeugt obige Auffassung und diese Ausstellung nicht ein totales Mißverstehen des wundervollen Baues dieser herrlichen Ballade und mithin auch ein mangelndes ästhetisches Verständniß? In dem großartigen, in seiner geschlossenen Form gleichsam jedes Mißverständniß unmöglich machenden „Spaziergang" deutete Götzinger die schönen Verse: ‚Dieses Dienergefolg meldet den Herrscher mir an. Prangend verkündigen ihn von fern die beleuchteten Kuppeln", kaum glaublich! durch fürstliche Diener und Söldner, die er vor dem Königsschlosse sieht! Der Herrscher ist — trotz Hoffmeister und Viehoff, die den Menschen darunter verstehen — kein anderer als die durch das musikalische Crescendo der vorausgehenden Verse prächtig angedeutete, mit gewaltiger Energie und mächtiger Wirkung am Schlusse des nächsten Pentameters erscheinende Stadt, das einzige Wort, das von dem Dichter selbst unterstrichen wurde, wobei er seine guten Absichten hatte, die freilich nicht immer ihren Zweck erreichten. Kurz, derartige Beispiele, die ich aus den allerneuesten Commentaren zu hunderten anführen könnte, berechtigen wohl zu dem Schlusse, daß auch bei unsern Dichtern gar Manches zu erklären ist, wenn man auch Erklärungen wie die obigen entbehren kann, ingleichen gewisse neuere „Erläuterungen", die sehr wortreich sind, wo sich die Sache von selbst versteht, wo aber wirkliche Schwierigkeiten sind, häufig altum silentium beobachten.

Um nun in meinem Plaudern nicht in Geschwätzigkeit zu gerathen, will ich in Kürze andeuten, was ich von dem tüchtigen Lehrer in Bezug auf die Erklärung und Anleitung zum richtigen Auffassen der Dichtung erwarte:

1) soll er alle Einzelschwierigkeiten ebnen und, wo ein Mißverstehen möglich, durch eingehende Fragen sich überzeugen, daß die Gedanken seines Schülers nicht auf Irrwege gerathen.

2) Soll er von sachlichen Erklärungen das Wissenswertheste vortragen, als z. B. das historische Material, wie es berichtet, welcher Quelle der Dichter gefolgt ist, was er abgeändert hat und warum, den historischen Hintergrund, die antike Welt, das Mittelalter, welche Züge das treue historische Colorit tragen u. s. f. Er wird

3) über die Entstehungsgeschichte interessante Notizen geben, z. B. die Mitwirkung Goethe's bei den „Kranichen des Ibykus", was Schiller auf Goethe's directe Veranlassung eingeflochten, geändert hat, wie Schiller bei dem „Taucher" seine Studien an einem Mühlbache gemacht, wie entzückt Goethe von der dichterischen Wahrheit der Schilderung des Strudels war, da er den Rheinfall besuchte u. s. w., lauter Dinge, denen die Schüler das lebhafteste Interesse entgegenbringen und die die wahre Einführung in die Literaturgeschichte bilden, ganz anders als trockene biographische Notizen und Jahrzahlen, allgemeine Phrasen über Schriftsteller und Werke, von denen der Schüler nur die Namen erfährt, oder

gar Kathedervorträge à la F. v. Raumer! Bei dem eigentlich lyrischen Gedichte, das nach Goethe immer ein Gelegenheitsgedicht ist, soll er darauf hinweisen, wie die wahre Lyrik nur die idealisch verklärte Stimmung von etwas Erlebtem ist, weshalb die Situation hervorzuheben und zu erörtern ist, welche so oft Höhepunkte aus dem Leben des Dichters bezeichnet, der dadurch in unmittelbare vertraute Nähe gerückt wird. Dabei lassen sich oft die interessantesten Vergleichungen anstellen — z. B. zwischen dem „Züricher See" von Klopstock und Schiller's „Lied an die Freude" — wobei die Charakteristik des Dichters und der Einblick in das Wesen des Schönen unendlich mehr gewinnt als durch auswendiggelernte Paragraphen und endloses Kunstgeschwätz. Dies führt naturgemäß

4) zu dem Erwecken und Anregen der poetischen Stimmung. Nie ist ein wahreres Wort gesagt worden als das Goethe's, welches Gedichte mit gemalten Fensterscheiben vergleicht: Sieht man vom Markt in die Fenster hinein da ist Alles dunkel und düster. Und so sieht's auch der Herr Philister, der mag denn wohl verdrießlich sein und lebenslang verdrießlich bleiben. Des Lehrers Aufgabe und Pflicht ist es, seine Schüler, die Kinder Gottes, in die heilige Kapelle hineinzuführen, daß sie Alles in farbiger Helle durch den edlen Schein verklärt erschauen mögen und daß sich ihnen Herz und Auge weide an den herrlichen Bildern. Freilich muß der lebendige Funke in seinem eigenen Herzen gezündet haben und die von ihm ausströmende Wärme den Seelen seiner Schüler sich mittheilen. Wem Dichterwort im eigenen Busen nicht die Stimmung erweckt, aus welcher das Gedicht hervorgegangen, in der es geboren ist, der wird nun und nimmermehr sie Andern aufzuschließen vermögen. An dieses Mittheilen und Erwecken der Empfindung schließe ich nun noch

5) als letzte und höchste Aufgabe das Bewußtwerden der schönen Form. Von der singulären Erscheinung an, warum gerade dieses Wort an dieser Stelle und kein anderes so wirken muß, bis zu dem Gesammtbau, der kühnen und reinen Architektur des Gedankeninhalts, wie Alles sich mit Nothwendigkeit zur Harmonie und Schönheit gliedert,

diese aus der Reflexion hervorgehende Erkenntniß sollte dem modernen Schüler bei der Lectüre moderner Meisterwerke erschlossen werden. Doch darüber ließe sich ein ganzes Buch schreiben. Genüge es hier darauf hinzuweisen, welch einen unvergleichlichen Schatz gerade die deutsche Literatur in dieser Hinsicht an dem Briefwechsel Schiller's und Goethe's besitzt, jener einzig in der Weltliteratur dastehenden Erscheinung, welche uns einen tiefen Blick in die Werkstätte des Schaffens der beiden größten Dichtergenien gestattet und ihre eigenen Reflexionen über das Werden und Ausgestalten ihrer Schöpfungen vermittelt.

Wie aber, so dürfte wohl Mancher verzagten Herzens fragen, bei solchen Anforderungen, bei einem so durchgeistigten Unterricht, wo ja die äußerlichen Kennzeichen des Voranschreitens der Schüler nothwendig wegfallen, woran soll denn da der Lehrer erkennen, daß seine Mühe auch von Erfolg gekrönt ist, daß seine begeisterten Worte nicht als leerer Hall an den Ohren der Mehrzahl seiner Schüler, die ja erfahrungsgemäß der Mittelmäßigkeit angehören, vorübergleiten? Er hat ein leichtes und sicheres Mittel, sich davon zu überzeugen: es ist der Vortrag des Gedichts. Hier zeigt sich aufs unzweifelhafteste das richtige Verständniß des Einzelnen wie des Ganzen, das tiefe Eingehen auf den Gedankeninhalt und die poetische Stimmung, hier erprobt sich, ob der Schüler begeisterungsfähig und empfänglich ist für das Schöne und Erhabene oder nicht. Hier erschließt sich aber dem kundigen Lehrer auch die innerste Subjectivität desselben, und darum ist nichts verkehrter, als das Recitiren des Gedichts nach einer bestimmten Schablone, etwa nach dem eigenen Vortrag, zu verlangen. Wie leicht ermuthigt man den Schüler, sich frei gehen zu lassen, wenn man ihm sagt, daß ein und dasselbe Lied von verschiedenen Tonkünstlern, denen ja das tiefste Verständniß und die getreueste Interpretation der Poesie zugetraut werden darf, sehr verschieden componirt worden ist und doch jedesmal schön und wahr!

Ich führe nur dies eine Mittel an, es gibt deren noch viele, wie sich ja tausend Beziehungen zwischen dem Lehrer, der es redlich meint mit dem ihm anvertrauten Schatze, und der empfänglichen Jugend zu einem sympathetischen Bande verschlingen. Dazu kommen auch manchmal kleine Erfahrungen, die wie blinkende Sternlein in sein Herz hineinleuchten und ihm das Vertrauen einflößen, daß sein bescheidenes, in dem stillen Frieden der Schulsäle abgeschlossenes Wirken auch außerhalb dieser Räume nicht erfolglos ist. Und so will ich denn zum Schlusse eine derartige Erfahrung, die ich selber dieser Tage machte, mittheilen. Es ist mir namentlich in den letztern Jahren eine rechte Herzensangelegenheit gewesen, bei der Jugend Sinn und Interesse für die Vorläufer unserer großen Dichterperiode, namentlich für Klopstock wieder zu erwecken. Wer die Schönheit und den reichen Inhalt der Oden dieses Dichters kennt, von denen ja Gluck mit Begeisterung sagte, daß seit Pindar nichts so Großartiges und Erhabenes geschaffen worden, der wird diesen Wunsch begreiflich finden, sowie er andererseits die Schwierigkeit nicht verkennen wird, einem Dichter, dessen concise, knappe Ausdrucksweise, bei aller Keuschheit und Reinheit der Form, oft wie ein fremdes Idiom fast abstoßend wirkt, namentlich bei der weiblichen Jugend Eingang zu verschaffen. Wer noch dazu die Bevölkerung von Mainz — wo ich lebe — kennt, deren leichtlebiger, heiterer Sinn sich nicht gern an die harte Schale macht, um den edlen Kern zu genießen, der wird dies Vorhaben fast ein verwegenes nennen. Dieser Tage kam ich nun in den Laden eines neuetablirten, mir befreundeten Buchhändlers, der mir im Verlauf der Unterhaltung auch sagte: „Denken Sie nur, Herr Doctor, solange ich in dem frühern Geschäfte war, lag ein bestaubtes Exemplar von Klopstock's Oden in einer Ecke wohl fünfzehn Jahre lang und kein Mensch fragte danach. Und in letzter Zeit habe ich doch mehr als sechs Exemplare dieses Werkes verkauft." Ich stand eine Zeit lang sinnend da und stellte Betrachtungen darüber an, ob dieses Erwachen eines edlen, reinen Geschmacks nicht vielleicht auch ein kleines Culturferment ist, welches das Seinige dazu beiträgt, die Offenbachiaden und den Abhub französischer Dutzendwaare dereinst von der Bühne einer Nation zu verdrängen, für welche Beethoven und Mozart, Schiller und Goethe gedichtet haben.

III.

Ueber Erklärer deutscher Dichter.

Im Auslegen seid frisch und munter,
Legt ihr's nicht aus, so legt was unter.

Goethe.

Unter die wichtigsten Hilfsbücher für den Schulunterricht rechne ich jene, welche dazu bestimmt sind, der Jugend und dann auch weiteren Kreisen unter den Gebildeten des Volkes das Verständniß der deutschen Dichter zu erschließen. Was ich von der Erklärung derselben verlange, habe ich in einem früheren Aufsatze angedeutet; genüge es hier zu wiederholen, daß die wichtigste Aufgabe derselben eine Anleitung zum poetischen Verständniß sein muß. Dafür sind es Dichter, denen die Commentare gelten; diese müssen also das Dichterische betonen. Etwas Anderes wäre es, wenn es sich um kritische Feststellung der Texte handelte; dann wären die Anmerkungen lediglich gelehrtes Material. Ebenso wenig sollen dieselben angefüllt sein mit literarhistorischen Notizen und einem Ballast von Nachweisen und Parallelstellen aus antiken und modernen Schriftstellern. Statt das Verständniß zu erleichtern, wirkt ein solcher gelehrter Apparat meist nur verdunkelnd und verwirrend. Die meisten Commentatoren vergessen, daß der Dichter das aus Alterthum oder Mittelalter Entlehnte so kunstvoll in die moderne Dichtungsform eingewoben hat, daß das Entlehnte zugleich neu erscheint, während es seine frühere Schönheit und Kraft bewahrt, und daß demnach viel eher von der modernen Dichtung Licht ausstrahlt auf die Gedichte und Bilder der Vergangenheit als umgekehrt. Geradezu lächerlich aber werden derartige Commentare, wenn ihr Verfasser, der dichterischen Freiheit und des Horazischen Pictoribus atque poëtis vergessend, sich abzappelt, die Worte des Dichters in Uebereinstimmung mit der historischen Wahrheit zu bringen, wie wenn Herr Düntzer sich abmüht zu erforschen, wo denn „Poseidons Fichtenhain" zu denken sei. Wem nach einem abschreckenden Beispiel derartiger überflüssiger Gelehrsamkeit gelüstet, der lese diese Stelle in seinem Commentar zu den „Kranichen des Ibykus". Das Resultat gleich Null.

Also das Poetisch-Wesentliche — Duft, Farbe, Gestalt der Blume, nicht aber die chemischen Bodenbestandtheile und die vermodernden Pflanzenreste, aus welchen jene ihre Substanz gezogen — soll den Hauptzweck und Inhalt des Commentars ausmachen. Es ist wohl sehr einleuchtend, wie unendlich viel hier der lebendige Vortrag vor der schriftstellerischen Leistung voraus hat. Ist nicht die Darstellung einer Rolle durch einen tüchtigen Schauspieler — der Franzose gebraucht hier sinnig das Wort interpréter — oft eine viel hellere Beleuchtung eines Dramas als selbst die Erläuterung eines geistvollen Aesthetikers wie Gervinus? Auch Zeichner und Musiker gebieten über reiche Mittel. Man denke nur, wie unser Ludwig Richter Lieder und Sprüche aus dem reichen Schatze deutscher Poesie durch seine köstlich-naiven Bilder mit neuem Zauber erfüllt und ihren dichterischen Inhalt unserem Herzen aufgeschlossen hat. Und wo gäbe es einen Commentar, der die mächtige Begeisterung und das jauchzende Gottvertrauen, das in dem Lobgesang Mosis und Mirjam's waltet, uns so nahe führen und fühlen lassen könnte, als der gewaltige Chor Händel's in seinem Oratorium „Israel in Aegypten"? Wie arm und dürftig ist damit verglichen das geschriebene Wort! Welcher Lehrer hat nicht schon die Erfahrung gemacht, daß ein lebendiges, bestimmtes, seelenvolles Wiederholen der Dichterworte selbst seine Schüler ganz anders elektrisirt als wortreiche, selbst geschmackvolle Paraphrasen? Dazu kommt noch, daß bei dem lebendigen Vortrag, namentlich in der Schule, der Lehrer immer eine Art Controle und Maßstab der Wirkung seiner Worte hat, während der schriftstellernde Erklärer sich gar zu leicht von den Eingebungen des Augenblicks fortreißen läßt und so Gefahr läuft, seine subjectiven Schrullen an die Stelle einer richtigen Auffassung zu setzen oder auch ästhetische Blague und Kunstwasser zu produciren. Wie viel in letzterer Hinsicht schon gesündigt worden, brauche ich nicht zu sagen; jeder der geehrten Leser hat wohl in dem Buche der Leiden seines Lebens dafür ein eigenes Kapitel eingezeichnet. Wie soll also der Commentar beschaffen sein, wenn er zwischen den angedeuteten Klippen pedantischer Schulnotizen, altersgrauer, staubtrockener Gelehrsamkeit und alberner, hohler Kunstphrasen in das richtige Fahrwasser einlenken will? Sein Steuer sei der pädagogische Takt, sein Compaß das dichterische Verständniß.

Ich wende mich wieder an das Einzelne und möchte nun zunächst an Klopstock's Oden nachweisen, wie etwa ein allen Anforderungen genügender Commentar beschaffen sein sollte. Hier haben wir einen sichern Leitstern, nämlich den Dichter selbst, welcher sich schon veranlaßt sah, für seine Zeitgenossen durch kurze Anmerkungen das Verständniß derselben zu erleichtern. Welcher Art sind nun diese Anmerkungen? Zunächst scheinbar rein formal, indem der Dichter bei mehreren seiner im freien Versmaße sich bewegenden Oden Kürze oder Länge der einzelnen mittelzeitigen Silben angibt. Wenn die Wahrheit meiner früheren Bemerkung, daß der richtige Vortrag das beste Hilfsmittel und Kriterium des Verständnisses ist, feststeht, so sind diese Andeutungen von unschätzbarem Werthe. Ein feines Ohr wird allerdings auch ohne die Notiz wissen, daß in dem Verse: „Wie beugt sich der Wald, wie hebt sich der Strom!“ die beiden wie lang sind, aber gerade für die Schwächeren sind ja diese Anmerkungen da. Wie viel das richtige Verständniß gewinnt, wenn so auch der musikalische Theil der dichterischen Form zur Geltung kommt, ist wohl Jedem einleuchtend. Ich kann mir nicht versagen, gerade hier zur Illustration des Gesagten folgende charakteristische Stelle aus Gervinus' „Händel und Shakespeare“ anzuführen: „Gluck entzückte sich wie zu einem hellenischen Hymnensänger über Klopstock's Oden, dem Einzigen, was wir in Deutschland an lyrischer Sprachgewalt etwa mit Pindar zu vergleichen hätten .... Er hatte die Bescheidenheit und Verleugnung, seinen höchst einfachen Gesang, den er sich nur mit kleinen Strichen und Zeichen in das Odenbuch notirte, den Worten des Dichterfreundes im engsten Anschlusse anzufügen. Die Reichardt aber und Andere, die diese Tonstücke von ihm vortragen hörten, fanden sie ebenso eigenthümlich und tief geschöpft, wie sie einfach waren, dem Herrlichsten gleich, was der Meister in seinen glücklichsten Stunden geschaffen hatte, die getreueste Auffassung des Dichters gepaart mit bewunderungswürdiger Freiheit des Musikers, die erhabenste Einfalt, verbunden mit Originalität, mit großem Reichthum und immer neuer Mannichfaltigkeit. Durchgehends schlug das rhythmische Princip in diesen Odencompositionen vor, die weniger nach Art des melodischen Gesangs als des gemessenen Recitativs gestaltet waren." Kann man sich eine höhere und edlere Interpretation denken? Mir fällt hier, wo die unmittelbare Resonanz des Dichterworts in der musikalischen Seele des Meisters charakterisirt wird, der große Historiker Aug. Thierry ein, der als Knabe, von der Lectüre der „Martyrs" von Chateaubriand begeistert, in seinem Zimmer auf- und abgehend das stolze Schlachtlied der Franken sang: Pharamond, Pharamond, nous avons combattu avec la lance! Was wäre es werth, wenn jenes Odenbuch Gluck's noch vorhanden und ein tüchtiger, congenialer Mann danach eine Theorie und Anleitung des richtigen, dichterischen Vortrags schreiben wollte, die leider trotz zahlreicher Schriften dieses Titels noch immer unter die pia desideria gehört! Eine solche Schrift wäre nach meinem Dafürhalten um so dankenswerther, als gerade die Schauspielkunst diejenige ist, welche in der Gegenwart den raschesten und tiefsten Verfall bekundet, der nur dadurch zu erklären ist, daß das Publikum zuerst die Schauspieler und dann die Schauspieler das Publikum verdorben haben. Les dieux s'en vont, braucht in einer Zeit nicht erst gesagt zu werden, wo das Fräulein Ziegler Triumphe feiert. Und ist es nicht geradezu komisch, daß dasselbe Publikum, welches mit kunstverständigem Ohr dem Vortrag einer Opernarie lauscht und dabei auf dramatischen Vortrag, Aussprache, Intonation, Wärme des Gefühls ꝛc. bis auf die feinsten Nüancirungen achtet, sich die Meisterworte seiner großen Dichter in der widersinnigsten Weise durch Effecthascherei und Coulissenreißen zerhacken und verhunzen läßt!

Ja, das Publikum! Und man könnte Schiller's Klage über den tiefen Verfall der dramatischen Dichtung in wenig veränderter Form auch auf die darstellende Kunst anwenden:

„Was, es dürfte bei Euch sich kein Eckhof und Seydelmann zeigen,
Schröder nicht, Devrient nicht und keine Ackermann mehr?“
Nichts von alledem, Freund, wir sehen nur . . . .
. . . .
„Aber ich bitte Dich, Freund, was kann in solchen Tragöden
Großes denn leben, durch sie Großes gewinnen Gestalt?“
Nichts, sie schreien nach Noten, sie tragen brillante Costüme,
Schmeicheln dem süßen Mob, reißen Coulissen und mehr.

Es ist unglaublich, was oft dem vernünftigen Zuschauer zugemuthet wird. Vor zwei Jahren wohnte ich im Münchener Hoftheater der Aufführung des Hamlet bei. In Betreff des Darstellers der Titelrolle will ich mich auf die letzten Worte Hamlet's beschränken. Aber eine Scene erlitt eine so merkwürdige Auffassung, daß ich den mir damals gebotenen Genuß auch Andern mitzutheilen geneigt bin. Es ist die echt tragische Scene, wo Claudius in seinem Betstuhl niedersinkend die schwerbelastete Seele durch Gebet erleichtern möchte und dann in dumpfer Resignation die Fruchtlosigkeit seiner verzweiflungsvollen Anstrengungen bekennt. Dieses gepreßte Bekenntniß wirkt um so erschütternder, da wir vorher in mitleidiger Theilnahme den König in stummes Beten versunken glauben. Und der Darsteller? Er trat hervor, blickte gen Himmel, gesticulirte, als wollte er Gott und seinen Erzengeln imponiren, und schrie aus Leibeskräften: (die Gedankenstriche bedeuten Effectpausen)

Das Wort — steigt auf — der Geist — hat keine Schwingen,
Wort ohne Sinn — kann nicht — zum Himmel dringen!

Das nicht, wohl aber bei gehöriger Lungenanstrengung in die Ohren des Publikums, welches denn auch dankbar mit donnerndem Applaus den Abgehenden krönte. Die Gerechtigkeit erheischt, daß ich hinzufüge, daß dieselben Künstler Lustspiele, Conversationsstücke 2c. in musterhafter Auffassung und vollendeter Abrundung zur Aufführung brachten.

Eine andere Art von Anmerkungen, wie sie Klopstock hier und da unter seine Oden ausstreute, hat den Inhalt derselben zum Gegenstande. Diese Anmerkungen sind entweder wirkliche Erläuterungen, welche dem Leser über Beziehungen Auskunft geben, die diesem nicht bekannt sein konnten. Wie schön und interessant zugleich für den Sänger der Früh=

lingsfeier ist die Anmerkung zu der Ode „Der Abschied", in welcher Klopstock seinen Bruder erwähnt! „Dieser noch nicht sechsjährige Knabe ging, nicht lange vor seinem Tode, bei einem starken Gewitter und Regen auf den freien Platz hinaus und blieb mit der Mütze in der Hand stehen. Sein Vater rief ihm zu. Er antwortete: „Ich verehre den großen Gott." Wie peinlich-pedantisch macht es sich, wenn der neueste Commentator zu diesen schönen Worten hinzufügt: Johann Christian Klopstock, geboren den 6. November 1728, starb den 3. October 1733. Oder die Anmerkungen enthalten poetische Fingerzeige, welche dem Gedanken eine neue Beleuchtung, einen besondern Hintergrund oder Perspective verleihen: wie wenn der Dichter in der Ode „Der Grenzstein", in welcher er das politische Gebiet berührt und sich selber zu dieser Kühnheit ermuthigt durch die Worte: „Bei Amphion! Auch diese Saite rührte der Grieche fürs Herz!" die vielsagende Bemerkung macht: „Der Inhalt seiner Gesänge waren Gesetze." In solcher Art hätte also wohl unser Dichter, wenn er selbst zu verfügen hätte, auch in unsern Tagen, wo das Verständniß schwieriger geworden, von feinsinniger Kennerhand eine erläuternde Ausgabe gewünscht. Daß ihm gelehrter Kram ein Greuel, das poetische Auffassen die Hauptsache, geht wohl aus folgender Bemerkung hervor: „Der Leser sieht, ohne daß man es ihm in einer Anmerkung sage, daß dies Benennungen griechischer Oden sind. Er gewönne dadurch nichts, wenn man ihn mit ihrer Verschiedenheit bekannt machte. Das gilt auch von Anmerkungen über ähnliche Stellen".

Nach diesen vorausgeschickten Andeutungen wende ich mich nun zu einem Buche, das ich zunächst kurz besprechen möchte: „Oden von Klopstock. Auswahl. Mit Einleitung und Anmerkungen herausgegeben von Heinrich Düntzer." Schon über die Art der Auswahl ließe sich rechten. Der Kenner wird manche der vortrefflichsten Oden vermissen, und gerade recht charakteristische, wie „Der rechte Entschluß" und „Der Grenzstein", die durch ihren philosophischen Inhalt die didaktische Färbung der Odendichtung, in welcher Richtung ja Schiller so groß ist, charakteristisch vertreten. Dafür hätte man gern manche andere, namentlich Zeitgedichte, dreingeben können. Der Commentar erweckt zunächst ein günstiges Vorurtheil wegen seiner — Kürze. Man vermuthet, daß der Erklärer dem verständigen Leser Vieles überläßt, was nur zu billigen ist. Doch ist gerade Klopstock ein Dichter, der am meisten der Erklärung bedarf, wie ich schon angedeutet habe. Die knappe Ausdrucksweise, die oft bis zur Dunkelheit führende Verschränkung der Gedanken, die Kühnheit der Metaphern, der Flug der Phantasie im Odenschwung — alles dies stößt, wie ich aus Erfahrung weiß, zuerst den Leser ab, bis er in das Wesen, den Gedankengang eingedrungen ist, dann erfreut es ihn aber um so mehr. Hier wäre also auch von dem einfachen Erklären — wohlgemerkt, ich rede noch nicht einmal von dem ästhetischen, das ist ein besonderes Kapitel — Anleitung zu erwarten. Wer dieses aber bei Herrn D. sucht, der wird sich sehr getäuscht finden. Wo er eine philologische Anmerkung anbringen kann, wo irgend eine Parallelstelle oder historische Notiz angefügt werden kann, da fühlt er sich in seinem Elemente; wo aber zum wahren Verständniß der Gedanken, die oft mühsam aus der etwas harten Form hervorzuschälen sind, etwas zu sagen wäre, da beobachtet er Schweigen. Wer nun daraus schließen wollte, daß Herr D. die von ihm herausgegebenen Oden alle richtig verstände und dies Verständniß auch bei dem Leser voraussetzte, der würde einen Fehlschluß thun. Wer von der Ode an Gleim (1752) sagen kann, daß der Dichter darin die Kriegslust des von Gleim gefeierten Preußenkönigs bitter beklagt, der hat diese Ode total mißverstanden. Gerade die wenigen, auf den Inhalt bezüglichen Anmerkungen, welche Herr D. von seinem Eigenen gibt, beweisen, daß ihm die wahren Schwierigkeiten selbst ungelöste Räthsel sind. Der geneigte Leser möge selbst urtheilen: ich nehme aufs Gerathewohl ein paar der bekanntesten Oden, um an ihnen das Verfahren des Erklärers zu charakterisiren.

35. Der Rheinwein. Zu: „O du, der Traube Sohn" macht D. die Bemerkung: „Der Dichter hatte fast hundertjährigen Rheinwein (aus den Jahren 1670 oder 76), wohl Johannisberger, zum Geschenk erhalten." Dann zu Vers 7: „Deiner heißen Berge Füße ꝛc." „Der Johannisberg erstreckt sich freilich nicht bis zum Rhein." Dann „jener

deutscheren Zeit" „Das ist jedenfalls eine Täuschung Klopstock's." Frage: Was wird durch diese unnöthige Weisheit für das Verständniß der Dichtung gewonnen?

Wer der „Schule Lehrer" sei, warum der „weiblichen" Seele der Rose die stärkere des Weins gegenübergestellt werde, davon erfahren wir nichts, wohl aber gibt D. zu dem „Die Nachtigall besingt" den merkwürdigen Aufschluß: „am Abend"!! Zu „Thorheit ist es, ein kleines Ziel, das würdigen, zum Ziel zu machen, nach der unsterblichen Schelle laufen" dürfte wohl eine die etwas unklare sprachliche Form erläuternde Bemerkung erwartet werden, statt dessen erklärt D.: „Unsterblichkeit in Narrheit, närrischen Dingen." Was soll damit der Schüler anfangen? Soll er sich etwa einen Carnevalsredner oder einen Herostrat oder einen Alcibiades denken? Die unsterbliche Schelle bezeichnet Dinge, die dem Geschmack der Zeit, der Mode huldigen, den augenblicklichen Erfolg dem dauernden vorziehen, und wird klar durch die Vergleichung mit „tönendem Erz und klingender Schelle". Den wunderschönen Schluß, in welchem die Tugend gepriesen wird hoch über den „unsterblichen Meisterwerken" mit den Worten: „Allein sie soll auch Lohn der Unsterblichkeit entbehren können", der doch offenbar bedeutet: das Kennzeichen wahrer Tugend ist, daß sie auf jeden Lohn verzichtet, verdirbt Herr D., indem er allem Geschmack zum Trotz „sie soll" durch „wie die Sage geht" zu erklären vermeint.

38. Genesung. „Genesung, Tochter der Schöpfung auch, Aber auch du der Unsterblichkeit nicht geboren" ruft der fromme Dichter von seinem Schmerzenslager, dankbar den Blick zum Höchsten gerichtet, der ihm sein Leben gefristet, gestundet hat, bis er seine Lebensaufgabe vollendet. Schön ist und ergreifend, wie gerade beim Beginn der Dichter seine Ergebung in Gottes Hand so innig ausspricht: Wie meine erste Schöpfung „die Geburt" mir das Leben gab, so gabst du Genesung es mir zum zweiten Male, aber nur solange es Gott gefällt. Und wie erklärt Herr D.: „Tochter der Schöpfung auch, wie der Schlummer!" „Der Unsterblichkeit nicht geboren wie die Seele des Menschen!!"

Kühne Jünglingsfragen gefragt: „Da er in jener Welt ganz unerfahren ist", erklärt Herr D.; die Erklärung ist greisenhaft, er soll die Jünglinge fragen, die werden's ihm besser sagen!

In der Frühlingsfeier sind die Parallelstellen aus der Bibel angemerkt. Was bei diesem herrlichen Gedichte, bei dem der Erklärer, wenn er auch nicht auf die hochpoetischen Ausdrucksweisen und Zusammenklänge hindeuten will, doch dem Leser durch Fingerzeige den Weg durch den gewaltigen Aufbau der Gedanken angeben sollte, Herr D. zu erklären sich veranlaßt sieht, ist zu charakteristisch, als daß ich es übergehen dürfte. Vers 7: „Halleluja gebraucht Klopstock in den Oden trochäisch." Wer sagt das Herrn D.? Ich sage, es ist ein Didymäus und glaube dazu ebenso viel Recht zu haben. Bei dem dunklen Zweifel, der bei dem Anblick des Frühlingswürmchens die Seele des Dichters umschattet, folgende Erklärung: „Der Gold- oder Rosenkäfer beginnt schon im Mai auszufliegen!" Unglaublich! Warum nicht auch eine Bestimmung nach Genus und Species und kurze naturwissenschaftliche Beschreibung? Bei dieser Gelegenheit hätten wir auch erfahren, wie das Würmchen zum Käfer geworden ist. Vers 41 Umwunden wieder mit Palmen — Erklärung: „Da er von neuem dem Herrn jubelt!" Vers 51 wunderbare Lüfte: „wunderbar wohlthuende." Vers 81: Seht ihr: „Die lebhafte Anrede, obgleich der Dichter allein ist." Vers 89: Die Gewitterwinde: „hört ihr sie?" Ich frage nun jeden Lehrer, der einmal dies Gedicht in seiner Schule vornahm, ob es ihm je eingefallen ist, diese Dinge erklären zu wollen, ob nicht vielmehr jeder, auch der talentloseste Schüler sie mit Leichtigkeit versteht, während hundert Dinge in dieser Ode sind, die, wenn auch nicht der Deutung, doch der Andeutung bedürfen, um richtig verstanden zu werden.

Bei dem durch die Tiefe seines Gedankeninhalts schwer verständlichen, aber wegen dieses Reichthums und der knappen energischen Form so ungemein die Mühe belohnenden Gedichte „Die Sprache" glaubt Herr D. so gut wie gar keine Erklärung geben zu sollen! Doch halt, er erklärt ja eins: zu Vers 21 Erfinder bemerkt er: „Wenn du den Inhalt und den Gang deines Gedichtes erfunden hast." Diese entsetzlich nüchterne und prosaische Erklärung sagt entweder gar nichts oder sie ist grundfalsch. Glaubt etwa Herr D. damit das Wort Erfinder zu umschreiben, dann tödtet er den ganzen Gedanken und alle Poesie. Sehe er einige Verse vorher, dort steht schon: „Dem Erfinder, welcher durch dich der Hörer Herzen bewegt": es bedeutet den „Schöpfer", den ποιητής oder trouveur, der in seiner Seele Gestalten schafft, die in Marmor oder Farbe, hier durch die Sprache ihren Ausdruck finden werden. Uebrigens ist es geradezu unbegreiflich, wie er, der sonst mit philologischer Mikrologie Parallelstellen angibt, hier auf die denselben Gegenstand fast mit denselben Worten behandelnde Ode „Die Bildhauerkunst, die Malerei und die Dichtkunst", von ihm selbst als Nr. 117 aufgenommen, nicht hingewiesen hat. Die Consequenz, mit welcher er auch dort den Nachweis unterläßt, führt fast zur Vermuthung, daß hier, wo das Verständniß entschieden durch die Vergleichung gewonnen hätte, er grundsätzlich dieselbe unterlassen hat. — Nur noch auf ein wirklich komisches quid pro quo der Interpretationslaune sei hingewiesen. In dem Gedicht „Der Kamin" sagt Herr D. ganz ernsthaft zu: „Da der Weichling Behager so gesprochen": Behager scheint der Name des Weichlings zu sein; sonst wäre wohl Weichling-Behager zu schreiben." Kennt Herr D. so wenig die Ausdrucksweise seines Dichters, daß er auf diesen wirklich komischen Vorschlag verfällt? Lese er doch in seiner eigenen Sammlung Nr. 113 „Die Unvergeßliche" die Stelle: „Drauf hat sie dieser Täuscher Bejochungskrieg gemordet." Oder soll der Bejochungskrieg auch als ein Eigennamen figuriren? Ohe, jam satis est, wird der geneigte Leser ausrufen. Ich kann es ihm aber nicht ersparen, auch noch die schöne und allbekannte Ode „Der Eislauf" mit den Düntzer'schen Bemerkungen anzuführen, diesmal nicht, um an letzteren nachzuweisen, wie er das Einzelne offenbar mißverstanden, sondern wie er auch über das Wesen der Lyrik, speciell der Odendichtung einen ganz irrigen Begriff hat, was allerdings bei einem Herausgeber von Horaz und Klopstock befremdend erscheinen kann. Wie gesagt, es sind wieder ganz kurze Bemerkungen, welche diesen Verdacht erwecken müssen. Es ist eine bekannte Sache, daß bei jedem lyrischen Gedichte eine oft nur unbestimmt angedeutete Situation vorauszusetzen ist: manchmal gibt der Dichter dieselbe durch die Ueberschrift, nicht selten tritt sie auch erst in der Mitte des Gedichts hervor. Im Eislauf ist nun der rasche Wechsel der einzelnen Situationen von besonderer Schönheit, die dem Gegenstand entspricht und dem Gedichte einen dramatischen Charakter verleiht. Das ganze Gedicht bleibt aber natürlich innerhalb des Rahmens eines bestimmten, einmaligen Erlebnisses: so sind denn auch die ersten Strophen als eine Anrede an den Freund, der ihn zum See begleiten soll, aufzufassen. Nun gibt Herr D. folgende Aufschlüsse: Strophe 5: „Du kennest jeden reizenden Ton der Musik": „Anrede eines ihn begleitenden Freundes." Zu Strophe 6: „O Jüngling, der den Wassercothurn": „Er versetzt sich in einen schönen Wintermorgen." Mit dieser Erklärung aber ist aller Zusammenhang, alle Einheit, das Princip des Dichterischen nicht allein, sondern der Schönheit vernichtet und die Strophen hängen wie schlappe, alles Lebens entbehrende Glieder schlotternd und willkürlich zusammengebunden nur in äußerlichem Connex. Die eine Frage erlaube Herr D.: Wohin ist denn der „begleitende Freund" in Strophe 5 escamotirt worden, oder soll sich der etwa auch in den schönen Wintermorgen „versetzen"?

Um obige Kritik recht zu würdigen, müßte der geneigte Leser die Oden Klopstock's zur Hand nehmen und die einzelnen Stellen in den Gedichten nachlesen; eingehende Auseinandersetzung würde zu viel Raum einnehmen. Für diejenigen, welche dazu keine Lust haben, will ich noch folgendes Beispiel Düntzer'scher Erklärung beifügen, das den Erklärer und seine Methode für sich allein illustrirt. In der Ode „Friedrich der Fünfte" preist der Dichter den gerechten König, dem der Ruhm eines Eroberers viel zu klein ist, der als Jüngling schon von dem beseligenden Gedanken, der geliebte Vater seines Volkes zu sein, um Mitternacht erweckt wurde,

Wenn der Säugling im Arm hoffender Mütter schlief,
Einst ein glücklicher Mann! wenn sich des Greises Blick
Sanft in Schlummer verlor, jetzo verjünget ward,
Noch den Vater des Volks zu sehn!

Erklärung: „Noch, da er wirklich nicht mehr sein Zimmer verlassen kann!" Ex uno disce omnes!

Noch deutlicher wird folgendes Beispiel sein. Zu der Ode: „An Gleim" erwähnt der Dichter Friedrich den Großen und beklagt die Gallomanie des ruhmgekrönten Preußenkönigs. Wie schon bemerkt, hat Herr D. diese Ode total mißverstanden, da er in der Einleitung sagt: „Klopstock beklage bitter die Kriegslust des von Gleim gefeierten Preußenkönigs". Wenn man bedenkt, daß diese Ode 1752, also acht Jahre nach dem zweiten schlesischen Krieg gedichtet ist und daß gerade der Kriegsruhm Friedrich's die Bewunderung der Welt und das versunkene Nationalgefühl der Deutschen wieder erweckte, so ist ein solches Mißverständniß kaum begreiflich. Aber es kommt noch besser. Klopstock sagt:

— Noch da der Lorbeer ihm
Schon vom Blute der Schlacht troff
Und der Denker gepanzert ging,
Floß der dicht'rische Quell Friedrich entgegen, ihm
Abzuwaschen die Schlacht! Aber er wandte sich,
Strömt' in Haine, wohin ihm
Heinrich's Sänger nicht folgen wird.

Der Sinn dieser Worte wird durch die kurze Bemerkung Klopstock's: „Heinrich's Sänger, Voltaire" durchaus klar und verständlich. Die deutsche Dichtung war bereit, Friedrich als Nationalhelden zu besingen, seine vom Kampfe heißen Schläfe zu kühlen, seine blutigen Siege dichterisch zu verklären, ihnen das Furchtbare durch ihre reinigende und läuternde Wirkung zu benehmen — alles dies liegt in dem prägnanten Worte: Abzuwaschen die Schlacht. Aber dieser dichterische Strom, von Friedrich nicht beachtet und verschmäht, wandte sich von ihm ab und strömte in Haine — Heiligthümer der deutschen Muse — wohin es der französischen Dichtung (Voltaire), die Friedrich vorzieht, auf ewig versagt ist, ihr nachzufolgen. Nun aber Herr D.! Man höre und staune: „Heinrich's Sänger, Voltaire. Diese Deutung Klopstock's kann nicht richtig sein!! Ein jüngerer Freund Klopstock's berichtet, dieser habe ihm selbst gesagt, unter Heinrich habe er den Kaiser

Heinrich verstanden, der Minnesänger gewesen und selbst gesungen habe, daß er eher die Krone als die Geliebte missen wolle!! Strömt' in Haine, sollte demnach mit Benutzung des eben gebrauchten Bildes bezeichnen, Friedrich habe andere Bahnen eingeschlagen." Herrlich! Herrlich! Also der mit blutigem Lorbeer gekrönte Friedrich, dem der Dichterquell entgegenströmt, das Blut ihm abzuwaschen, verwandelt sich durch Düntzer'sche Interpretationskunst urplötzlich selber in einen Flußgott, der offenbar vor dem andern Flusse flieht. Die Verwirrung zu vollenden, erscheint auf der Scene ebenso plötzlich ein unbekannter „Sänger Heinrich's, der lieber die Krone als die Geliebte missen wollte" und der seine Abneigung kundgibt, dem einen Flusse nachzufolgen! Schade, daß Herr D. letzteren nicht auch strömen läßt, es gäbe ein herrliches Bild, die drei Ströme, die schließlich Alles verwässern könnten! Vor solchen Erklärungen verhüllen Apollo und die neun Musen trauernd ihr Haupt.

Wenn aus der von mir besprochenen Bearbeitung Klopstock's hervorgeht, daß Düntzer ein unglückliches Verkennen seines Berufs zur Erklärung dieses Dichters antrieb, indem seine Noten die Hauptsache meist gar nicht, das Nebensächliche entweder in störender Breite oder, was schlimmer, in falscher Weise erläutern, so liefern seine „Erklärungen zu Schiller's lyrischen Gedichten" ein höchst merkwürdiges Pendant und gewissermaßen einen unerwünschten Aufschluß über den Erklärer selbst. Die bei der Erläuterung Klopstock's von mir beklagte Schweigsamkeit ist nämlich hier, wo wir es mit dem viel leichter verständlichen, in Herz und Geist seiner Nation eingedrungenen Schiller zu thun haben, einer breiten Ausführlichkeit, ja ich möchte sagen einem bis zur Geschwätzigkeit gesteigerten Redeflusse gewichen. Wo es keinem Menschen einfällt, um Rath zu fragen, da drängt sich der Erklärer heran und macht mit seinen Inhaltsangaben, seiner breiten prosaischen Verwässerung den komischen Eindruck eines übergefälligen italienischen Cicerone, der dem begleiteten Fremden in lächerlicher Vorsicht etwa jeden Pflasterstein bezeichnen wollte, auf den er seine Füße setzen soll. Ich wähle wieder aufs Gerathewohl irgend ein Gedicht und lasse Herrn D. selber reden. Zu Hero und Leander. In breiter, gesperrter Schrift gibt Herr D. von jeder einzelnen Strophe zunächst die Inhaltsangaben und zwar in folgender Weise: „Str. 3—6. Zu der auf dem Felsenthurme in Sestos einsam wohnenden Hero schwamm Leander jede Nacht herüber und blieb bis zum Morgen, wo er wieder zurück mußte." Nach dieser allgemeinen Inhaltsangabe bekommen wir den Kelch noch im Einzelnen zu kosten: „Str. 3. Die Angabe der Wohnung Hero's und Leander's dient dem Dichter zur Einleitung des kühnen Wagnisses. Str. 4. Weitere Ausführung der Macht der Liebe. Str. 5. Die Macht der Liebe trieb auch Leander allnächtlich über das Meer zur Hero, welche durch die am Thurm aufgesteckte Fackel ihm den Weg zeigt. Str. 6. Bis zum Morgen freut er sich der Liebe, dann aber muß er denselben Weg zurück! Str. 7. 8. So genossen sie einen Monat lang der Liebe und freuten sich, daß die Nächte immer länger wurden. Str. 9. 10. An einem Herbstabend sah Hero das Meer ruhig und heiter." Um die Geduld des Lesers nicht zu erschöpfen, nur noch den Schluß: Str. 24—26. Sie erkennt die Leiche. Der starren Verzweiflung folgt die frohe Gewißheit, daß sie dem Geliebten folgen müsse. Entschlossen stürzt sie sich vom Thurme auf die theure Leiche, auf der sie stirbt. Das Meer aber freut sich seiner doppelten Beute." Götter und Helden, was wird hier erklärt? Sind das Inhaltsangaben altindischer Heldengesänge oder hieroglyphischer Darstellungen? Wer diese breiten, unpoetischen, ja antipoetischen Paraphrasen des klarsten, verständlichsten Dichterworts liest, der muß glauben, es handle sich um Unterschriften für einen Bildercyklus und zwar nicht etwa einer Schwind'schen Composition, sondern — das Wort muß heraus — der Travestie eines bekannten Meisterwerks für die „Fliegenden Blätter". Und zu denken, daß der Erklärer diese Methode unbarmherzig auf alle lyrischen Gedichte Schiller's angewandt, daß keins sich seinem Secir- oder vielmehr Scalpirmesser entziehen kann, daß der unglückliche Knabe, der an der Quelle sitzt, nicht einmal verschont bleibt, daß des Mägdleins Klage in diese dürre Prosa umgesetzt wird, daß das duftige Geheimniß von

Herrn D. in folgender Weise ausgeplaudert wird: „Str. 1. Die Geliebte hat mich in diesen Buchenhain bestellt, den ich jetzt still betrete. Str. 2. Ich höre von fern das Geräusch der Arbeiter, die so sauer ihren Unterhalt sich erwerben müssen, während dem Glücklichen das Glück von selbst zufällt." Ja selbst der feurige Dithyrambus wird mit Zopf und Philistermütze bekleidet, indem Herr D., die Tabaksdose in der Hand, als Museumsinspector uns erklärt: „Str. 1. Der trinkende Dichter sieht sich in der Begeisterung von allen Göttern besucht. Str. 2. Anrede an die versammelten Götter, die er nicht würdig bewirthen könne u. s. w. Str. 3. Jupiter läßt dem mit allen Göttern zum Olymp erhobenen Dichter von Hebe Nektar einschenken, damit alle irdische Beschränkung schwinde." Ach wie wünschenswerth wäre es doch, wenn manchem Erklärer poetischer Werke auch nur ein Tröpfchen Nektar eingeflößt werden könnte oder, wie Herr D. sich geschmackvoll ausdrückt, „durch den Genuß des Nektar ihm gleichsam die Augen ausgewaschen werden könnten", damit er ahnen lernte, warum Körner in diesem Gedichte Hoheit mit Lieblichkeit vereinigt fand, und warum Herr Düntzer dasselbe gezwungen und kalt finden mußte!

Daß ein solcher Commentar den Eingangs dieses Abschnitts geforderten Ansprüchen in keiner Weise genügt, daß er vielmehr mit allen daselbst erwähnten Fehlern behaftet ist, braucht wohl nach dem Angeführten nicht gesagt zu werden. Mir machte er in seiner durchaus prosaischen, den schönsten Genuß durch Aberweisheit, wohin auch das sehr häufige Tadeln und Bessernwollen gehört, störenden Art den Eindruck, als werde man von einem bösen Zauberer auf dürrer Haide im Kreise herumgeführt, statt sich an den lebendigen Quellen zu laben. Dem entsprechend sind auch die mit Bienenfleiß zusammengetragenen literarhistorischen und sonstigen Notizen, in welchen viel „schätzbares Material" enthalten ist, eingekleidet, wovon ich nur folgende Probe gebe: „Das eleusische Fest. Unser schon längst Schiller im Sinne liegendes Gedicht wurde am 30. oder 31. gleich nach der Bürgschaft begonnen und trotz des leidigen Schnupfens, der ihn befallen hatte, den 7. September vollendet!" Ungern scheide ich von Herrn D., denn ich müßte eigentlich von jeder Seite seines Commentars ein paar Beispiele hervorheben, welche charakteristisch die Art bezeichnen, wie man nicht erklären soll, und damit vielleicht dazu beitragen, daß eine durchaus unpoetische Natur in Zukunft von Erklärung der Dichter abgeschreckt würde. Aber das hieße die Geduld des Lesers auf eine zu harte Probe stellen. Darum bitte ich zum Schlusse nur noch um die Erlaubniß, folgende Erklärungen mittheilen zu dürfen: „Zu den vier Weltaltern: Wohl perlet im Glase der purpurne Wein. Purpur kann kaum von der hochgelben (goldenen) Farbe des Rheinweins stehen, sondern muß auf rothen Wein deuten. Vgl. Ged. 50, Str. 3, 4. Der Purpursaft der Reben steht Ged. 43, Str. 3, 3. Vgl. Purpurflammen. Ged. 4, St. 7, 2. Purpurröthe. Ged. 7, Str. 12, 2. Purpurblut. Ged. 8, Str. 5, 5. Purpurwangen. Ged. 7, Str. 20 3. Purpurner Kuß (der Morgenröthe). Ged. 17. St. 6, 2.*) Freilich wäre der Ausdruck golden bezeichnender. „Frage: für rothen Wein? Oder, weil Herr D. lieber weißen trinkt?" Zu den Kranichen des Ibykus: Und duldet nicht der Leier Klang. Hier hat Schiller sonder Leier (ἀφόρμικτος des Aeschylus) mißverstanden; denn dies bedeutet, daß das Lied nicht wie ein Festgesang von der Leier begleitet wird. Aehnlich sagt Aeschylus. Uebrigens hat der Dichter das einzelne Auftreten der Eumeniden, die nach einander in den Tempel stürzen, absichtlich übergangen, er führt nur den darauf folgenden Chorgesang an, ohne sich an des Aeschylus Eumeniden zu halten, die ja auch weit später als Ibykus fallen"!! Es ist kaum möglich, in einem Satze einen größeren Wust von Stillosigkeit, cruder Gelehrsamkeit und inneren Widersprüchen zusammenzuhäufen. Zu dem Pilgrim, wo der Dichter an den Fluß kommt, der nach Morgen strömt, bemerkt Herr D.: „Er vertraute die-

*) Welche Aufgabe für einen zukünftigen Philologen, nach Herrn Düntzer's Vorgang alle die Schattirungen der Regenbogenfarben vom Indigoblau bis zum Schwefelgelb und ihre Bezeichnungen aus den Dichtern alter und neuer Zeit mit gewohnter „Akribie" zusammenzustellen!

sem Flusse ganz besonders, weil er ausnahmsweise, wie von deutschen Flüssen nur die Donau, nach Osten floß!" Man sieht, die Carte du Tendre der Précieuses hat einen Geistesverwandten erweckt!

Und nun Valet Herrn Düntzer mit dem Schiller'schen:

Nimmer belohnt ihn des Baumes Frucht, den er mühsam erziehet;
Nur der Geschmack genießt, was die Gelehrsamkeit pflanzt.

In Betreff eines andern Commentars zu Schiller von Viehoff, der die Arbeiten der Vorgänger zusammenfaßt und sich größerer Beliebtheit zu erfreuen scheint, da er in mehreren Auflagen erschienen ist, kann ich mich kürzer fassen. Die Arbeit ist im Allgemeinen als eine geschmackvolle zu bezeichnen und sie enthält reiches Material, das der feinsinnige, verständige Lehrer glücklich wird verwerthen können. Zu tadeln ist an ihr zunächst das Zuviel, der philologische Detailkram, sowie es auch sehr unangenehm auffällt, daß in einem Commentar, dessen schönste Eigenschaft Kürze ist, der Erklärer in pädagogischer Redseligkeit sich so weit vergißt, daß er eigene lange Gedichte auskramt, welche sich im Vergleich zu dem z. B. der Schiller'schen Deutschen Treue gespendeten Tadel geradezu komisch ausnehmen. War der Gegenstand auch einer andern Behandlung fähig, so durften doch neben der knappen, trefflichen antithetischen Ausführung unseres Schiller, die in dem schönen Schlusse „Wahrlich, so ist's" gipfelt, nicht Verse sich vergleichen wollen, die jeder Poesie Hohn sprechen: wie z. B.:

Entfesselt ihn, spricht sein Gegner, er zieh' als ein Freier von dann!

oder:

Da stürzen benarbte Krieger, die er als Knabe gekannt.

oder:

Noch einmal greift der Bestürmte sich prüfend in seine Brust!!

u. s. w.

Ueberhaupt ist ein breites, behäbiges, redseliges Hereinziehen von allen möglichen wissenswürdigen Dingen ein Kennzeichen, daß dieser Commentar seinen ersten Ursprung der Schule verdankt. Dabei wachsen die sehr oft citirten Ansichten verschiedener Aesthetiker und Erklärer zu einer Art von musivischem Gebilde zusammen, wobei die Worte eines Goethe, Schiller, Herder, W. v. Humboldt, Körner sehr sonderbar abstechen in Bezug auf tiefes ästhetisches Urtheil gegen die der neueren Erklärer. Gerade bei dieser breiten Anlage und Weitläufigkeit haben wir aber auch hier die echte, höchste Aufgabe der Interpretation vermißt. Ist es, um nur Einzelnes anzuführen, zu verantworten, daß beim Taucher die Bemerkung nicht gemacht wird, wie die Furchtbarkeit des Strudels zunächst durch den gewaltigen Eindruck, die Wirkungslosigkeit der Worte des Königs gezeichnet wird? Ist es eine poetische Erklärung der Worte im Spaziergang: „Deiner heiligen Zeichen, o Wahrheit, hat der Betrug sich angemaßt, der Natur köstliche Stimmen entweiht", wenn Viehoff sagt: „Die kalte conventionelle Höflichkeit hat sich der stärksten Ausdrücke der Zuneigung, der Theilnahme bemächtigt." Ist nicht vielmehr hier eine scharfe, mit glühenden Farben geschriebene Verdammung der falschen Kunst (Rührstücke, panegyrische Beredtsamkeit, Hofdichtung, musikalische Effecthascherei)? Von der wundervollen Dreigliederung der Sprüche des Confucius kein Wort, dafür ein dürftiges Paraphrasiren der Gedanken, wobei man sich sagt, daß in Schiller's Worten unendlich viel mehr liegt. Oder ist es eine richtige Erklärung von „Keine Furcht, kein Zweifeln zügelt ihren Lauf, wenn sie enteilt": „Wir sollen uns nicht den Genuß der rasch dahineilenden Gegenwart durch furchtsames Bedenken und Besinnen verkümmern, denn wir bringen sie dadurch nicht zum Stehen"? Es ist hier überhaupt von keinem wir sollen die Rede, sondern der drohende Conflict, in welchen die Eigenschaften der Zeit zu dem Menschenleben treten können, gezeichnet. Furcht und Zweifel aber hindern uns nicht am Genuß, sondern am Handeln. Und gar dieses: „wir sollen die Vergangenheit nicht bereuen und zurückwünschen." Welcher denkende Mensch hat jemals diesen Sinn in den Worten: „Keine Reu', kein Zaubersegen kann die Stehende bewegen", finden können? Derartige Mißverständnisse, derartiges einseitiges Auffassen und tief unter dem Fluge des Dichtergenius Zurückbleiben ließe sich gerade bei den tiefsinnigsten und inhaltsreichsten Gedichten vielfach nachweisen. Wie trocken und nüchtern ist es, wenn, um nur dies anzuführen, Viehoff, die herrliche letzte Strophe des „Kampfes mit dem Drachen" erwähnend, die Ballade mit dem verschleierten Bild zu Sais vergleicht. „Wie dieses nämlich Unterordnung der Wißbegierde unter ein höheres Gebot lehrt, so erhebt unser Gedicht die religiöse Tugend der Selbstverleugnung über den ritterlichen Heldenmuth." Ich muß sagen, derartige Gedanken sind in mir niemals aufgestiegen, wohl aber habe ich mich tiefer Ergriffenheit und Rührung selten erwehren können, wenn ich diese Stelle las. Und das ist nach meiner Ansicht die wahre Wirkung des Dichterischen, namentlich des Pathetischen, das, was Aristoteles die Reinigung der Leidenschaften nennt. Das geht tief in unserm innersten Gemüthe vor und hat keinen Zeugen und keinen Zweck als unser lebendiges Sein. Kommt dann in Gottesnamen der Moralist und sagt, das ist des Dichters Aufgabe, zu bessern, der Professor und sagt, er belehrt uns, der Theologe und sagt, er stellt die religiöse Tugend über Alles; die wahren Kinder Gottes haben nur das eine, reine, menschliche Gefühl und das ist die echte Empfindung des Schönen. Und das ist auch der Charakter des Edeln und der Grund, warum wir dieses lieben. Und so will ich denn schließen, indem ich auch eine Parallelstelle citire zu der Endstrophe des zuletzt genannten Gedichts, aber keine von Gelehrsamkeit eingegebene oder durch äußerliche Beziehungen verbundene, sondern eine durch Gleichartigkeit der Empfindung und der Wirkung auf das Herz nahe liegende, es sind die herrlichen Worte Goethe's:

Doch wenn ein Mensch von allen Lebensproben
Die sauerste besteht, sich selbst bezwingt,
Dann kann man ihn mit Freuden andern zeigen,
Und sagen: Das ist Er, das ist sein Eigen!

Ich kann es nicht unterlassen, hier zum Schlusse noch ein paar abschreckende Beispiele aus einem vielgelesenen, in prächtigem Einbande in den Salons und Boudoirs der Damen paradirenden Werke anzuführen, das sonst in seiner Anlage und einzelnen Ausführungen manches Schöne und Feinsinnige enthält: ich meine „Oeser's Briefe an eine Jungfrau über Aesthetik, bearbeitet von A. W. Grube." Zu der schönen Klopstock'schen Ode: „Die frühen Gräber" finden wir hier eine ästhetische Erklärung, die zur dritten Strophe: „Ihr Edleren, ach es bewächst" Folgendes bringt: „An die schönsten Naturscenen, welche die Erde bietet, knüpft sich das Andenken an die heimgegangenen Freunde, ihr Glanz erbleicht aber vor dem ernsten Bilde der bemoosten Gräber, welche das Vergängliche und Nichtige aller Erdenherrlichkeit predigen und zugleich die Menschenseele, den Geist, welcher Herz zu Herzen zieht und erst in der Gemeinschaft des Naturschönen recht froh wird, als das einzig Werthvolle erkennen lassen. So erhebt sich das trauernde Subject, indem es seinen Schmerz an die Natur zu knüpfen, in ihren Busen auszuschütten scheint, zugleich über die Natur und adelt seine Trauer." Schön gepredigt! Aesthetische Kathederphrasen! Ein unbefangenes Gemüth wird in dieser Strophe nichts Derartiges herauslesen, wohl aber der weichen, sanften, elegischen Stimmung, die sich in magischem Dufte über die herrlichen Naturbilder ausbreitet, mit süßer, wehmüthiger Lust sich hingeben.

Höchst merkwürdig ist auch die Vergleichung von Goethe's und Schiller's Balladen durch die Gegenüberstellung des Fischers und des Tauchers. „In beiden waltet", bemerkt der Verfasser, „das Hingerissensein von einem mächtigen Antriebe; die Jünglinge stürzen sich ins Wasser, und kommen darin um." Und nun wird des Weiteren dargestellt, wie bei Goethe die dämonische Naturmacht den Impuls gibt, die den Menschen widerstandslos in ihre Zauberkreise zieht, sodaß der Geist in der Nacht des Bewußtlosen versinkt, während in der Schiller'schen Ballade „der Impuls von einem König und einer Königstochter ausgeht und es die schöne Jungfrau im vollsten Reize nicht blos der leiblichen Schönheit, sondern auch des Seelenadels ist, die gegen ihren Willen die Katastrophe herbeiführt". Dabei wird bemerkt, wie der edle Jüngling auch in der Tiefe seine Besonnenheit nicht verliert, vielmehr das Bewußtsein des vollsten Gegensatzes von Menschen- und Naturleben mit hinab in den Abgrund nimmt: „Und da hing ich und war mir's mit Grausen bewußt." — So geht es denn eine Weile fort und endlich ruht die schöne Leserin in dem rhetorisch brillant abschließenden Satze: „Und wenn auch der leibliche Mensch in seiner Schwäche erscheint gegenüber der übermächtigen Naturkraft, so erscheint doch auch der Menschengeist in seiner Hoheit, denn dieser läßt sich auch von der schrecklichsten Gefahr nicht abschrecken — die Liebe ist mächtiger als der Tod!"

Nach dieser glänzenden Schlußtirade folgt der beruhigendere Satz: „Sie finden dies weiter entwickelt und die eigenthümliche Schönheit Goethe'scher und Schiller'scher Balladenpoesie dargestellt im ersten Bändchen der bei Bädeker in Iserlohn erschienenen: Aesthetischen Vorträge über Goethe's Elfenballaden und Schiller's Ritterromanzen von A. W. Grube. Es würde mich freuen, wenn das Werkchen Ihre Theilnahme gewänne." (Verneigung.)

Ich muß gestehen, bei derartiger Interpretationslust und Parallelbetrachtung ließen sich gleich ganze Folianten über ein einfaches Octavbändchen füllen. Und zwar ohne besondere Mühe. Es wäre nicht schwer, auf die natürlichste Weise von der Welt zu den obigen Ansichten geradezu entgegengesetzten Resultaten zu gelangen; z. B. aus der Vergleichung von „Der Gott und die Bajadere" und Schiller's „Toggenburg" wäre so schön nachzuweisen, wie dort die weibliche Natur sich zur höchsten activen Liebeskraft und sittlichen Verklärung aufschwingt, sodaß sie, die einst so tief Gefallene, freudig den Holzstoß besteigt, auf welchem der todte Geliebte verbrannt werden soll, während bei Schiller mehr die bewußtlose, traumhafte Liebesschwärmerei die männliche Seele allmählich umspinnt, sodaß der Ritter in sehnsüchtigem Hinschauen fast wie eine Pflanze endlich dem großen Gesetze der Natur erliegt. Der Verfasser hätte dabei auch die schöne Gelegenheit, seinen Satz, daß „die Liebe mächtiger als der Tod ist", bei der Goethe'schen Ballade wieder anzubringen, und zwar offenbar mit größerem Rechte als bei Schiller's Taucher. Derartige ästhetische Paraphrasirung, wie sie in diesen kurzen Proben sich kennzeichnet, halte ich entschieden für verderblich, weibliche Gemüther sättigen sich leicht an dem schönen Klang der Redensarten, gehen beglückt „aus dem Vortrage" nach Hause, finden dann bald Gelegenheit, eine oder die andere bei passendem Anlasse anzubringen. Es ist nicht gerade galant, was ich hier sage, aber vielleicht um so wahrer, und mancher meiner geneigten Leser weiß vielleicht aus seiner Erfahrung diese Andeutungen zu einem vollständigen Bilde auszumalen. Die wahre Parallele zu Goethe's „Fischer" ist das „Lied des Fischerknaben" aus Schiller's Tell, in welchem ebenfalls der geheimnißvolle Zauber, mit welchem das feuchte Element das Menschenherz bestrickt und die lieblich lockende glatte Fläche den Ahnungslosen in die Tiefe hinabzieht, mit gleicher Meisterschaft von Wohllaut und Bild lyrisch ausgesprochen ist.

Möge der geneigte Leser, wenn er findet, daß der Verfasser sich zu sehr von seinem Eifer hat fortreißen lassen, gütigst in Betracht ziehen, von wie weittragender Wirkung derartige Bücher sind, da aus ihnen nicht nur der Schüler, sondern weit mehr die große Mehrzahl der Lehrer schöpft und so die Gefahr der Verbreitung jener Methoden eine sehr naheliegende ist. Wo es sich aber um die Jugend handelt, da ist der Eifer berechtigt und auch das harte Wort Pflicht.

IV.

Beispiele dichterischer Interpretation.

> Wer den Dichter will verstehen,
> Muß in Dichters Lande gehen.
>
> Goethe.

1. Lyrisches.

Das lebendige Wort! Habe ich in dem Vorausgehenden dessen mächtige Wirksamkeit und packende Gewalt besonders hervorgehoben, so muß ich heute auf die Nachsicht des Lesers rechnen, wo ich es versuchen werde, die Art und Weise der dichterischen Interpretation an einzelnen Dichterstellen mit der Feder zu illustriren. Möge er sich darum das Bild vervollständigen und hinter den trockenen Buchstaben die freundliche Gestalt des Lehrers erblicken, der, von dem Gegenstande ergriffen und durch die heiteren und reinen Knabengesichter angeregt, in belebtem und belebendem Vortrag seine eigene Persönlichkeit, die ja in keinem andern Berufe so sehr zur Geltung kommt, walten läßt. „Der Erwartung Reiz“ und „der Menschenstimme Gewalt“ sind zwei mächtige Factoren, die natürlich bei der schriftlichen Darstellung ganz verloren gehen.

Ich wähle mir zunächst ein kleines Gedicht von Chamisso: „Das Schloß Boncourt“, und zwar vorzüglich, weil in demselben Alles so klar und anschaulich, so persönlich erlebt sich entfaltet, daß eine eigentliche Detailinterpretation ganz überflüssig ist und nur die Hinweise auf die dichterischen Schönheiten und die poetischen Perspectiven am Platze erscheinen. Und doch hat es auch bei diesem so unmittelbar zur Seele sprechenden Gedichtchen an philologischen Versündigungen nicht gefehlt, wie denn noch vor kurzem ein Schulmann, der den Beruf in sich verspürte, seine Collegen über die Methode des deutschen Unterrichts aufzuklären, in einer pädagogischen Zeitschrift öffentlich bekannte, daß ihm die Worte: „Noch lesen umflort die Augen Die Züge der Inschrift nicht", ganz unverständlich seien, und um Belehrung bat. Dem Manne kann geholfen werden.

Ehe ich auf das Gedicht selbst eingehe, vergegenwärtige ich mir den doppelten, sehr verschiedenen Standpunkt des Schülers und Lehrers. Ersterem, der vielleicht den Namen Chamisso zum ersten Male hört, tritt dieser liebenswürdige Dichter gleich mit einer reichen Gabe entgegen, die für ihn gleichsam die erste Grundlinie wird, aus welcher sich dann allmählich bei wachsendem Interesse und näherer Bekanntschaft das Gesammtbild des Dichters vervollständigen soll. Es ist wie in der Botanik ein prächtiges Exemplar einer Orchidee, das ihm gezeigt wird, an welchem er den Gattungscharakter dieser Pflanzenfamilie mit Lust und Eifer beobachtet. Anders der Lehrer. Der soll doch womöglich die Beziehungen des Gedichtes auf Zeitereignisse und persönliche Erlebnisse hervorheben, soll den Kunstcharakter des Dichters und seine Stellung in der deutschen Literatur, sowie alles Wissenswerthe und den Schüler Interessirende über die Persönlichkeit desselben in die Besprechung mit einflechten. Da denke ich mir nun, daß er ungesäumt bei den Eingangs dieser Aufsätze erwähnten Literaturwerken sich wird Raths erholen wollen, um die Lücken seines eigenen Wissens auszufüllen. Da findet er denn über diese höchst interessante Erscheinung eines Franzosen, der in Deutschland ein zweites Vaterland gefunden und eine Zierde des deutschen Dichterhains geworden, zunächst bei Gödeke, dessen gründliches, tiefangelegtes Werk er am meisten schätzt, folgendes Urtheil: „Hitzig war sein steter Rathgeber und Corrector in allen Angelegenheiten der deutschen Sprache, die Chamisso bis an seinen Tod weder richtig zu schreiben, noch zu reden gelernt hatte." Dagegen belehrt ihn Kurz: „Wie in allen seinen Gedichten sich eine große Gewandtheit in der Behandlung der Sprache beurkundet, so zeigt sich sein tiefes Erfassen derselben namentlich in seinen Nachbildungen" ꝛc. Hillebrand meint ebenfalls, daß Chamisso sich in so hohem Grade nationalisirt habe, daß er deutsch fühlte, dachte und unsere Sprache wie seine Muttersprache brauchte. Damit stimmt überein das Urtheil Friedrich Wilhelm's IV. in seinem Schreiben an den

Dichter: „Wo haben Sie das Goethische Deutsch her? Manche Franzosen haben wohl ein Herz für Deutschland und seine Sprache gewonnen, aber nie hat irgend einer es den Besten gleich und darüber hinausgethan in der Sprache.“ Schließlich findet er denn bei Rud. Gottschall wieder „die Fremdartigkeit in der Behandlung der deutschen Sprache, welche bei dieser und jener Wendung mit liebenswürdiger Unbehilflichkeit durchschimmert“. Nun hat er schon eine schöne Auswahl von Ansichten und Urtheilen, die er seinen Schülern in wohlgebauten Perioden mit „obgleich — jedoch, wenn und aber“ vorsetzen mag. Aus Gottschall entnimmt er weiter das Urtheil, daß in Chamisso harmlose Heiterkeit und melancholische Schwermuth, französische Schalkhaftigkeit und deutscher Ernst, die Vorliebe für idyllische Heimlichkeit und große Weltperspectiven vereinigt waren; ferner jener echt französische Zug graziöser Schelmerei und leichtflatternder Launenhaftigkeit, das anmuthige Lächeln mit Grübchen in Kinn und Wangen, das die Amoretten lieben ꝛc. Hingegen behauptet Kurz: „Aber es ist merkwürdig, daß die äußeren Züge des französischen Nationalcharakters, die Feinheit und Eleganz, die Leichtigkeit der äußern Erscheinung, der geistreiche Witz bei ihm gar nicht oder nur selten und unmerklich hervortreten, während die inneren Eigenthümlichkeiten, die Klarheit des Gedankens und die Liebe zur Freiheit und Gleichheit den Grundzug seines Wesens bilden.“ So meint denn dieser Kritiker auch, daß Tiefe und Zartheit der Empfindung unsern Dichter auszeichneten, der eine eigenthümliche Mischung Uhland'scher und Beranger'scher Eigenschaften besaß, sowie eine meist einfache, aber immer schöne Form seinen Liedern einen stets frischen Reiz verleihe. Wiederum belehrt ihn Gödeke, daß Chamisso in der Form sich ganz den Romantikern anschloß, zu deren Reimgeklingel er die Terzine hinzufügte. „Seine Gedichte sprechen die Bitterkeit und strenge Säure seines Wesens aus, sodaß in dem, was er rein und lieblich bilden wollte, noch ein herber Beigeschmack übrig blieb. Sein Humor war ätzend scharf, nicht selten kalt und höhnend. Ein wahrhaft warmer dichterischer Herzschlag klopft nicht in seinen Poesien .... sie drücken nieder, anstatt zu erheben und engen die Seele ein, anstatt sie leicht, heiter und frei zu machen.“ Ist's denn möglich? seufzt der Arme, von diesem Widerstreit der Meinungen niedergedrückt und durch das harte Urtheil des letztern eigenthümlich verletzt. Kein warmer dichterischer Herzschlag bei dem Dichter von „Frauenliebe und -Leben“, der „Alten Waschfrau“, jener edelsten volksthümlichen Perle, die in jede Hütte eingedrungen, bei dem kindlichen Erzähler des „Peter Schlemihl“ nichts als strenge Säure! Bitterkeit der Grundzug des Mannes, dessen größte Freude es war, beim Volk, bei den Jungen, in der Schule auswendig gelernt zu werden! Terzine, Formgeklingel, die das kostbare Juwel „Salas y Gomez“ einschließt, welches nebst dem gewaltig erschütternden „Baal Teschuba“ eigentlich die Motive der mit so allgemeinem Beifall auch bei uns aufgenommenen Tennyson'schen Dichtung „Enoch Arden“ enthält. Und wenn Herr Gödeke ferner meint: ohne Heimat, ohne Muttersprache, steht er auch in der Geschichte wie verirrt da, zu alt und abgeschlossen, um der neueren Zeit und ihrer Bildung sich willig und mit offenem Herzen hinzugeben, zu jung, um sich ihrer ganz erwehren zu können, und daß er sich deshalb in die Formen des höhnenden Spottes geflüchtet, so möchte ich einfach fragen, ob „der alte Sänger“ nicht der Ausdruck tiefinnersten, heiligen Ernstes ist, und ob das Jahr 1848 nicht bewiesen hat, wie sehr er, Fürsten und Volk gegenüber, den Pulsschlag der Zeit verstanden hat, deren Prophet er gewesen. Keine Heimat der Mann, der, in dem Kreise der Besten festgewurzelt, die edelsten Geistessäfte seines Adoptivvaterlandes in sich aufsog, dessen Blüte und Zierde er ward und das er von der Weltumsegelung heimkehrend mit den innigen Worten begrüßte:

Heimkehret fernher, aus den fremden Landen,
In seiner Seele tief bewegt, der Wandrer;
Er legt von sich den Stab und knieet nieder
Und feuchtet deinen Schoß mit stillen Thränen.
O deutsche Heimat, woll' ihm nicht versagen
Für viele Liebe nur die eine Bitte:
Wann müd' am Abend seine Augen sinken,
Auf deinem Grunde laß den Stein ihn finden,
Darunter er zum Schlaf sein Haupt verberge!

Die Ausbeute, welche der unbefangene Lehrer aus diesem Studium gewinnt und in die Schule trägt, besteht vielleicht in folgenden Worten, mit denen er andern Tags seine Schüler anredet: „Kinder, mit allgemeinen ästhetischen Urtheilen wird nicht viel ausgerichtet: das sind meist allgemeine, abstracte Begriffe, die sich ewig wiederholen und immer einen Theil Wahres auf mehrere Theile Unwahrheit und leeren Schalles enthalten. So kommt es denn, daß ihr in Literaturgeschichten die entgegengesetztesten Urtheile ausgesprochen findet über denselben Mann und das nämliche Werk. Sie haben alle eine gewisse Berechtigung, und das kommt daher, daß jeder bei seiner Kritik sich eine besondere Seite des Gegenstandes vorgestellt hat. Das ist eben das Mißliche dieser allgemeinen Kunstworte: so wenig ihr den Duft des Veilchens, den Glanz der Sonne, den süßen Ton der Flöte mit Worten aussprechen könnt, ebensowenig vermögt ihr das Kunstwerk — ob es nun aus Farben, Tönen oder Worten besteht — und noch viel weniger die reiche Seele des Künstlers oder Dichters in ein paar solcher albernen Kategorien einzuzwängen, welche doch nichts weiter sind als das Netz der Meridiane und Parallelkreise für die Erde, die ja auch nur zum Orientiren da sind, uns aber von Felsen und Bergeshöhen, blühenden Wiesen und dunkler Waldespracht, blauen Seen und krystallhellen Bächen nichts zu sagen vermögen. Kommt, laßt uns die Dichterwerke selber lesen, an ihnen uns erfreuen, und wenn wir dann auf unsern Wanderungen durch die Werke eines Dichtergeistes einen Höhepunkt gefunden, auf welchem wir einen Ausblick in die reiche Welt seiner Schöpfungen thun können, oder an ein stilles Plätzchen gelangen, wo ein tiefer Bergsee uns gestattet, in die unergründliche Tiefe der Menschenseele hinabzuschauen, dann wollen wir ein Weilchen ausruhen, um dann mit reichem Gewinn für unser eigenes Selbst unsere Wanderung fortzusetzen!"

Da ertappe ich mich selbst auf einer argen Inconsequenz: ich lasse den Lehrer eine Lehr methode befolgen und sie sogar seinen Schülern exponiren, während ich doch ein geschworener Feind aller Methoden bin, seit der Zeit, als uns einer unserer Lehrer in feierlichem Tone enthüllte, daß er ein Anhänger der „sokratischen erotematisch-heurismatischen Methode" sei, ein Wort, das uns in ebenso starres Erstaunen versetzte, als den bourgeois gentilhomme die Mittheilung seines Sprachmeisters, daß er, ohne es zu ahnen, de la prose rede.

Nach dieser Abschweifung, welche der Leser gütigst entschuldigen wolle, zurück zur Sache.

Ich denke mir, daß dem Schüler, wenn er obiges Gedicht mit Ausdruck und warmem Verständnisse vorlesen hört, gar bald die wehmüthige, tiefinnerliche Rührung, der ganze geheimnißvolle Zauber, der Thränen entlockt, sich mittheilen werde. Diese Stimmung, aus welcher dasselbe hervorgegangen und welche es in verwandten Seelen wieder hervorruft, bezeichnet ihm der Lehrer als die elegische, deren Inhalt die Trauer um ein verlorenes Glück und deren Wesen eine Mischung von Schmerz und Lust ist. Von dem Glücke, das wir einst besaßen, ist nur noch das Bild, der Schatten, die Erinnerung vorhanden und doch halten wir diese — das einzig treu Gebliebene — mit starker Sehnsucht fest, es ist eine auf der Aeolsharfe zitternde Melodie, zu welcher der Schmerz, das nagende Bewußtsein des Verlustes gleichsam den Grundton mit fortklingen läßt. Dazu mag er wohl ein wahrhaft classisches Beispiel anführen, ich meine die rührende Klage der Constanze im „King John" um den verlorenen Arthur:

König Phil. Ihr liebt den Gram so sehr als Euer Kind!
Const. Gram füllt die Stelle des geliebten Kindes,
Legt in sein Bett sich, geht mit mir umher,
Nimmt seine allerliebsten Blicke an,
Spricht seine Worte nach, erinnert mich
An alle seine holden Gaben, füllt
Die leeren Kleider aus mit seiner Bildung;
Drum hab' ich Ursach, meinen Gram zu lieben.

Welch herrliches Beispiel zugleich für die dichterische Kunst der Individualisirung! Hier wie in unserem Gedichte wird die Rührung erhöht durch die holde Unschuld des Kindes und der Kinderjahre, denn das Rührende ist immer einfach, schlicht, anspruchslos, seines Werthes unbewußt. Und in welcher Verklärung erscheint bei Chamisso der goldene Traum der Kinderjahre! Es ist eine bekannte Erfahrung, daß die Gedanken der zum Tode

Verurtheilten stets auf ihre ersten Lebenstage zurückgehen und mit inniger Wehmuth — auch bei Verbrechern — der Liebe und Zärtlichkeit der Eltern gedenken. Es ist der psychologisch bewußte Abschluß des Lebenslaufs, das Werdende und das Gewordene. Hier ist es nun der Greis, der hochbetagte, der von der dunklen Pforte des Todes, durch welche er bald eintreten soll, hinweg seine Träume in das stille Eden seiner glücklichsten Jahre gleiten läßt. Welch ein Gegensatz und noch dazu wie unvermittelt! Denn die dazwischenliegenden gewaltigen Ereignisse, aus denen derselbe sich ergab, sie treten nicht vor das Bewußtsein, sie halten schweigend im Hintergrund die Wache, bis der Verstand oder die Phantasie sie ruft, was hier aber nicht geschieht, da die weiche Stimmung des Gemüthes allein waltet. Wie nun hier der individuelle Zauber der Kindheit sich durch die weitentlegenen, fernen Orte, durch noch viel fernere, die Grenzscheide zweier Jahrtausende bildende Verhältnisse wunderbar vertieft und verklärt, darüber wird gar Manches zu sagen sein. Zunächst Frankreich — la belle France der Franzosen — wo des Dichters Wiege stand, mit welchem er sich seinen Anlagen, seinem Blute gemäß geheimnißvoll verbunden fühlte; wie er denn einst das merkwürdige Bekenntniß that, er fühle sich nirgends mehr als Franzosen als in Deutschland und nirgends mehr als Deutschen als in Frankreich und darum nirgends zufrieden — dann die romantische Burg, die poetische Verklärung einer versunkenen schönen Zeit, deren Härten und Ungerechtigkeiten in dem Dufte der Vergangenheit verschleiert sind. Und dazwischen welche Erlebnisse! Gerade das Unvermittelte, die Zusammenhangslosigkeit mit den Jünglings- und Mannesjahren gibt dem Bilde seine Abgeschlossenheit, wie ein freundlich grünes Alpenthal, das den Blick auf die gewaltigen Riesen und Gletscher der Umgebung nicht verstattet. Das Zwingende, von höherer Gewalt Eingegebene in: „Wie sucht ihr mich heim ihr Bilder“ wäre hervorzuheben, dabei vielleicht ein Blick auf die hochpoetische, an Stimmung ähnliche und doch wieder so verschiedene Zueignung Goethe's zum „Faust“: „Ihr naht euch wieder, schwankende Gestalten“ zu werfen. In Betreff der Einkleidung wäre auf die das Hereinragen des Wunderbaren in die Wirklichkeit verstattende Form des Traums hinzuweisen, sowie daran zu erinnern, daß die erregte Phantasie den Traum bis zur Vision zu steigern vermag, wobei Chamisso's „Erscheinung" (auch an den Volksglauben vom Doppelgänger anlehnend), Freiligrath's „Gesicht des Reisenden" (verglichen mit Zedlitz' „Nächtlicher Heerschau") zu erwähnen wären. Ebenso müßte darauf aufmerksam gemacht werden, wie des Dichters Phantasie gleichsam von fern her dem heimatlichen Schlosse sich nähernd, wie eine wirkliche Wanderung nach demselben und in seine inneren Räumlichkeiten macht, indem er die bekannten Orte, einen um den andern aufsucht, dabei auf den psychologischen Vorgang hinzuweisen, daß auch in unserer Seele eine auftauchende Erinnerung in gleicher Verkettung die Bilder des einst Erlebten und Erfahrenen erweckt und erneuert. So erscheint zuerst aus der Ferne winkend aus schatt'gen Gehegen das Schloß, dann die Thürme, die Zinnen, die steinerne Brücke und das Thor. Was es aber zu bedeuten hat, das trauliche Fenster, mit dem Ausblick auf den Brunnen und den Feigenbaum, wo der Dichter als Kind den ersten Traum verträumte, das wird Jeder, der als gereifter Mann die stillen Plätzchen, einst die Vertrauten seiner Kinderspiele und Freuden, wieder aufsuchte, in tiefer Ergriffenheit empfinden. Und auch dem Knaben wird dieses Gefühl sanftrührend die Seele bewegen, gleichwie in dem schönen Uhland'schen Gedichte den lauschenden Hirtenknaben mitten im Maienglück und dem Frohgefühl der Jugend das Todtenglöckchen mit ernsten Ahnungen erfüllt. Die Burgkapelle mit dem Grabe des Ahnherrn, mit dem Familienwappen und der Inschrift, die von altersgrauer Zeit und hohen Waffenthaten berichtet, im Zwielicht der bunten Glasmalereien, welch wunderbar gestimmtes Bild und wie geeignet, die Herrlichkeit der mittelalterlichen Romantik in kurzen Zügen der Seele des Schülers vorzuführen, dabei der stolzen Adelsgeschlechter, ihrer ruhmvollen Traditionen zu gedenken, die dunklen Schatten des starren Autoritätsglaubens und der entwürdigenden, gedrückten Lage des Bauernstandes mit einfallen zu lassen. Und wenn dann die französische Revolution mit ihren begeisternden Devisen, hochfliegenden Plänen und furchtbaren Schrecknissen erwähnt wird, wenn erzählt wird, wie der Dichter als neunjähriger Knabe mit seiner ihres Vermögens beraubten Familie vor ihr fliehen mußte, um in der Verbannung, auf fremder Erde Schutz vor den blutigen Händen der Freiheitsschänder zu suchen, welch ein Gefühl muß dann des Schülers Seele ergreifen, wenn er den Dichter, der aus dem seligen Traum erwachend sich erinnern muß, daß die Flut der Revolution auch sein Familienheiligthum zerstört und dem Boden gleich gemacht hat, sagen hört:

Sei fruchtbar, o theurer Boden,
Ich segne dich mild und gerührt,
Und segne ihn zwiefach, wer immer
Den Pflug nun über dich führt!

Muß das nicht tief das Herz erschüttern, wie die Stimme eines Verklärten, die von den seligen Gefilden ertönt, wo kein Haß und keine Leidenschaft mehr ist? Die stille und ergebene Anerkennung des weltgeschichtlichen Ganges, der mit schwerem, ehernem Fuße das friedliche Glück zerschmetterte, ist das nicht im höchsten Sinne des Wortes eine „Reinigung der Leidenschaft“? Und der Dichtersegen, welcher wie ein sanfter Thau auf das Haupt des Landmanns niederträufelt, der in sauerer Mühe den heiligen Boden pflügt, um dann der freien Arbeit Lohn, sich und seinen Kindern Brod zu schaffen, einzuernten, welch ein edler und hoher Gedanke! Und wenn dann der Lehrer seinen Schülern sagt: Seht, Kinder, die sogenannte romantische Schule schwärmte für das Mittelalter und wollte jenen Träumen einer in mancher Beziehung poetischen Zeit, der geschichtlichen Entwickelung zum Trotz, wieder eine erkünstelte Wirklichkeit im Denken und Leben verleihen, da wird es in den Köpfen hell werden und sie werden instinctiv etwas sehr Bestimmtes sich vorstellen, wenn er ihnen sagt: Chamisso aber war seinem innersten Wesen nach kein Romantiker, sondern seine freie, mächtige Stirn, wenn auch von grauen Haaren umwallt, war dem Morgenlichte der tagenden neuen Zeit zugekehrt. Die Bilder aber der Vergangenheit, die Lieder und Sagen, die von einstigem Glanz und Herrlichkeit berichten, das, was in alten Tagen der Menschen Herz mit Leid und Lust berührt, das gehört der Dichtung als ausschließliches Eigenthum an, und so erläutert sich denn der schöne Spruch Schiller's:

> Was unsterblich im Gesang soll leben,
> Muß im Leben untergehn!

wie an einem concreten Beispiele in der schönen Schlußstrophe, die, echt lyrisch in die Weite verhallend, den Dichter als fahrenden Spielmann erschauen läßt, der in vollen Harfentönen seine heiligen Erinnerungen vor der Vergessenheit schützt. Auf persönliche Bezüge des Gedichtes zu dem Dichter übergehend, wird der Lehrer dann vielleicht noch hervorheben, daß dasselbe 1828 entstanden ist, also im 46. Lebensjahre Chamisso's, was mit dem „greisen Haupt" nicht zu stimmen scheint. Es ist also nicht nur eine Vision längst vergangener Tage, sondern die Phantasie versetzt den Dichter zugleich in eine viel spätere Zeit, er sieht und empfindet sich als hochbetagten Greis. Er fühlte ahnungsvoll und gleichsam mit dichterischer Sehergabe voraus, was später, da die reiche Seele sich vom Leibe losrang, wirklich eintrat; denn es ist bekannt, daß Chamisso vier Tage vor seinem Ende in Fieberträumen lag und nur französisch redete. Selbstverständlich ist, daß aus dem Leben des Dichters noch manche interessante Züge mitzutheilen sind, ganz besonders aber der tief schmerzliche Klageruf, als die große Zeit der Erhebung und Befreiung Deutschlands angebrochen war: „Für alle hat die Zeit ein Schwert, nur für mich nicht, für mich allein nicht!" Die Jünglinge werden diesen Schmerz verstehen und würdigen, und die es nicht sollten, für die hat weder Chamisso noch irgend ein wahrer Dichter geschrieben. Ob allgemeine völkerpsychologische Bemerkungen nicht über den Kreis und Bereich der Schule hinausgehen, das muß dem Lehrer sein eigener Takt sagen; ich erwähne beispielshalber: die Vorliebe Chamisso's für das Furchtbare, Grausenhafte, oft Entsetzenerregende, worin ein merkwürdiges Zusammentreffen mit der Geschmacksrichtung der französischen Romantiker, z. B. Victor Hugo's, zu erkennen ist; das plötzliche Umschlagen aus dem heiteren, kecken, leichtlebigen Tone, der in den komischen Romanzen vorwaltet, in eine tiefe schwermüthige Resignation, wobei manche Dichtungen Beranger's zu vergleichen wären. Ebenso kennzeichnet sich wohl französische Anlage und Wesen, wenn Chamisso in einem Briefe an Freiligrath, wo er diesen vor dem eigenen Fehler warnt, die Poesie im Gräßlichen zu suchen, die Bemerkung hinzufügt: „Der Geschmack ist ein empfindlicher großer Herr, den man nicht einmal beleidigt haben darf.“ Denn ist nicht gerade der französischen Dichtung der Geschmack ein höherer Gott als die Muse selbst allezeit gewesen, haben die Franzosen nicht diesem Tyrannen die größten poetischen Schönheiten opfern müssen, sodaß ihr wahrhaft großer Dichter Beranger, um sich diesem Molochdienst zu entziehen, die Bänkelsängerei zu seiner Muse erkor? Was den sprachlichen Ausdruck betrifft, so könnte auf eine gewisse streng logische Regelmäßigkeit namentlich der Construction, welche dieser manchmal eine in deutscher Dichtung ungewohnte Starrheit verleiht, hingewiesen werden. Ebenso erinnert die Häufigkeit der Participialconstruction, eine gewisse prosaische Folge der Gedanken, wie in „Salas y Gomez“:

Ich rang mich solchem Schlafe zu entziehen.
Und ich besann mich, schaut' umher und fand
Es habe hier das Meer mich ausgespieen, —

sowie sonstige Eigenthümlichkeiten des Ausdrucks, wie „auf diesen mehr als ich geduld'gen Stein“, an die Einwirkung des französischen Sprachgefühls.

Hält es der Lehrer für angemessen, so kann er auch noch andere Dichtungen zur Vergleichung heranziehen, in denen dieselbe Stimmung oder derselbe Gegenstand vorwaltet. Solche Parallelen sind äußerst interessant, regen das Denken an, läutern den Geschmack und bilden das Urtheil, indem sie das Wesen der Dichtungsart und die Individualität der einzelnen Dichter besonders hell beleuchten. Zu unserem Gedichte ließen sich Freiligrath's „Bilderbibel“, Matthison's „Wunsch“, Rückerts wunderherrliches: „Aus der Jugendzeit“, und etwa Beranger's tiefgefühlte „Souvenirs d'enfance“ heranziehen. Unschwer werden die Schüler verstehen, daß z. B. in dem ersten Gedichte die Schlußstrophe:

O Zeit du bist vergangen,
Ein Märchen scheinst du mir!
Der Bilderbibel Prangen,
Das gläubige Aug' dafür,
Die theuern Eltern beide,
Der still zufriedne Sinn,
Der Kindheit Lust und Freude,
Alles dahin, dahin!

durch die Reflexion ganz den Zauberduft der Poesie zerstört und fast lehrhaft prosaisch wird. Die Strophen Matthison's:

Noch einmal möcht ich, eh' in die Schattenwelt
Elysiums mein seliger Geist sich senkt,
Die Flur begrüßen, wo der Kindheit
Himmlische Träume mein Haupt umschweben.

Der Strauch der Heimat, welcher des Hänflings Nest
Mit Kühlung deckte, säuselt doch lieblicher
Fürwahr! als alle Lorbeerwälder
Ueber der Asche der Weltbezwinger.

sind von tiefer und reiner Empfindung beseelt, welche aber durch die marmorne Glätte des fremdartigen Versbaus, sowie die antik-classischen Reminiscenzen etwas erkaltet. Das Malerische und der Wohlklang der Sprache wären hervorzuheben. Rückert's Gedicht ist für die empfängliche Seele ganz Musik (zu erwähnen, daß eine wunderbare an Wort und Stimmung sich anschmiegende, volksthümliche Melodie existirt). Welch ein Zauberduft innigster, weichster Gemüthsstimmung in den dem Volksliede abgelauschten Worten:

Was die Schwalbe sang, was die Schwalbe sang,
Die den Herbst und Frühling bringt,
Ob das Dorf entlang, ob das Dorf entlang
Das jetzt noch klingt!

Das Lied ist auch so recht geeignet, den musikalischen Zauber der Sprache zu veranschaulichen, es gewinnt schon beim Lesen eine eigenthümliche, geheimnißvolle Melodie, welche, den Sinn umfangend, mit wunderbar einschmeichelnder Gewalt die Tiefe der Seele durchklingt. Wie hochpoetisch ist dann trotz des scheinbar nüchternen, fast handwerksburschenmäßigen Tones die Strophe:

Als ich Abschied nahm, als ich Abschied nahm
Waren Kisten und Kasten schwer.
Als ich wieder kam, als ich wieder kam,
War Alles leer.

Wer diese Perle eines Volkslieds liest oder singen hört, wird sich schwer der Thränen erwehren können und doch gestehen, daß es die süßeste Mischung von seliger Lust und Wehmuth ist, die sie entlockt. Wegen der Aehnlichkeit der Stimmung und des melodischen Austönens dürfte das bekannte „Those evening bells" von Th. Moore verglichen werden, mit dem Hinweis jedoch, wie tief dasselbe — namentlich wegen der abschließenden Reflexion:

While other bards shall walk the dells,
And sing your praise, sweet evening bells!

an echtem poetischen Werth unter dem Rückert'schen Liede steht. Da es stets interessant und bei einer gewissen Reife der Schüler ungemein anregend ist, den gleichen Herzenston auch in fremder Zunge und Volksweise zu vernehmen, so möge denn auch zum Schlusse die erwähnte Chanson von Beranger kurz besprochen werden. Aufmerksam zu machen auf den nüchternen, echt realistischen Eingang — dem Kunstcharakter der Chanson und dem französischen Nationalcharakter entsprechend:

Lieux où jadis m'a bercé l'Espérance
Je vous revois à plus de cinquante ans!

Daß die Grundstimmung doch eine weiche und innige ist, wenn auch die Bilder in einer scheinbar verstandesmäßigen Aufzählung vorüberziehen und nothwendig auch das echt französische Pathos an einer Stelle hervorbricht:

C'est dans ces murs qu'en des jours de défaite,
De l'ennemi j'écoutais le canon!

Und doch wie nahe kommt wieder der liebenswürdige Chansonnier unserem Herzen, wenn er die Liebe der Eltern segnet, die ihm — pauvre oiselet — hier ein Nestchen bereitet, und wenn er die Jugendfreundschaft als einen Blütenbaum preist,

> dont souvent une branche
> Nous sert d'appui pour marcher jusqu'au soir!

Doch genug. Ich glaube in diesen Anleitungen, die nur die Grundlinien eingehender, liebevoller Besprechung enthalten, an einem Beispiel gezeigt zu haben, welch vielseitige Anknüpfungen, Gesichtspunkte, poetische Ausblicke und reiche psychologische Gaben auch in dem kleinsten Raume eines echten Gedichtes sich vereinigen lassen. Der geneigte Leser wird daraus ferner entnehmen, wie der Verfasser ein bisher leider allzusehr vernachlässigtes wichtiges Gebiet der Pädagogik — die Erziehung des Schönheitssinnes — gerade an diesem Unterrichtsstoffe gepflegt wissen will. Vielleicht wird manchem Leser dabei in den Sinn kommen, wie ihm in der Schule der Geschmack an vielen der herrlichsten Dichterblüten verdorben worden, wie er längere Zeit nach seinem Austritt aus der Anstalt nur mit einem geheimen Schauder an Homer, Sophokles, Horaz als an grammatische Beispielsammlungen zurückgedacht und erst nach Verlauf einer geraumen Zeit ein reines lebendiges Interesse an diesen ewigen Vorbildern hat gewinnen können. Mancher erinnert sich vielleicht auch, wie er in stummer Verehrung den Erklärungen eines seiner Lehrer lauschte, der als „die Zierde der Anstalt", „unstreitig der tüchtigste Schulmann" galt, da dieser die Bedeutung des Gedichtes ihm erschloß, als z. B.: „der Unglückliche, der uns in „Salas y Gomez" vorgeführt wird, ist der Dichter selbst, der, seiner natürlichen Heimat entrissen, auf dem Felsgestade des Auslands ein trauriges Dasein führt", oder „wie bei Horaz und Virgil ganz entschiedene Ahnungen und Prophetien des Christenthums zu finden seien", und was dergleichen Herrlichkeiten mehr sind. Und wie Heine im Bremer Rathskeller Alles im Glase findet — Türken und Griechen, Hegel und Gans, Citronenwälder und Wachtparaden — so vermochte der tiefsinnige Schulmann aus jedem Gedichte Alles herauszudemonstriren, nur hatten merkwürdiger Weise die aus der Tiefe geförderten Gedanken alle eine gewisse Familienähnlichkeit mit dem Erklärer selbst, so daß in späteren Jahren seine glücklichen Zöglinge, so oft ihnen ein solcher vor die Seele trat, stets auch die Schnupftabaksdose und die „bedeutende Geberde“ sich zugleich mit vorstellen mußten.*)

Da ich heute ein kleines lyrisches Gedicht zum Inhalt meiner Besprechung machte, so möchte ich zum Schlusse noch ein paar allgemeine Bemerkungen anknüpfen, die auf die poetische Ausdeutung oder die Anregung der poetischen Stimmung bei der Behandlung dieser Dichtungsart in der Schule Bezug haben. Der Meister, von dem wir in ästhetischen Dingen Alles zu lernen haben, Lessing, zeigt in seinem „Laokoon“ den Vorgang in unserer Seele, wenn der Dichter durch ein einziges Wort oder einen einzigen Zug z. B. die Schönheit der Helena oder die Kraft des Achilles malt. Dieses einzige, charakterisch gewählte Wort ist im Stande, aus der Tiefe unserer Seele schlummernde Erinnerungen zu wecken, die sich unbewußt hervordrängen und zu einem Bilde ausgestalten. Es ist mit unserer Phantasie und unserem Gemüthsleben wie mit unserem Denkvermögen: wie in letzterem ein Begriff den andern, vermöge der Aehnlichkeit des Inhalts oder häufiger Gleichzeitigkeit, zu erwecken vermag, wie Spinoza in seinem scholastischen Latein die Leidenschaften und Gemüthserregungen durch die ideae concomitantes analysirt, ebenso zaubert unsere Phantasie eine Reihe von Bildern und Vorstellungen hervor, sobald das zündende Wort des Dichters den ersten Anstoß dazu gegeben hat. Aufgabe der Pädagogik ist es daher, die zarten Seelen der Kinder mit reichen, vielfältigen edlen Anschauungen zu erfüllen, sie frühzeitig mit Meisterwerken der bildenden Kunst bekannt zu machen, ihnen die Herrlichkeit der deutschen Musik, die Schönheiten der Natur und des Menschengeistes aufzuschließen; dann hat der begeisterte Lehrer Mittel genug, sich gleichsam in die Seelen seiner Schüler einzuleben und in jedem einzelnen Falle

---

*) Windet zum Kranze die goldenen Aehren,
Flechtet auch blaue Cyanen hinein!
„Was will der Dichter damit sagen?“ So begann ein weiland Gymnasialprofessor allezeit seine Erklärung des „Eleusischen Festes“.

ihrer Phantasie die geeignete Richtung zu verleihen. So wird namentlich bei dem lyrischen Gedichte die Situation, die äußeren und inneren Verhältnisse des Dichters umfassend, in welchem Sinne ja auch Goethe sagte, daß jedes echte Gedicht ein Gelegenheitsgedicht sei, lebendig vor die Seele zu führen sein. Man erwäge nur, wie ganz anders z. B. eine Beethoven'sche Symphonie auf den Hörer wirkt, dessen reichgebildeter Geist in diesen gewaltigen Tonschöpfungen das Ringen des Menschengeistes in einer großen welthistorischen Zeit, beim Niedergehen von tausendjähriger Gewalt- und Priesterherrschaft, den aus Zweifeln und Geburtsschmerzen triumphirend sich erhebenden Siegesgesang der Freiheit und Menschenwürde vernimmt! Beispiele mögen auch hier die Sache klar machen.

Wir begleiten den Dichter am frühen, frischen Morgen; dem Dunst und trüben Hauch der Stadt entronnen, athmet er leichter und wohlig rinnt das Gefühl der Gesundheit durch seine Adern, hell lacht die Sonne über die grünende Flur, vergoldet die Höhen und webt ihren lichten Schleier um den dunklen Wald. Da wogt es wie der silberne Born einer süßen Melodie in des Dichters Gemüth, lauter und lauter wird der Klang, immer herrlicher wird die Natur, immer lebhafter der Widerhall, bis endlich in lautem Entzücken der innere Drang sich Luft macht in dem Ruf:

O Thäler weit, o Höhen,
Schöner grüner Wald!

Wie ganz anders, wie viel inniger und zarter begrüßt das beseligte Gemüth eines andern Dichters die vertraute Natur, der in dem Vollgenuß des Lebens, von dem herrlichen Glücke der Liebe seiner Friederike erfüllt, auf dem Heimwege sein überströmendes Gefühl melodisch austönt:

Wie herrlich leuchtet
Mir die Natur,
Wie glänzt die Sonne,
Wie lacht die Flur!

Uebrigens ist der treueste Deuter und Erklärer dieses wunderbaren Mailieds — Beethoven.

Nach langem, ereignißvollem und zwischen heiterem Genuß und trübem Leid auf und ab wogendem Leben ist der Dichter in seine Heimat zurückgekehrt, in stillem Traum sitzt er an der Quelle, die noch fließt wie weiland in seiner Kindheit Tagen, sein ergrautes Haupt auf die Hand gestützt, läßt er die Bilder des traumartig vergangenen Lebens an seiner Seele vorüberziehen und ein tiefer Seufzer löst sich aus der wehmüthigen Betrachtung: „O weh, wohin geschwunden sind alle meine Jahr'! O wê, war sint verswunten alliu mîniu jâr!"

Manches Lied bedarf einer bestimmteren historischen Einleitung. Dafür gewinnt aber auch das Studium der Geschichte durch die Bekanntschaft mit solchen aus der Seele und dem Gemüthsleben einer vergangenen Zeit hervorgewachsenen Blüten Leben und Farbe. Wie der unerschrockene Mönch, nachdem er, einer Welt voll Teufel trotzend, vor Kaiser und Reich die Wahrheit seiner Ueberzeugung ausgesprochen, dann in siegfreudigem Gottvertrauen auf der Feste zu Coburg das stolzeste und erhabenste Glaubenslied sang, das die Welt kennt, das vermag nur der nachzuempfinden, dem die gewaltigen Worte und Weise dieses Liedes die innerste Seele erschüttert haben.*)

Wie unser Schiller nach langer trüber Nacht des Mißgeschicks, von der Engherzigkeit und dem Stumpfsinn der Menschen fast erdrückt, ein Asyl bei verwandten liebenden Seelen suchte und dort, wo seine hohe Seele Verständniß und eine wirkliche Heimat fand, auf den Ad=

*) Ich möchte hier die Bemerkung einschalten, daß der poetische Lehrer es verstehen muß auch dem protestantischen Schüler das Verständniß für die erhabene Kraft und die gewaltige Poesie der mittelaltrigen Kirchenhymnen zu erschließen. Wer für die großartigen Lieder Pange lingua oder Dies irae keinen Sinn hat, was weiß der vom Mittelalter? Ebenso soll die fromme Gottergebenheit, die herzinnige Opferfreudigkeit der protestantischen Choräle — jener Perlen der deutschen Dichtung — dem Gemüthe auch der katholischen Jugend sich offenbaren; warum sollte sie um diese Reichthümer der Poesie und edelsten Seelenstimmung verkürzt werden! Ja, ich erinnere mich aus meiner Knabenzeit, mit welchem Entzücken ich in altjüdischen Familien — für welche ich immer viel Sympathien hatte, die mir auch, dankbar sei es gerühmt, reichlich vergolten wurden — das feierliche Versöhnungslied oder das herzinnige, hoffnungsfreudige Addir hu oder das sonnige, sabbathfrohe Lecho daudi likras kalle immer mit anhörte, wohl auch zeitweilig mit sang.

lerfittigen seines Genius sich emporschwang und die ganze Welt zur Mitfeier jener weihevollen Stunde aufforderte, das wird Jedem unvergeßlich sein, den das unsterbliche Lied „An die Freude" einmal mit wahrer Begeisterung erfüllt hat. Ich habe noch immer die Erfahrung gemacht, so oft ich meinen Schülern von dem früheren Leben Schiller's erzählte, ihnen dann sagte, wie in trüber Stunde die Briefe von Körner und Huber an ihn gelangten, wie er in seiner innigen Freude an Frau von Wolzogen die Worte schrieb: „Wenn ich mir denke, daß in der Welt vielleicht mehr solche Zirkel sind, die mich unbekannt lieben und sich freuen, mich kennen zu lernen, daß vielleicht in hundert und mehr Jahren, wenn mein Staub schon lange verweht ist, man mein Andenken segnet und mir noch im Grabe Thränen der Freude zollt, dann, meine Theuerste, freue ich mich meines Dichterberufs und versöhne mich mit meinem oft harten Verhängniß" — daß dann die Mehrzahl stets von einer andächtigen Rührung ergriffen wurde. Ich vergaß auch niemals hinzuzufügen, daß mich selber dieses Gefühl bewegte, als ich in Gohlis das niedrige Häuschen besuchte und dort in goldenen Buchstaben die einfache Inschrift las: Hier dichtete Schiller das Lied an die Freude. Auch versäumte ich nie zu erwähnen, wie dieser gewaltige Hochgesang der Menschheit den geistesverwandten Beethoven inspirirte und wie dieser in seiner erhabenen neunten Symphonie einige Strophen dieses Liedes unterlegte und zum gewaltigsten Ausdruck brachte, wobei natürlich der wunderbaren Stellen: „Ihr stürzt nieder, Millionen?" und: „Wollust ward dem Wurm gegeben und der Cherub steht vor Gott", nicht vergessen ward. Bei dieser Gelegenheit kann ich nicht umhin, die Behauptung auszusprechen, daß dieser Unterricht, wenn er seine Ausgangs- und Zielpunkte im Schönen sucht, die Seelen der Jugend mit edlen Formen und Gedanken erfüllt, auch auf den Willen und Charakter derselben nothwendig einen veredelnden und sittigenden Einfluß ausüben wird, und daß demnach in der kürzlich von D. Strauß zum großen Aerger der Zeloten aufgestellten Ansicht ein großes Stück Wahrheit liege. Mag immerhin dagegen angeführt werden, daß Schiller und Mozart nur Wenigen verständlich seien, während die christlichen Heiligen Allen angehören, es ist eben die Aufgabe des Unterrichts und der Erziehung, den heranreifenden Geschlechtern die Edelsten als Vorbilder und Ziele ihres Strebens vorzuhalten und den Wenigen immer größere Kreise beizugesellen, während ich es andererseits für ein verdienstliches Unternehmen halte, den heiligen Peter von Arbues auf die Verehrung von möglichst Wenigen zu beschränken.

Daß ich so oft zur Erläuterung und tieferen Erschließung des Verständnisses der Dichtung die Schwesterkunst Musik heranziehe, bedarf wohl bei der lyrischen Dichtungsart nicht erst der Rechtfertigung. Oefters von mir gemachte Versuche haben mir bewiesen, daß sich diese Vergleichung bei anerkannt vortrefflichen Compositionen auch mit Glück praktisch verwerthen läßt. So ließ ich oft die „Kapelle" von Uhland in steter Anlehnung an die Kreutzer'sche Melodie vortragen, wobei musikalischer Rhythmus, Verweilen auf bestimmten Silben, Hervorheben durch starke Betonung, leises Verklingen in declamatorische Aequivalente übertragen wurden, und stets fand ich, daß der Vortrag von tieferer Empfindung durchdrungen war. Ebenso leicht verstanden die Schüler, wie sehr derselbe Componist sich an dem Uhland'schen „Dir möcht' ich diese Lieder weihen" versündigte, wenn er am Schlusse die schüchtern verzagte Selbstbescheidung: „Nach solchen Opfern heilig großen — Was gälten diese Lieder Dir?" in polyphonen Wiederholungen forte und piano auf und ab zerrt und gar die geschmacklose Gegenüberstellung Nach solchen Opfern — diese Lieder sich erlaubt. Vortrefflich erläutert dagegen wieder derselbe Componist die „Märznacht" Uhland's. Noch unter der Herrschaft des despotischen Winters hat der Dichter still und ahnungslos seine Lagerstätte aufgesucht, da horch, was erweckt ihn in tiefer Nacht — welch ein Brausen, welch ein Schwellen, lauter und lauter wird der Klang, deutlich vernimmt er schon hellklingende Hifthörner und schmetternden Trompetenton, ja, es sind die Boten, es ist der gewaltig ungestüme Heereszug, er zieht ein, der Lenz mit den goldenen Locken, auf feurigen Rossen umgeben ihn seine Streiter und es wird der gewaltige Kampf wieder gekämpft, der kalte Despot verjagt aus all seinen Burgen und Schlupfwinkeln — wie verständlich wird uns das Alles durch die Rhythmen und mächtigen Accorde:

> Horch, wie brauset der Sturm und der schwellende Strom in der Nacht hin!
> Schaurig süßes Gefühl, lieblicher Frühling, du nahst.

Inniges deutsches Naturgefühl, das unverloren und ungeschwächt von den Tagen des Minnesangs bis auf unsere Zeit sich forterhalten hat.

Ich kann diesen speciellen Gegenstand nicht verlassen, ohne auch der Unterstützung zu gedenken, welche die bildnerische Phantasie des Künstlers selbst der Auffassung des lyrischen Gedichtes darbietet. Die Illustration ist anerkanntermaßen eine echt deutsche Kunst, und welch einen Reichthum von Poesie hat unser unvergleichlicher Ludwig Richter mit verschwenderischer Hand über Spruch und Lied in seinen Sammlungen ausgegossen! An der Hand dieser Darstellungen vermag der verständige, phantasiereiche Lehrer seinen Schülern die Situationen der einzelnen Dichtungen vorzuführen und so ihren Zauber in der richtigen verklärten Beleuchtung wirken zu lassen. Manchmal ergibt sich die Vergleichung von selbst. Wenn in dem Klopstock'schen „Vater unser" der Dichter der vierten Bitte das reizende Idyll vorhergehen läßt:

> Er hebt mit dem Halme die Aehr' empor,
> Reifet den goldenen Apfel, die Purpurtraube
> Weidet am Hügel das Lamm, das Reh im Walde!

welcher Lehrer wird da nicht mit Freuden Veranlassung nehmen, von den Illustrationen Richter's zum Vaterunser zu reden und hinzuweisen, wie auch er aus der unergründlichen Fülle des deutschen Gemüths religiöse und weltliche Dinge mit reichstem Schmucke verherrlicht? Jede Kunst ist eine besondere Sprache, jede Sprache hat ihre besondere Befähigung, und so wird denn beim Unterricht stets die Kunst zur ästhetischen Erläuterung herangezogen werden, welche die Schönheit am tiefsten oder anschaulichsten empfinden läßt. Daß Klopstock's „Frühlingsfeier" den Eindruck einer Symphonie macht, ist ein sehr naheliegender Vergleich und nicht selten habe ich ihn von begabten Schülern selbst aussprechen hören; wie wird das feinsinnige Ohr nun in Stellen wie:

Mit tiefer Ehrfurcht schau' ich die Schöpfung an,
Denn Du,
Namenloser, Du!
Schufest sie!

das süßeste, zarteste Adagio von leisen Violinen vernehmen und in der Glanzstelle: „Er ruft Jehovah, Jehovah!“ gewaltigen Posaunen- und Trompetenschall, auf welchen dann eine tiefergreifende Pause folgt. — So mannichfaltige Anlagen die Menschennatur im Ganzen vereinigt, so verschieden sind auch die besonderen Begabungen unter die Einzelnen vertheilt, und es ist wohl einleuchtend, daß der einsichtige Lehrer, der z. B. bei einem Schüler ein hervorragendes Talent zum Zeichnen bemerkt, ihn mit Hilfe desselben auf die Schönheit einer Dichterstelle aufmerksam macht, indem er ihm zeigt, welch ein schönes Bild sich aus den einzelnen Worten gleichsam von selber aufbaut. Wie gesagt, hier muß der Lehrer psychologische Befähigung haben, und auf die Individualität des Schülers eingehen. Der eine wird z. B. in „Lützow's Jagd“ die lebendige, feurige Bewegung der Hörner aus den Worten des Dichters vernehmen, der andere die wilde Schaar auf feuerschnaubenden Rossen durch Dickicht und Wald, über Flur und Haide dahinbrausen sehen. Ueber diese Verbindung und Zuhilfenahme der Künste zur Erweckung des Schönheitssinnes wird bei Gelegenheit der epischen und philosophischen Dichtung ein Mehreres zu sagen sein.

Zum Schlusse noch eine Bemerkung. Bei vielen lyrischen Gedichten gilt es vornehmlich den **poetischen Keim** zu erfassen, aus welchem die Stimmung und die ganze Schöpfung sich gleichsam organisch entwickelt hat. Dieser Keim ist in den meisten Fällen, wie schon bemerkt, die Situation, die gleich bei Beginn gewöhnlich vom Dichter mit einigen kräftigen Strichen angedeutet ist. Da gehe der Lehrer ja nicht vorüber, ehe er sich überzeugt, daß die Schüler sie recht tief empfinden. Er lerne es von Händel, der z. B. in einem Oratorium mit allgewaltiger Kraft die **einleitenden** Worte: „Moses und die Kinder Israels sangen also vor dem Herrn“ wie Donnerlaut von dem Gesammtchor singen läßt. Also in dem Rückert'schen „Andreas Hofer“ die Anfangsverse: „Von Mantua vom Walle, — Komm' ich geschritten her" — welch ein Bild! Der Kaiser auf seinem Throne, nach langen, schweren Kämpfen den ehrenvollen Frieden seinen Landen verkündend und ihre Huldigungen empfangend — siehe, da tritt eine blutige Geistergestalt herzu, es ist der Geist des treuesten tiroler Heldensohnes, der sein Herzblut für ihn, für Oesterreich vergossen hat. Aehnliche geheimnißvolle Schauer erweckt der Dichter, wenn er z. B. in den „Geharnischten Sonetten" beginnt: „Horch auf, Berlin, horch auf, mit deinen Ohren — Die lang vernahmen keine Freudenkunde" — der Geisterton nach langem Todesschweigen — oder wenn er den Geist Friedrich's des Großen, umhüllt von blankem Stahle, aus seiner Gruft hervorsteigen und dem todesmuthigen Volke zurufen läßt:

Auf meine Preußen, unter ihre Fahnen!
In Wetternacht will ich voran euch schreiten
Und ihr sollt größer sein als eure Ahnen!

Oft aber liegt dieser poetische Keim in einer andern Stelle: es ist ein Gedanke, eine Empfindung, die sich z. B. häufig als Refrain am Schlusse jeder Strophe einstellt. Da ist nun zu erläutern, wie mit zwingender Nothwendigkeit dieser Refrain sich immer an das Vorhergehende anschließt, wie sich dieser Grundgedanke einem Sonnenstrahl vergleichen läßt, der sich in den Thautropfen der einzelnen Strophen in mannichfaltiger Farbenpracht zerlegt und bricht und der ganzen Kunstform die schöne Einheit bewahrt. Wie sich diese Form aus dem einfachsten und natürlichsten Ursprunge — Klagelieder mit stets wiederkehrendem Weheruf — in die schönsten und kunstvollsten Verzweigungen ausgebildet hat, wobei auch die sich wiederholenden Strophen (Schiller's „Lied an die Freude", „Eleusisches Fest", Beranger's Des fleurs, enfants, vous dont les mains sont pures) zu erwähnen, das ist eine für die Schüler ebenso interessante als über die einfachsten ästhetischen Grundlehren aufklärende Betrachtung. Sehr geeignet als Beispiel ist manches Lied Beranger's, der ja diese Kunstform fast ausschließlich gepflegt hat, namentlich das rührende und tiefempfundene „Mon vieil habit".

2. Episches.

Hat der Leser in dem vorhergehenden Abschnitte eine gewisse Breite und Ausführlichkeit, ein Abschweifen nach allen möglichen Richtungen unangenehm vermerkt, so wolle er zu meiner Entschuldigung gütigst erwägen, welch reiches Gebiet die lyrische Dichtung eröffnet und wie des Herzens Wellenschlag, einmal bewegt, stets nach unermeßlichen Fernen schrankenlos flutet. Ich verspreche ihm dafür, mich diesmal kürzer zu fassen, ja mich möglichster Knappheit zu befleißigen, indem ich mich auf die Interpretation der Dichtung aus sich selber heraus beschränken werde. Es ist die unvergleichlich schöne Stelle bei Homer, wo der greise Priamos sich in das Zelt des Achilles begibt, um von dem zürnenden Peliden die entehrte Leiche seines Sohnes Hektor zur Bestattung zu erbitten, welche ich zunächst zu dichterischer Interpretation erkoren habe. Und zwar will ich diesmal nicht erst viel Bücher nachschlagen — „denn da steht nichts Rechtes drin" — aber auch nicht selber reden, sondern mich den Worten eines echt dichterischen Geistes, eines Franzosen, anschließen. Und warum denn eines Franzosen, wo es sich doch um die naive epische Dichtung des alten Homer handelt, für welche jenes vorwiegend subjective Volk wohl am wenigsten Verständniß gezeigt hat? Vielleicht gerade darum; denn da mußte doch wohl der von den großen dichterischen Schönheiten ergriffene Interpret die Wege aufsuchen, um durch die Reflexion den in einseitiger Geschmacksrichtung befangenen Gemüthern seiner Landsleute das Verständniß jener ursprünglichen, einfach-kindlichen Poesie wieder zu erschließen. Es ist aber einer der wenigen großen Dichter, welche die Franzosen besitzen, Chateaubriand, der Erneuerer der in der dürren Sandwüste gesellschaftlich conventioneller Formen verrinnenden französischen Dichtung, welcher reden wird. Ich habe nur für den Geschmack des deutschen Lesers die rednerische Emphase gemildert und Manches gekürzt, um ein übersichtliches Bild zu geben.

Priamus vor Achilles.

(Iliade, Gesang 24, V. 485 ff.)

Homer ist der größte Dichter; seine Dichtung allein, sagte Alexander, sei männlich und wahrhaft königlich. Wenn auch das Gewühl der Schlachten, das Klirren der Lanzen und Schilde, der furchtbare Heerruf der Hauptgegenstand seiner Darstellung sind, so brechen doch aus diesen kriegerischen Klängen hin und wieder Töne milder, zarter Empfindung hervor, welche durch ihre tiefe Wahrheit und Reinheit den Leser rühren und in Entzücken versetzen. Nirgends zeigt sich dies schöner als an der Stelle, wo dem Gedichte gleichsam der versöhnende Abschluß gegeben wird, wo der unbeugsame Achill, der nur auf seine Rache und Leidenschaft hört, nun den Worten des unglücklichen greisen Priamus horcht und der Menschlichkeit sanfte Regungen allmählich in seinen Busen einziehen fühlt.

Priamus, der vom Gipfel des Ruhms herabgestürzte König, um dessen Gunst, solange sein Glück blühte, die Großen der Erde gebuhlt, Priamus, die Haare mit Asche bestreut, das Antlitz in Thränen gebadet, ist allein mitten in der Nacht in das Lager der Griechen vorangedrungen. Niedergeworfen zu den Knieen des unerbittlichen Achilles, die furchtbaren, vernichtenden Hände, die so oft von dem Blute seiner Söhne rauchten, küssend, verlangt er die Leiche seines Hektor zurück:

„Gedenke Deines Vaters, o göttlicher Achilles; er ist wie ich gebeugt unter der Wucht der Jahre und an der traurigen Schwelle des Alters. Vielleicht drängen ihn jetzt ringsum wohnende Völker und Niemand ist da, ihm Jammer und Noth abzuwehren. Und doch, wenn er hört, daß du lebest, freut er sich in seinem Herzen und hofft von Tag zu Tag, daß er den trauten Sohn noch heimkehren sehe von Troja. Ich unseliger Mann, von so vielen Söhnen, welche ich hatte in dem heiligen Ilion, ist keiner mir übrig. Fünfzig Söhne hatte ich, als Argos' Schaaren daherzogen; neunzehn hatte Eine Mutter mir geschenkt; vielen löste der grausame Ares die Glieder.

Doch der mein einziger war, der die Stadt und uns alle beschirmte,
Den jüngst tödtetest du, da er kämpfte den Kampf für die Heimat,
Hektor. Drum nun komm' ich herab zu den Schiffen Achaja's,
Ihn zu erkaufen von dir und bringend unendliche Lösung.

Scheue die Götter, o Achilles, erbarme dich meiner, gedenke deines eigenen Vaters. Ich bin des Mitleids noch würdiger. O ich ertrage, was nie ein Sterblicher hat erfahren, ich drücke die Hände, die meine Kinder getödtet, an meine Lippen!"

Welche Schönheiten liegen in dieser Bitte! Welche Scene entfaltet sich vor unsern Augen! Die Nacht, das Zelt des Achilles, dieser Held neben seinem treuen Automedon, Patroklus beweinend; Priamus erscheint inmitten der Schatten und stürzt zu den Füßen des Peliden. Dort halten in der Finsterniß die Wagen, welche die Geschenke des Herrschers von Troja bringen, und in einiger Entfernung liegen die entstellten Reste des hochherzigen Hektor, ungeehrt an den Ufern des Hellespont preisgegeben.

Wer die Rede Priam's aufmerksam liest, wird finden, daß das zweite Wort des unglücklichen Königs das Wort Vater ist; der zweite Gedanke in demselben Verse ist ein Lob für den stolzen Achilles. Priamus muß sich große Gewalt anthun, um so zu dem zu reden, der seine Kinder getödtet. In allem diesem liegt eine tiefe Kenntniß des menschlichen Herzens. Die rührendste Erinnerung, die bei dem Sohne des Peleus wachgerufen werden konnte, nachdem er an seinen Vater erinnert war, war ohne Zweifel das Alter dieses Vaters. Bis dahin hat Priamus noch nicht gewagt, ein Wort von sich selbst zu sagen, aber plötzlich bietet sich ihm eine Beziehung, die er mit rührender Einfalt ergreift. Wie ich, sagt er, steht er an der traurigen Schwelle des Alters. So spricht Priamus von sich, nur indem er sich mit Peleus verwechselt; er nöthigt den Achill, in dem flehenden und unglücklichen König seinen eigenen Vater zu sehen. Das Bild der Verlassenheit des greisen Fürsten, der vielleicht von mächtigen Nachbarn während der Abwesenheit seines Sohnes bedrängt wird, die Erwähnung seines Jammers, den er plötzlich vergißt, wenn er hört, daß sein Sohn voll Leben ist, endlich die Vergleichung der vorübergehenden Leiden des Peleus mit dem unheilbaren Kummer des Priamus, alles dieses enthält eine wunderbare Mischung von Schmerz, Klugheit und Würde.

Mit welch ehrwürdiger und heiliger Gewandtheit bringt der Greis nicht den stolzen Achill dahin, selbst Hektor's Lob ruhig anzuhören! Zuerst vermeidet er es, den Helden von Troja zu nennen; er sagt nur: „Einer war", und er nennt seinem Besieger Hektor erst, nachdem er ihm gesagt, daß er ihn getödtet hat, da er für sein Vaterland kämpfte; dann erst fügt er das einfache Wort „Hektor" hinzu. Es ist bemerkenswerth, daß dieser alleinstehende Name nicht einmal im Satze enthalten ist, er ist an den Anfang des folgenden Verses gestellt, wo er den Rhythmus unterbricht, Geist und Ohr überrascht und einen vollständigen Sinn bildet; mit dem Folgenden steht er in gar keiner Verbindung. So erinnert sich der Pelide seiner Rache, ehe er seines Feindes gedenkt. Hätte Priamus zuerst Hektor genannt, so hätte Achill an Patroklos gedacht; aber nicht Hektor wird ihm vorgeführt, sondern ein zerfleischter Leichnam, traurige Ueberreste, die den Hunden und Geiern preisgegeben sind und noch dazu werden sie mit einer Entschuldigung vorgeführt: „da er für sein Vaterland kämpfte." Auch der Stolz des Achilles fühlt Befriedigung, daß er über einen Helden gesiegt hat, der allein seine Brüder und die Mauern Trojas vertheidigte.

Endlich erinnert Priamus, nachdem er von den Menschen gesprochen hat, den Achill an die gerechten Götter, die den Uebermuth bestrafen, und führt ihm nochmals die Erinnerung an Peleus vor. Der Schluß aber, die letzten Worte der Bitte*) gehören zu dem Großartigsten und Erhabensten im Pathetischen und sind ebenso ergreifend und erschütternd, als von wunderbarer Einfachheit.

---

*) Ich kann es mir nicht versagen, sie für die Kenner des Griechischen hier im Original anzuführen: *Ἔτλην δ' οἷ' οὔπω τις ἐπιχθόνιος βροτὸς ἄλλος, Ἀνδρὸς παιδοφόνοιο ποτὶ στόμα χεῖρ' ὀρέγεσθαι.*

Ich kenne nur noch eine Stelle, welche in schlichter, einfacher Naturwahrheit mit so unwiderstehlich packender Gewalt das Herz ergreift, es ist die Stelle in der Bibel: „Ich bin Euer Bruder Joseph. Lebt mein Vater Jakob?"

Bertran de Born.

(Von Uhland.)

Welch reiches Bild entfaltet sich uns gleich in der ersten Strophe, und wie ist die Situation mit der Meisterschaft der echten Volksdichtung doch nur mit ein paar markigen Strichen gezeichnet! Auf der Höhe die stolze, einst jedem Angriffe trotzende Bergfeste, jetzt ein Raub der Flammen und schon in Trümmer versinkend, im Thale das königliche Heer, Ritter und Knechte, den aufmerksamen Blick auf das Zelt des Königs gerichtet, vor welchem sich jetzt eine furchtbare Scene abspielen wird. Gewiß nicht minderen Grund als Achill über den Tod des Patroklos hatte Heinrich II., heftig ergrimmt zu sein über den nach blutiger Fehde und langem Widerstand lebend gefangenen, nun mit Ketten belastet vor ihm stehenden Bertran de Born, den kühnsten Ritter und größten Liedersinger des französischen Mittelalters. Hatte dieser doch die heiligsten und rechtmäßigsten Gefühle des Vaters und Königs aufs tiefste beleidigt, indem er es gewagt, als Vasall sich gegen seinen Lehnsherrn zu empören und — ein schwerer Eingriff in das Heiligthum der Natur — die eigenen Kinder Heinrich's zur Rebellion gegen ihren Vater zu verleiten.*) Nach der Anschauung des Mittelalters beides die todeswürdigsten Verbrechen, und es erscheint nur natürlich, wenn nun, noch unter dem Eindrucke des blutigen Kampfes, eins jener grausigen Todesurtheile vollstreckt würde, an denen jene Zeit so reich war. Der furchtbare Zorn des beleidigten Fürsten, nur zurückgehalten durch die königliche Würde und das Bemühen, durch kalte Gleichgültigkeit in den Augen

*) Wie schwer dieses letztere Verbrechen auch in der Beurtheilung der nächstfolgenden Zeit wog, geht daraus hervor, daß Dante (Inferno, 28) den Ritter in die unterste Hölle versetzt, zu den Zwietrachtstiftern, die durch ihre Ränke die heiligsten Bande der Natur auflösen. Ihre Strafe ist eine grausame, aber ihrer Schuld angepaßte. Schwerter fahren durch ihre Leiber und zerschneiden die Glieder, welche immer wieder zusammenwachsen. So müssen sie an sich selber ewig die Qualen der Trennung des natürlich Zusammengehörenden erproben.

des Gefangenen die Rolle des unerbittlichen Schicksals zu übernehmen, wird plötzlich — das erwarten wir — in heller Lohe ausbrechen und sein Opfer vernichten. Mit schneidendem Hohne schließt seine Anrede, nachdem sie hoheitsvoll, aber dem ferne grollenden Donner vergleichbar die entscheidende Frage, die Vorbotin eines schrecklichen, aber gerechten Spruchs an den Schuldigen gerichtet, der durch seinen vermessenen, prahlenden Uebermuth jeder Verzeihung und Gnade den Weg verschlossen. Wir erwarten dessen Antwort mit der ängstlichen Spannung, mit welcher wir dem Verhör eines Verbrechers folgen, der in mancher Hinsicht unsere Sympathie erweckt und der durch ein unvorsichtiges Wort das über seinem Haupte schwebende Todesloos herunterbeschwören kann.

Ruhiges Ergeben in das ihn erwartende Schicksal — kein weibisches Verzagen, sondern die Mannhaftigkeit des zum Tode Gerüsteten; keine stolze herausfordernde Bravade, keine Ausflüchte oder Entschuldigungen — das spricht aus den ersten Worten des Gefangenen, und wenn es etwas gibt, was die nächsten Eingebungen des lodernden Zornes besänftigen kann, so ist es diese Ergebung, welche freimüthig die Schuld bekennt und die Strafe verbüßen will. Es ist die heilige Ehrfurcht, die wir vor der Wahrheit des Charakters hegen, welche diese Wirkung übt. „Der mit einem Lied entflammte Perigord und Ventadorn!" Dieses Geständniß, auf die geheimnißvolle, übernatürliche Gewalt des Gesanges, der Menschenherzen willenlos sich hingeben, leise anspielend, erhebt in unserer Seele den Ritter über das Maß der gewöhnlichen Menschen; ein verhängnißvolles Geschenk ist ihm geworden, die Gabe, alle Herzen zu bezaubern, und schon ist es nicht mehr er selbst, sondern der Gott, der aus ihm redete, der ihn auf die unheilvolle Bahn drängte. Wie Schiller von Wallenstein sagt: Seine Macht entschuldigt sein Verbrechen, so dämmert in uns die Ahnung, daß es für einen Mann von so außergewöhnlicher göttlicher Begabung schwer, wenn nicht unmöglich sein mußte, die geebneten alltäglichen Pfade zu wandeln, und wir sind geneigt, auch bei ihm die größere Hälfte seiner Schuld den unglückseligen Gestirnen zuzuschreiben. In glänzender Breite entfaltet sich aber dieser

Gedanke schon in der folgenden Strophe. Die Königstochter in bräutlichem Schmucke an ihrem höchsten Festtage an der Seite eines Herzogs, und es ist nicht der Dichter selbst mit dem Zauber seiner Person und dem hinreißenden Klange seiner Stimme, nein, es ist nur ein Bote, dem er sein Lied anvertraut hat, welcher singt, aber mit unwiderstehlich süßer Gewalt spielen die Töne um das Herz des Königskindes, sie rufen Bilder goldener glücklicher Vergangenheit wach, immer mächtiger stürmen sie auf sie ein — da vergißt sie der glänzenden Versammlung, deren Blicke auf sie gerichtet, sie vergißt des herzoglichen Gemahls und unaufhaltsam strömen die Thränen hernieder auf ihr Brautgeschmeide. Auch des Sohnes gedenkt er, der ruhig schlummert im Schatten des südlichen Hains, da klingen die Lieder des mittelalterlichen Tyrtäus an sein Ohr, sie laden zur Schlacht mit schmetterndem Trompetenschall, Schwerterklirren, und der helle Ruf Alor! ertönt aus ihnen, der Rausch des Kampfes und der Jubelton des Sieges erfassen sein Herz und willenlos folgt er den Bahnen, die der gewaltige Sänger ihn leitet. Muß nicht hier — nach dem Vorausgehenden — schon ein milderes Gefühl das Vaterherz des Königs beschleichen, muß er nicht denken, daß der Sohn, wie so viele Andere, nur von dem Zauber des Sängers bestrickt, also schuldlos die Waffen gegen ihn ergriffen? Und doch — kann er auch diesem zürnen, der so edel alle Schuld auf sich nimmt, nun, da er jenen übereilt mit seinem Fluche belastet, den er von dem Todten nicht mehr zurücknehmen kann? Das Vaterherz zagt, für den Zorn ist kein Raum. Da aber stellt der herzenskundige Sänger ihm das Bild dieses Todes vor die Seele, der Pfeil hat den Jüngling getroffen und blutend, sein Ende erwartend, liegt er in den Armen des Freundes. Des Freundes, ja, denn wie seinem Beichtiger, vertraut er ihm in seiner Sterbestunde seine geheimsten Regungen, Alles, was seine Seele belastet. „Nicht mein Tod ist für mich das Bitterste, aber daß ich den besten Vater so schwer beleidigt habe, daß ich sterben muß unter seinem Fluche, das ist für mich Höllenqual. Ach Vater, in dieser furchtbaren Stunde noch an deinem Herzen zu ruhen, deine Hand ergreifen zu können, deren Druck mir Frieden und Verzeihung gewähren könnte!“ Aber Berg und Meer trennte sie in diesem entscheidungsvollen Augenblick und der rührende Klageruf des Sohnes drang nicht zu den Ohren des Vaters. Da war es der Sänger, der ihm zur Seite stand, der wie ein Geweihter Gottes im Namen des beleidigten Vaters ihm Verzeihung verkündete, und mit dem leisen Drucke der Hand andeutend, daß dieses Wort seine Sterbestunde erleichtere, neigte der Jüngling das Haupt und verschied in seinen Armen.

Mit wie wunderbarer Kunst, muß nicht auch hier gesagt werden, hat der Dichter es verstanden, in unmerklichem Uebergang aus dem Bilde des gehaßten, trotzigen Feindes nur den Freund des Sohnes, den Stellvertreter des Vaters in der heiligen Todesstunde in die Seele des Königs einziehen zu lassen! In Bertran, der mit heißem Schmerz das Haupt des bleichen schönen Jünglings in seine Arme schließt, mit seinem Kusse den letzten Athem der fliehenden Seele empfängt, kann er nur sich, nur sich selber sehen und zu sehen innig wünschen. Das Vaterherz weint, Zorn und Rache sind geschmolzen und gesühnt in diesen Thränen!

Nun aber die Reue! „Seit dieser Stunde, wo dein sterbender Sohn, mein trauter Freund, vor meinen Augen verschied, ist mir Seele und Leib in ihrem innersten Mark erstorben. Kein Lied, kein Harfenklang, nur Trauerklage tönt noch in ihren Tiefen wieder. Dort die brennende Burg ist das Abbild meines Lebens, sein Werth ist geschwunden, ihm fehlt sein bester Theil, der durch meine Schuld das Todesloos erkor, — dein Sohn."

Mit welcher Allgewalt müssen die letzten Worte die Seele des Königs erschüttern! Die Schuld ist getilgt, nicht Feinde, nicht Herrscher und Gefangener, Richter und Schuldiger stehen einander gegenüber, nein, zwei durch ein heiliges Gefühl, die gemeinsame Klage um ein verlorenes theueres Haupt innig verbundene Freunde! Und wir begreifen es, wie der König seine Rührung verbergend und die dämonische Gewalt des wunderbaren Mannes anerkennend die Stirne neigt und die Hand ausstreckt, die seine zu erfassen, in der der Scheidegruß des geliebten Sohnes noch brennt, und in den Worten „Weg die Fesseln!" athmen wir auf und fühlen, wie auch in unser Auge die Thräne sich stiehlt und auch wir einen Hauch verspüren des Geistes unseres herrlichen Dichters Uhland.

Was soll ich nun Alles noch hinzufügen? Soll ich erwähnen, daß wir in diesem Gedichte — wie in jedem echt tragischen Stoffe — so recht fühlen, wie sich die Reinigung der Leidenschaft oder, was dasselbe ist, die Läuterung der Gefühle durch die wunderbare Kunst der Dichtung vollzieht? In dieser Hinsicht darf es Schiller's „Kampf mit dem Drachen" und der Schlußscene von Goethe's „Iphigenie" ebenbürtig an die Seite gestellt werden. Soll ich auf die großartige psychologische Motivirung aufmerksam machen, die in leisem Wellenschlage das Gemüth ergreift und in den wunderbarsten harmonischen Uebergängen von der düster gespanntesten Stimmung allmählich bis zur weichsten und sanftesten Rührung — der süßen Sehnsucht der Thränen — hinüberleitet? Und wie bei all dieser hohen Kunst doch der treuherzige, reine, jeden Effect verschmähende Ton der Volksdichtung sich niemals verleugnet! Daß ich es neben und unmittelbar nach der unnachahmlichen Stelle des Homer zur Vergleichung und Besprechung erwählt habe, das schließt ja alles dieses in sich, und das feinsinnige, harmonisch gestimmte Gemüth des Lesers wird noch gar manche, hier absichtlich übergangene Vergleichungspunkte herausfühlen. Darum sei hier zum Schlusse nur noch auf den herrlichen Zauber und Wohllaut der Sprache, in welchem Uhland anerkannter Meister war und der sich gleich in der ersten Strophe in schönem Einklang mit den provençalischen Namen feierlich und stolz geltend macht, hingewiesen.

V.

Das Sprachstudium, die Grundlage höherer Geistesbildung.

Sprachkunde, lieber Sohn, ist Grundlag' allem Wissen,
Derselben sei zuerst und sei zuletzt beflissen.

Einleitung nicht allein und eine Vorbereitung
Zur Wissenschaft ist sie und Mittel zur Bestreitung;

Vorübung nicht der Kraft, um sie geschickt zu machen
Durch Ringen mit dem Wort zum Kampfe mit den Sachen:

Sie ist die Sache selbst im weitsten Wissenskreise
Der Aufschluß über Geist und Menschendenkungsweise.

In jeder räumlichen und zeitlichen Entfernung
Den Menschen zu verstehn, dient seiner Sprach' Erlernung.

Nur Sprachenkunde führt zur Weltverständigung,
Drum sinne spät und früh auf Sprachenbändigung.

Mit jeder Sprache mehr, die du erlernst, befreist
Du einen bis daher in dir gebundnen Geist,

Der jetzo thätig wird mit eigner Denkverbindung,
Der aufschließt unbekannt gewes'ne Weltempfindung.

Ein alter Dichter, der nur dreier Sprachen Gaben
Besessen, rühmte sich, der Seelen drei zu haben.

Rückert, W. d. B.

Das von den Gegnern der humanistischen Bildung aus den verschiedensten Lagern und Bildungssphären erhobene Feldgeschrei lautet etwa folgendermaßen: „Fort mit dem classischen Zopf! Weshalb soll unsere Jugend acht volle Jahre, die schönsten des Lebens, über lateinischen und griechischen Autoren verseufzen, um schließlich den höchst zweifelhaften Gewinn tüchtig eingebläuter Accusative mit dem Infinitiv und zahlreicher unregelmäßiger Aoriste auf ihren Lebensweg mitzunehmen? Wir, die Alten, haben's so schlimm gehabt und unter der Zuchtruthe des Magister Orbilius in saurem Schweiß, mit unzähligen Schimpfwörtern und Carcerstrafen regalirt, an den beiden Sprachen uns abgequält, bis wir endlich nach glücklich bestandener Maturitätsprüfung die humanistische Kutte in die Nesseln warfen, fest und heilig gelobend, daß uns keine Macht der Erde wieder zu den verhaßten Classikern zurückbringen werde. Und die das nicht thaten, die, welche durch ihr Berufsstudium angewiesen waren, den altclassischen Kram weiter zu verfolgen, um denselben alsdann als zünftige Philologen wieder an den Mann zu bringen, schaut doch zu, welche Rolle die meisten von ihnen spielen! Sind sie nicht dem Leben der Gegenwart, seinen Forderungen, Zielen und Strebungen größtentheils entfremdet, haben sie nicht meist ein Stück von jenem Salmasius, von dem die Königin Christine sagte, er könne den Stuhl in zehn Sprachen bezeichnen, sich aber auf keinen einzigen ordentlicherweise setzen?" Zu diesem allgemeinen Angriffsrufe gesellen sich, je nach Beruf und Neigung, noch einzelne besondere Stimmen, die das Verfehlte ihrer Jugendbildung beklagen. „Hätte ich doch", sagte mir eines Tages ein Arzt, „statt des ganz nutzlosen Latein und Griechisch während der acht langen Jahre tüchtig Englisch und Französisch gelernt, wie ganz anders stünde es jetzt um mich!" — „Ich kann nur mit Schmerz und Ingrimm", sagte ein Anderer, der ein tüchtiger Chemiker und Fabrikant geworden ist, „auf die acht Jahre zurückblicken, die mir von der pedantischen Schulmeisterzunft förmlich abgestohlen worden sind. Nur verschämt und heimlich durfte ich mich meinen Lieblingsstudien, den Naturwissenschaften, widmen; und wenn ich in der Klasse eine einzige griechische Formel verfehlte, so konnte ich sicher sein, wegen meiner Beschäftigung mit ‚Allotria' und nutzlosen Liebhabereien öffentlich heruntergekanzelt zu werden, wobei ich dann meinen Mitschülern gegenüber eine so klägliche Rolle spielte, daß ich mich vor mir selber schämte." Noch bedenklicher lautete die Aeußerung, welche ein während seiner ganzen Gymnasialzeit als Primus der Klasse viel gelobter und mit Preisen überhäufter Abiturient mir einst that: „Ich muß gestehen, ich halte diejenigen für die Vernünftigsten, welche mit mäßiger Anstrengung sich etwa bemühen, als mittlere Schüler mit der Klasse voranzukommen. Sie bewahren sich ihre geistige Frische, während ich jetzt, todtgehetzt und müde gearbeitet durch Studien, welche meine Geisteskraft nicht gestärkt haben und deren praktische Verwerthbarkeit mir höchst zweifelhaft erscheint, zu den Universitätsstudien übergehe und vielleicht ein neues Beispiel jener ‚Musterschüler' werde, die im späteren Leben gar nichts leisten, weil ihre Jugendkraft in der Entwicklung durch passive Obedienz und geistige Ueberlastung geknickt worden ist."

Diesen charakteristischen Aeußerungen, die ich in meiner eigenen Umgebung gesammelt habe, füge ich noch zwei Aussprüche hinzu, welche von bedeutenden, nach Anlage und Geistesrichtung sehr verschiedenen Männern in jüngster Zeit bekannt worden sind. Herr Karl Vogt gab seiner unerschütterlichen Ueberzeugung Ausdruck, daß an die Stelle der historisch-philologischen Bildung in nicht ferner Zeit die mathematisch-naturwissenschaftlichen Disciplinen zu treten berufen seien. Kann uns dieses bei einem Naturforscher wie Karl Vogt, dessen materialistische Weltanschauung, mit einer starken Dosis von ätzendem Humor verbunden, dem Idealen schon darum abhold ist, weil er kein Verständniß für dasselbe besitzt, wenig verwundern, so fällt der Ausspruch eines Sprachforschers und durchaus idealistisch gesinnten Mannes, wie Max Müller, um so schwerer in die Wagschale. Dieser glaubt, daß die lateinische Sprache ihren Rang und ihre Stellung in der Schule behaupten werde, da sie mit allen Wissenschaften und mit der ganzen Cultur der Vergangenheit durch tausend Fäden verbunden sei; daß dieser Unterricht aber seine trockene hergebrachte Form werde aufgeben und durch die Resultate der Sprachvergleichung neues Leben und Anregung gewinnen müssen. Das Griechische aber, diese trübe Prophezeiung kann er nicht unterdrücken, werde wohl ganz aus dem Lectionsplane der Gymnasien verschwinden und das Studium dieser herrlichen Sprache und der in ihr niedergelegten Meisterwerke ausschließliches Fachstudium der Philologen werden. Ein solches Urtheil eines hochangesehenen Meisters und Berufsgenossen kann befremden, betrüben, tiefschmerzlich berühren, aber es will in ernste Betrachtnahme gezogen werden und kann durchaus nicht einfach zu den Acten gelegt werden. Es kann mir nun nicht entfernt in den Sinn kommen, über diese für die Jugendbildung der Zukunft fundamentale Frage mich in eine eingehende Erörterung einzulassen, vielmehr glaube ich, daß keiner der jetztlebenden Gelehrten oder Staatsmänner, und wenn ihr Geistesblick noch so ausdehnt, ihre Energie und ihr Ansehen noch so bedeutend wären, im Stande ist, über diese Frage eine Entscheidung zu treffen, sondern daß diese einzig und allein dem letzten Entscheider aller Dinge, der Zeit und der in ihr stattfindenden natürlichen Entwicklung vorbehalten bleiben muß. Es mag mir aber vergönnt sein, einige neue Gesichtspunkte aufzusuchen und festzustellen, von denen aus zwar keine Lösung der Frage zu erwarten sein wird, die aber doch den Gegenstand vielleicht in einer eigenthümlichen, bisher ungewohnten Beleuchtung erscheinen lassen und so einzelne Umrisse deutlicher zum Bewußtsein bringen.

„Des Gedankens Zwilling“ nennt Klopstock das Wort und der Grieche bezeichnet in seiner plastisch-anschaulichen Weise Gedanken und Wort, geistigen Inhalt und äußere Form mit dem nämlichen Ausdruck λόγος. Wie uns nun von allen Dingen zwischen Himmel und Erde das geheimnißvollste und unbegreiflichste, aber zugleich wissenswertheste und interessanteste der Menschengeist, unser eigenes Denken und Vorstellen ist, ebenso ist jener geheime, räthselhafte Bund, der zwischen dem Denken und Reden obwaltet, eins der größten Probleme, das von jeher die tiefsinnigsten Geister anzog und dessen Lösung nur zu oft in leeren Tautologieen und sich im Kreise bewegenden Schlüssen gesucht wurde; als z. B., wenn das Denken ein innerliches Reden oder das Reden ein lautes Denken genannt wurde. Daß dem so ist und daß trotz der inhaltreichen und gedankenvollen Schriften: „Ueber den Ursprung der Sprache“ von Herder bis herab auf J. Grimm, Steinthal und Andere die Frage noch immer eine ungelöste ist, das beweist das Ausschreiben der Göttinger philosophischen Facultät zu der von ihr gestellten Preisaufgabe der Beneke'schen Stiftung, welches mit folgenden Worten beginnt: „Da die von den deutschen Sprachforschern in den letzten 25 Jahren veröffentlichten Untersuchungen über die Entstehung der Sprache zu sehr verschiedenen Ergebnissen gelangt sind und auf die Schwierigkeiten der Aufgabe mehr hinweisen, als sie überwinden, so erscheint es wünschenswerth, die Frage einer sorgsamen Erwägung zu unterziehen: ob die Sprachwissenschaft für Untersuchungen dieser Art einen festen Ausgangspunkt und einen gesicherten Boden darbietet.“

Ist uns demnach auch die dunkle Pforte, durch welche die menschliche Vernunft mit Hilfe der wunderbaren Gabe der Rede zuerst als schwaches, dämmerndes Licht in die Erscheinung trat, noch verschlossen und unerreichbar, so leben und weben wir doch mit dem ganzen Inbegriff unseres geistigen Seins in jener wunderbaren Welt, die unlöslich an die Sprache gebunden ist und welche dem stammelnden Kinde bald nach seinem Eintritt in die Welt eine unermeßliche Fülle von geistigen Schätzen mühelos spendet. Dieses tagtäglich vor unsern Augen vorgehende Werden geistiger Entwicklung fordert uns, wie alles Naturwerden, mit den Goethe'schen Worten:

So ergreifet ohne Säumniß
Heilig, öffentlich Geheimniß!

auf, wenn auch nicht seinen Ursprung und seine letzten Gründe, doch die

Tausende von Beziehungen und innern feinen Verkettungen des an dem lautlichen Gebilde zu immer deutlicherem Bewußtwerden sich emporrankenden Denkens zu beobachten und zu erforschen. Und zwar muß uns hier, wie bei aller menschlichen Erkenntniß, welche auf der Erfahrung beruht, die goldene Regel leiten, das Gewordene aus dem Werdenden zu erklären.

Die ungeheuren, aus geschichtetem Gestein aufgethürmten Felsmassen, die weit in den Ocean hinausragenden Koralleninseln, die gewaltigen Steinkohlenlager von fast unerschöpflicher Mächtigkeit — ihr Vorhandensein erklärt sich aus den täglich vor unsern Augen vorgehenden einfachen Erscheinungen, die in enormen Zeiträumen sich fortsetzend jene gewaltigen Resultate zu Tage gefördert haben. Mit der Sprache, als einem Naturprodukt, einem aus unbewußtem Gestaltungstrieb sich fort und fort entwickelnden Organismus, verhält es sich ebenso. Von höchstem Interesse muß es daher sein, dieses sprachliche Werden in unserem reflectirenden Zeitalter zu beobachten, zu erkunden, wie auf dem mächtigen alten Stamme sich neue Triebe, Knospen, Zweige und Blüten zu frischem Wachsthum hervordrängen; dann aber ganz besonders unser Augenmerk darauf zu richten, wie der geistige Inhalt sich an und in den Wörtern aufschließt, zu stets bestimmterer Deutlichkeit sich entwickelt, mit andern Worten, wie die Begriffe, in fortgesetzter unmerklicher Wandlung begriffen, von Jahrhundert zu Jahrhundert auf einander einwirkend sich klären, läutern, schieben und drängen, um endlich in möglichst scharfer Begrenzung sich zu einem harmonischen Ganzen aufzubauen, das, augenblickliche Befriedigung gewährend, die jedesmalige Weltanschauung eines Volkes oder einer Zeitperiode in sich schließt. So große und überraschende Resultate die Sprachwissenschaft in den letzten hundert Jahren in Bezug auf den lautlichen Theil, den Körper des Worts, auch zu Tag gefördert: die Wissenschaft von der Begriffswandlung ist ein fast noch ganz unangebautes Terrain; hier ist noch Alles zu leisten, und doch wird Jeder erkennen, daß dieses Gebiet einen mindestens ebenso wichtigen, wenn nicht den allerwichtigsten Theil der Erkenntniß der menschlichen Sprache bildet, ja wir sind berechtigt, von dieser Wissenschaft, wenn sie dereinst eine ebenso treue Pflege findet, die tiefsten und überraschendsten Aufschlüsse über das Wesen des Menschengeistes zu erhalten.

Herr Rud. Ihering hat in seinem geistvollen Werke vom „Kampf ums Recht“ mit einem gewissen vornehmen Stolze und natürlicher Voreingenommenheit für seinen Gegenstand die Behauptung aufgestellt, daß das Recht und die Rechte nicht in einer so friedlich stillen Weise zur Welt kommen, wie etwa eine neue Kunstform, ein neugebildetes Wort oder ein Accusativ cum infinitivo, sondern daß sie das Produkt zäher, angespannter Willensenergie und blutigen Ringens seien. Es fällt mir nicht ein, diesen Satz anzugreifen und etwa durch Beispiele aus der Weltgeschichte nachzuweisen, wie das Unrecht oft nicht minder fanatische Anhänger und Vertheidiger gehabt, wie die blöde Menschheit gar oft zu Gunsten der Gewalt die blutigsten Hekatomben geopfert, ja daß nicht selten um eines Wortes willen — man denke an sub utraque und „Dieses ist mein Leib“ — die furchtbarsten Vernichtungskriege sind geführt worden: es liegt in jenem Ausspruche ein großes Stück Wahrheit. Ich möchte nur jene zu cavalière Behandlung des sprachlichen Wachsthums in die richtigen Grenzen zurückweisen und den Nachweis liefern, daß es mit der Entstehung des neuen Wortes, sofern es als Vertreter des neuen Gedankens, ein lebensfähiges Kind, geboren wird, nicht so idyllisch-paradiesisch zugeht, sondern daß auch hier kreisende Wehen und heftige Geburtsschmerzen vorangehen. Meinem Vorhaben getreu, will ich wieder das Reich der Abstraction verlassen und auf das Einzelne übergehen, das im concreten Beispiel meine Ansicht illustriren mag.

Es ist wohl manchem meiner geneigten Leser noch erinnerlich, wie er zu den Füßen seiner Universitätsprofessoren sitzend von diesen etwa von dem wissenschaftlichen Aberglauben der alten Zeit unterhalten wurde, und wie dann z. B. bei der Erwähnung des horror vacui oder des Phlogiston ein „angenehmes“ Lächeln von den Lippen des Docenten ausging, um in verstärkter Form als lärmendes brouhaha von dem andächtigen Auditorium wiederholt zu werden. Es ist diese kleine Freude weder dem gelehrten Herrn noch seinen wißbegierigen Scholaren zu verübeln, denn es gibt kaum ein herzlicheres Lachen als das über die Dummheit der Andern mit dem stillen Bewußtsein, „wie wir es doch so herrlich weit gebracht". Und doch hätten wir alle Ursache, den guten Alten diese einfältige Verhöhnung abzubitten; denn wenn sie überhaupt irrten, so thaten sie es nicht aus Dummheit, sondern es war jener horror vacui eine geistreiche Erklärung einer räthselhaften Erscheinung, eine subjective Wahrheit, der Keim und die Vorbedingung einer darin vorgebildeten besseren Erkenntniß. Daß sie sich nicht an der bloßen Wahrnehmung genügen ließen, daß sie einen Complex von Erscheinungen zusammenfaßten und eine Ursache dafür suchten, daß sie diese bis jetzt unbekannte Größe mit einem noch ungenügenden Worte bezeichneten, das war, wenn überhaupt ein Irrthum, doch ein sehr fruchtbarer; es war die Puppe, in welcher der Schmetterling vorgebildet war, der dann durch des großen Galilei geniale Intuition mit dem inhaltreichen Worte Luftdruck seine Stelle in dem großen Gebiete menschlichen Wissens und Erkennens fand. Ebenso wenig geziemt es uns, über das Phlogiston zu lächeln; denn dieses war, um mich eines andern Bildes zu bedienen, der negative Abdruck, mit dessen Hülfe die photographische Kunst dann das wahre Abbild des Gegenstandes herstellt, oder die Matrize, aus der die spiegelhelle reine Gestalt hervorgeht. Jener mysteriöse Stoff, der, in vielen Körpern gebunden, durch die Verbrennung daraus befreit wird, der ein negatives Gewicht hat, weil nach der Verbrennung eine Zunahme des Gewichts constatirt wird, er besaß in umgekehrter Folge schon viele Züge des durch Lavoisier's berühmte grundlegende Entdeckung demnächst bekannt gewordenen Sauerstoffs.*) Und wenn heute jene Begriffe, die wir als die großartigsten Funde des abstrahirenden Menschengeistes zu rühmen gewohnt sind — Schwerkraft und chemische Anziehung — uns schon nicht mehr ausreichen, wenn wir ihnen schon einen mystischen Charakter zuschreiben, ihre Wirkung unbegreiflich finden, wenn schon jetzt als Erklärung neue Abstracte — z. B.

*) Baco sagt dasselbe in den schönen Worten: Citius emergit ex errore veritas quam ex confusione.

Aetherdruck — gewagt werden, so lernen wir daraus Bescheidenheit, sowie eine dankbare Anerkennung der von unsern Vorfahren in mühevoller Geistesthätigkeit geschaffenen Erklärungen und Worte, mit Hilfe derer die Begriffswandlung sich vollzieht, um von Jahrhundert zu Jahrhundert geläutert und vervollkommnet dem unerreichbaren Ideal absoluter Wahrheit, soweit es menschlicher Beschränktheit verstattet ist, immer näher zu kommen. Und wenn dereinst in lichterfüllteren Jahrhunderten eine reinere und allseitigere Erkenntniß die Geister durchstrahlen wird, so werden die Nachgeborenen dankbar die von unserem Zeitalter geleistete Arbeit anerkennen, gleichwie wir heute mit staunender Bewunderung die Geistesgröße erwägen, die in dem Schaffen eines Aristoteles, eines Spinoza und Newton zu Tage getreten ist.

Die Sprachschöpfung aber, dies geht aus dem Gesagten hervor, des Geisteslebens mächtigste Verbündete, sie ist höchste geistige Anstrengung, und oft erst nach jahrelangem Ringen in stiller Sammlung oder in der stauberfüllten Bücherei steigt als eine wundervolle Blüte in der Seele des Denkers des neuen Gedankens scharfer und durchsichtiger Ausdruck, das neue Wort, empor. Wie die oben genannten wissenschaftlichen Begriffe: Attraction, Luftdruck, chemische Affinität, so sind auch die edelsten sittlichen Vorstellungen, auf welchen die Würde der Menschheit beruht: Nächstenliebe, Wohlthätigkeit, Gewissensfreiheit, Menschenrechte, in historischer Zeit einmal aus der innersten Seelenwärme der Edelsten unseres Geschlechts gezeugt worden. Und diese Worte haben dann ihre Wanderung begonnen, zuerst zu den Auserwählten — Jüngern der Wissenschaft oder begeisterten Missionären des Menschheitsideals — haben durch diese eine neue Verwerthung und Verbindung mit andern Wissens- und Gefühlskreisen gewonnen, bis sie dann immer größere Verbreitung gewinnend zum Gemeingut der Nation und der ganzen Menschheit wurden. Mühelos lernt durch die Sprache der Knabe in der Schule, ja das Kind auf der Mutter Schooß, was einst der angestrengten Geistesthätigkeit eines Plato, eines Descartes nur mühsam und allmählich sich erschloß. Der Unterschied zwischen Substantiv und Verbum, den Plato als eine große grammatische Entdeckung in seinem Dialog Kratylos niedergelegt, ist heute dem sechsjährigen Knaben ganz geläufig.

Alle die ungeheuren Errungenschaften, welche der Menschengeist in seinem tausendjährigen Culturgange sich angeeignet, Alles, was in den glücklichsten Stunden ihres Daseins die edelsten Geister gedacht, ja was sie gefühlt und geahnt, es ist zu bleibendem Besitzthum in dem wunderbaren Organismus der Sprache als festes Gefüge, lebendiger Keim und treibender Saft für uns und die kommenden Geschlechter erhalten. Hier vereinigen sich aller Wissenschaften werthvollste Resultate. Was nach langen, mühseligen Berechnungen der Mathematiker bewiesen, was der Naturforscher nach unausgesetztem, aufmerksamstem Beobachten durch Zusammenstellung von vielen tausend Fällen als eine Wahrheit gefunden, was der Philosoph, der Jurist als Frucht langjährigen angestrengten Nachdenkens als oberste oder Grundbegriffe ihrer Wissenschaft erkannt: es wird in die Sprache aufgenommen und dadurch zum Gemeingute. Demokrit's Atome, Galilei's Luftdruck, Darwin's Kampf ums Dasein — wir begegnen ihnen heute in dem Boudoir der Weltdame wie in der Hütte des armen Forstschützen. Daneben wird Alles, was die Probe nicht besteht, wenn es die Zeitgenossen auch noch so sehr beschäftigt hatte, von der Sprache als leichter Schaum ruhig am Ufer abgesetzt. Fichte's Nicht-Ich, Hegel's absolutes Sein und Reichenbach's Od theilen dieses Schicksal. Der Monotheleten, des ontologischen Beweises, der zahllosen scholastischen Begriffsspaltungen wird kaum mehr gedacht, während die Bruderliebe, das Vaterunser und der Ruf an die Mühseligen und Beladenen als unvergänglicher Inhalt des Christenthums allen Sprachen und Völkern eignen. Damit glaube ich einen der höchsten und unleugbarsten Vorzüge der Sprachstudien bezeichnet zu haben: sie begreifen das universalste Bildungsmittel in sich, sie sind die Wissenschaft des Menschengeistes und zugleich das Wissen vom Menschengeiste, und jede andere Disciplin, ob sie nun mit Potenzen und Sinus, mit Gefäßbündeln und Kotyledonen, mit Krystallformen und geschichtetem Gestein, mit Molecülen und Schwingungen, ja selbst mit Syllogismen und Begriffsbestimmungen operirt, muß ihr gegenüber arm und einseitig erscheinen.

So die Sprache als die geistige Schatzkammer der Menschheit, als den aus tausend Quellen fort und fort sich erneuernden und wachsenden Strom der intellectuellen Entwicklung betrachtend, halten wir die Sprachstudien für die einzig wahrhaft gesunde Nahrung und die nothwendige Turnschule für den jugendlichen Geist. Um zu verstehen, wie dieser im Ringen mit den antiken Sprachen vor allem erstarkt und zu freier, selbstbewußter Kraft heranreift, möchte ich etwas näher auf die bereits erwähnte Entstehung des Wortes und seinen begrifflichen Inhalt eingehen. Man darf sich weder unter dem ersteren eine auf einen ganz bestimmten Werth ausgeprägte Goldmünze, noch unter letzterem einen durch eine Formel fixirten mathematischen Werth vorstellen, sondern vielmehr den symbolischen Ausdruck eines Vorstellungskreises, der anfangs ein oder wenige Merkmale einschließend im Laufe der Zeiten immer mehr Füllung oder Inhalt gewinnt, so zwar, daß das Merkmal, welches ursprünglich bei der Bezeichnung des Gegenstandes vorwiegend und maßgebend war, mit der Zeit als unwesentlich zurücktritt, ja selbst ganz aus dem Kreise verschwindet. So bedeutete unser schlecht noch zu Luther's Zeit so viel wie gut, und das Wort Gymnasium theilt mit vielen seiner griechischen Brüder das Schicksal, das Gegentheil von dem auszudrücken, was es ursprünglich bezeichnete. Es sind also gewisse Complexe von Merkmalen und Vorstellungen von durchaus nicht immer scharfgezogenen Grenzen, sondern oft in eine mehr oder weniger verschwimmende Atmosphäre gehüllt, welche durch die lautliche Symbolik des Wortes in unserem Bewußtsein erweckt werden. Die Uebertragung eines Satzes in eine fremde Sprache verursacht und erfordert demnach eine Zersplitterung aller dieser Complexe, da in den verschiedenen Sprachen die Worte einen verschiedenen Inhalt, eine quantitativ und qualitativ sich keineswegs deckende Begriffssphäre enthalten. Es ist daher sehr einleuchtend, daß, wenn der Franzose veranlaßt ist, sein qu'avez-vous? ins Deutsche mit „Was fehlt Ihnen?“ zu übertragen, er genöthigt wird, aus der gewohnten Denkform heraustretend die wahre

Substanz jenes Satzes seinem Bewußtsein vorzustellen. Das mechanische, unbewußte, gedankenlose Reden wird durch derartige Uebungen immer mehr beseitigt, der reine Gedankeninhalt auch mehr von seiner subjectiven Farbe befreit. Ich will im Vorbeigehen die Bemerkung machen, daß ich eines Tages einem gebildeten Pariser vergeblich die Identität obiger beiden Ausdrücke klar zu machen suchte, daß er immer und immer wiederholte, nur der französische Ausdruck sei richtig, der deutsche sage ja grade das Gegentheil. Diese Geistesgymnastik ist nun aber bei den antiken Sprachen in viel höherem Grade vorhanden als bei den modernen. Schon daß diese fast alle auf der Entwicklungsstufe der analytischen Sprachen stehen, während jene Flexionssprachen sind, macht einen außerordentlichen Unterschied, und der Kopf eines zehnjährigen Knaben muß ganz gewaltige Anstrengungen von Abstraction und Wiedervereinigung machen, bis es ihm gelingt, seine landläufige Wortgruppe „ich würde es dem Vater geben“ in ein darem patri zu verwandeln. Dazu kommt aber noch die Grundverschiedenheit der Weltanschauung, die sich in den antiken und den modernen Sprachen ausprägt. Religiöses, bürgerliches, sociales und politisches Leben, Künste und Wissenschaften sind bei den modernen Völkern gleichartig und bewegen sich in denselben allgemeinen Formen. Nicht blos der eiserne Ladstock und das Zündnadelgewehr, jede neue lebensfähige Idee dringt durch die ungemein gesteigerten Mittel des geistigen Verkehrs unmittelbar bei allen Culturvölkern ein und umkleidet sich mit einem durchaus entsprechenden Worte. Daher in den modernen Sprachen die vielen parallelen, sich deckenden Worte und Wortverbindungen, daher auch eine viel größere Leichtigkeit der Uebertragung und bei der Erlernung. Das Gedächtniß spielt hier fast eine ebenso große Rolle als das Urtheil und die Erwägung, womit nicht gesagt sein soll, daß nicht auch das Studium der modernen Sprachen Mittel einer bedeutenden Geistesgymnastik sein könnte, wofern es die bisherige Drill- und Dressurmethode — wie sie sich in den „Unterrichtsbriefen, Conversationsgrammatiken“ 2c. breit macht — verläßt und in ernster Lectüre französischer und englischer Classiker, gediegenen Stilübungen u. A. eine wahre Vertiefung des bisher so oberflächlich betriebenen Gegenstandes aufsucht. Dies beiläufig. Wie gesagt, die geistige Anstrengung, die Anspannung der Aufmerksamkeit, die ernste Kritik des Wortlauts und des in ihm enthaltenen Gedankeninhalts ist ein wesentlicher, durch nichts Anderes zu ersetzender Vorzug der antik-klassischen Sprachstudien.

Für die Schwächeren unter meinen Lesern, welche sich durch diese gelehrten Auseinandersetzungen und philosophischen Terminologieen gelangweilt fühlen sollten, möchte ich hier einen populären Discurs einschalten über die lebendige Kraft des Wortes. Du fühlst mit Recht, lieber Leser, daß, wenn man dir Wortbedeutung und Begriff definirt als einen Complex von Merkmalen, die durch das Denken zu einer logischen Einheit erhoben werden, dieses durchaus nicht immer mit deinem eigenen Denken stimmen will. Wenn man dich nun gar noch mit der Bemerkung belästigt, daß alles Reden ein Urtheilen enthält, wozu nothwendig ein Satz mit Prädicat und Copula gehört, die du nach bestimmten Schablonen zu rangiren gebeten wirst, so erfaßt dich die Ungeduld und du rufest aus: „Da hört denn doch der gesunde Menschenverstand auf! Welcher Begriff, welcher Complex von Merkmalen liegt denn in dem einfachen Wort Hurrah, mit welchem die todesmuthigen deutschen Krieger die feindlichen Bataillone erschütterten und zum Weichen brachten?“ Du hast Recht, lieber Leser, dein Unwille entspringt aus einem gesunden Gefühl und ich theile denselben insofern, als mit dem bloßen logischen Auflösen der Wortbegriffe in ihre Elemente und Wiederzusammensetzen derselben nur ein höchst dürftiges, einseitiges Bild der Sprachwirkung gegeben wird, ein dürrer, luftiger Schemen statt der kraft- und safterfüllten Gestalt. Folge mir also, statt uns bei diesen Abstractionen aufzuhalten, lieber auf frische grüne Weide! Du erinnerst dich, daß ein süßer Geruch, wie der Duft einer Rose, oder ein stilles, lauschiges Plätzchen, das einst der Zeuge einer seligen Stimmung war, oder auch der Ton einer Glocke, die in den glücklichen Tagen deiner Kindheit dein Gefühl zu ernsten und andächtigen Gefühlen erhob, deiner Seele so unvergeßlich eingeprägt sind, daß, so oft ein ähnlicher Duft, ein ähnliches Plätzchen oder Glockenklang deine Sinne berührt, die alte Stimmung wiedererwacht, die alten Bilder mit ihrem Zauberglanz deine Seele erfüllen und, wenn du ihnen Raum gewährst, zu immer größerer Deutlichkeit und Bestimmtheit sich entfalten. Ich will dir, um nicht ganz aus der Rolle des deutschen Professors zu fallen, die wunderschöne Deutung Jakob Grimm's zu Wolfram von Eschenbach's Parcival, da wo letzterer die drei Blutstropfen im Schnee sieht und bei ihrem Anblick in träumerisches Andenken an die süße verlassene Gattin versinkt, hier anführen: „So erkennen wir Träume und Gedanken der Kindheit wieder, wenn sie uns lange hernach im Leben eintreffen; oder wie ein alter Mann, als er die aufgehende Sonne anschaut, sich heimlich besinnt, daß er sie schon einmal ebenso als Kind sitzend auf einem Hügelchen und dann seitdem nicht wieder so betrachtet hat." Nun, lieber Leser, die Kraft des Wortes ist genau dieselbe, keine andere, wie dort der Duft der Rose, die Stimme der Glocke, der Anblick der drei Blutstropfen. Und du wirst dich selber fragen, ob etwa eins der folgenden Worte: Bertha, Waldhorn, Rüdesheimer, Blümelisalp deine Seele mit wonnigen oder trüben Bildern und Gefühlen erfüllt. Es ist etwas im Worte, was wir seine lebendige oder poetische Kraft nennen müssen, die Heine ausspricht, wenn er sagt:

Wenn ich den Namen Ungarn hör',
Wird mir mein deutsches Wams zu enge,
Es braust um mich als wie ein Meer,
Mir ist, als grüßten mich Trompetenklänge.

Und nun frage ich dich, ob du glaubst, daß die scharf abgegrenzten nur mit Abstractionen ausgefüllten Formeln a + b oder x + y im Stande sind, eine gleiche Wirkung auf die Menschenseele auszuüben, jene harmonisch gestimmte Harfe der reichsten und mannichfaltigsten Begabungen, die bald in leisen Schwingungen geheimnißvoller Ahnungen erbebt, bald vom Sturm der Leidenschaften durchwühlt zu gewaltigem Rauschen anschwillt oder in mächtigen, siegesfrohen Accorden der innern Kraft, dem stolzen Mannesmuthe Ausdruck verleiht?

Mathematisch-physikalische Bildung hat immer eine gewisse Einseitigkeit, dies wird der bedeutendste und eingefleischteste Mathematiker nicht leugnen. Es ist vorwiegend der Verstand, die Abstractionskraft und das Urtheil, welche hier thätig sind. Diese Studien enthalten eine vortreffliche Uebung des Geistes zu scharfem und vorsichtigem Denken, sie sind eine fortgesetzte Anwendung der Logik. „Keiner, der nicht Geometrie versteht, soll hier eintreten", darf auch über den Eingang unserer Gymnasialsäle geschrieben werden. Jene Einseitigkeit bedarf aber eines bedeutenden Gegengewichts, soll der jugendliche Geist nicht in Verstandesdürre vertrocknen, und dieses Gegengewicht ist einzig und allein das Studium der Sprachen. Die Sprache ist der g a n z e Mensch; nicht nur sein Erkennen und Wissen, auch sein Fühlen, Empfinden und die reichen Gaben seiner Phantasie sind an sie gebunden, ja auch sein Wollen, die ganze ethische Seele seiner Natur steht mit ihr im innigsten Zusammenhang. Das z ü n d e n d e Wort, die z ü n d e n d e Kraft der Beredsamkeit, wem eignet diese Macht der unmittelbaren Wirkung auf den g a n z e n Menschen denn noch außer der Sprache? Der gewaltige Sturmschritt der französischen Revolution in dem „Marseiller Marsch", die tiefe Sehnsucht nach der Verwirklichung der nationalen Idee in Arndt's „Vaterlandslied", die stolze Abwehr des fremden Uebermuths in der „Wacht am Rhein" — die Musik that das Ihrige, ich gebe es zu, aber daß sie so die innerste Tiefe der Seele erschüttern konnte, das verlieh ihr doch nur das begeisterte, die dunkle Tiefe des allgemeinen Gefühls zu klarem Bewußtsein erhellende W o r t. Im tiefsten Sinne wahr für die Geschichte der Menschheit bleibt der Ausspruch: I m A n f a n g w a r d a s W o r t. Was liegt nicht Alles in diesem? Die Pforte der Erkenntniß, durch welche der Menschengeist aus dem dumpfen Schlaf der thierischen Bedingtheit vom Triebe zuerst in die lichte Welt der Bewußtheit und Freiheit eintrat, vermag das Wort den Sturm und Aufruhr der Seele zu stillen, vermag Luft zu verschaffen dem erstickenden männlichen Zorn, zu lösen den zehrenden Gram, der an dem Herzen nagt, mit frommem Thau die Seele des Freundes, die schwerverwundete, zu heilen, das verworrene Gespinnst des Kummers zu entwirren; ja, es bleibt ewig wahr, das herrliche Dichterwort: „Da wo der Mensch in seiner Qual verstummt, gab ihm ein Gott zu sagen, was er leide“, und von dem tiefrührenden Klaggesang an den Wasserströmen Babylons bis herab zu dem unendlich ergreifenden Lied vom Hemd sind alle Gefühle und Leiden der Menschheit auf dieser zartbesaiteten Aeolsharfe ausgeweint und ausgesprochen worden. Ja, nur zu Einem reicht sie nicht aus, die Sprache, ihre eigene Herrlichkeit und Macht zu schildern; soviel sie auch vermag, das allein vermag sie nicht!

Ferner enthalten die Sprachstudien auch ein reiches historisches Wissen. Wie die Versteinerungen eines pflanzlichen oder thierischen Gebildes in den ungeheueren Felsschichten der Erde uns Kunde geben von dem vor vielen Jahrtausenden auf dieser Erde waltenden Leben, so wirft manches uns ganz vertraute Wort einen weiten Lichtschein in längst vergangene Urzeit und früheste Epochen der Culturentwicklung der Menschheit. Das deutsche Wort Tochter, griech. θυγάτηρ, sanskr. duhitri, leitet Max Müller von der Wurzel duh, melken, und sieht darin einen lieblichen, idyllischen Zug aus dem indogermanischen Hirtenleben. Wie viel reiche historische Bezüge liegen nicht in den Worten Provencer Oel. Damit dieser Wortcomplex entstand, mußten die Griechen im 6. Jahrhundert vor Chr. in Südfrankreich eine Colonie gründen, die später zu einer reichen Handelsstadt emporblühte, mußten sie die bei ihnen einheimische Olive, den Reichthum ihres Landes, dorthin verpflanzen, mußten später die Römer das südliche Gallien erobern und in eine übliche Form der Unterwürfigkeit — die Provincia — bringen. Wie viel Geschichtliches in der kurzen Bezeichnung! — Daß Gasse ein deutsches, Straße dagegen ein römisches Wort ist, an diese Bemerkung hat vor kurzem ein Sprachforscher interessante Folgerungen geknüpft. Die Germanen bauten nur schlechte Knüppelwege, Holzwege, die vortrefflichen Heerstraßen, wie überhaupt die ganze Mauer- und Baukunst überkamen sie von der römischen Cultur, daher denn auch alle hier einschlägigen Wörter — Straße (strata), Mauer, Ziegel, Kalk, Mörtel — römischen Ursprungs sind. Was Wunder, daß die

Deutschen aus dem römischen Argentoratum ein Stratoburgum, die Stadt an der großen Landstraße am Oberrhein, machten? Wie interessant ist nicht, um auf das bereits erwähnte Beispiel zurückzukommen, daß das Schlechte d. h. Schlichte, Einfache, Gediegene, zu Luther's Zeit als das Gute galt, zur Zeit der Nachäffung des französischen und italienischen Geschmacks, der Geziertheit und Affectation, des Klingklangs und Singsangs der schlesischen Schulen als das Einfache und Ungezierte die heutige Bedeutung erhielt. Auch auf die verschiedenen Arten der Wort- und Begriffsentstehung hinzuweisen, hat sein Interessantes. Daß diejenige Nation, welche es zugleich in der Unnatur und der Reflexion am weitesten gebracht, zuerst von dem Wesen des Naiven ergriffen wurde und demselben einen Namen gab, das wird begreiflich durch die Bemerkung, daß Hirtengedichte, bukolische Poesie, Dorfgeschichten in solchen Zeiten ihre Entstehung haben, wo das verworrene Getriebe gesellschaftlicher Culturverhältnisse eine Sehnsucht nach Natur und der kräftigenden Luft einfacher Sitte erweckt. Die Alten kannten das Wort nicht, denn um mit Schiller zu reden, sie empfanden natürlich, wir empfinden das Natürliche. An die Worte bourgeois und citoyen in ihrer heutigen Bedeutung ließe sich die geschichtliche Entwicklung des französischen Staatslebens anknüpfen, indem an jenem (s. die schöne Darstellung Guizot's) der mittelalterige gepanzerte Stadtbürger, der so stolz und unbeugsam innerhalb seiner Mauern und Privilegien, so furchtsam und zaghaft außerhalb derselben auftrat, an diesem das Schiboleth der französischen Revolution — Gleichheit aller Staatsbürger vor dem Gesetze — nachgewiesen würde. Auch nach dieser Richtung läßt sich der Sprachunterricht ungemein belebend und anregend in der Schule behandeln, und die Schüler nehmen es dankbar hin, sei es, daß man ihnen in dieser Weise große Ausblicke in vergangene Zeiten eröffnet oder irgend eine Anekdote aus jüngerer Zeit an die Entstehung eines Wortes knüpft, wie z. B. daß die steife Cravate, zur Zeit des dreißigjährigen Krieges von den Croaten (fr. Cravate) getragen, ihren Weg nach Paris nahm, um von dort aus als „neueste Mode" sich über die gebildete Welt zu verbreiten. Unzählige reiche Bildungskeime werden dereinst noch dus dieser Behandlung in die Schule übergehen, wenn die bereits angedeutete Aufgabe, die Wissenschaft des geistigen Theils der Sprachen, eine Thatsache geworden sein wird. Dann wird die Geschichte der menschlichen Vernunftentwicklung, sowie auch der äußerlich gestalteten Culturfortschritte sich an der Geschichte des Wortes und der an ihm vollzogenen Begriffswandlungen darstellen lassen. Ich führe hier die schönen Worte des leider allzufrüh der Wissenschaft entrissenen Geiger*) an: „Von den das erste sprachbildende Geschlecht so ganz vorzüglich interessirenden Handlungen der Thiere und Menschen, von den mit diesen verwechselten Handlungen des Leblosen rückt die Benennung erst gegen das Handelnde selbst vor, oder sie gelangt auch zu den Dingen von dem zündenden Moment aus, wo sie mit menschlicher oder thierischer Thätigkeit in Berührung treten, aus ihr hervorgehen und entstehen oder eine Umwandlung ihrer Gestalt erleiden; sie stellt eine Unzahl von Geräthen genetisch dar, verfolgt den Baum, von dem Augenblicke, wo er als Holz in menschliche Bearbeitung geräth, anfangend, durch alle Stadien seiner Verwandlung zu Balken, Bret und Tisch und schreitet auf solche Weise in stetigem Gange über alles Gestaltete, keins früher, keins später erreichend, als da, wo es zuerst wirkend oder leidend auftritt."

Wenn sich nun so Geist, Gemüth und Erlebnisse eines Volkes in dem reinen und großen Spiegel seiner Sprache abzeichnen, wie sehr hat da unser Dichter Recht, wenn er in den diesem Abschnitte vorangestellten Worten sagt, daß in jeder räumlichen und zeitlichen Entfernung man den Menschen verstehen lerne durch Kenntniß seiner Sprache. Ja diese scheinbar so fremdartigen, so abstoßenden und unverständlichen Zeichen, sie führen uns den sicheren und kürzesten Weg in das Innere der Psyche eines ganzen Volkes, einer ganzen Zeit. Unser Wesen erweitert sich, Vorurtheile schwinden, die subjektive Geschmacksrichtung weicht größeren Anschauungen, unser ästhetisches Urtheil wird klarer und reiner; wir wohnen, wir leben bei und mit dem fremden Volke,

*) L. Geiger, Ursprung und Entwicklung der menschlichen Sprache und Vernunft I, 42.

in der großen Vergangenheit, wir belauschen seinen innersten Herzschlag, wir fühlen sein zartestes Gemüthsleben zugleich mit ihm.

Ist schon ein Aufenthalt im Auslande für die Bildung und das ganze Seelenleben des Menschen von ungemein anregender und allseitig fördernder Wirkung, um wie viel mehr ein Eindringen in den Volksgeist durch Erlernen seiner eigenthümlichsten Erzeugung, der Sprache, durch Bekanntwerden mit seinen edelsten Repräsentanten, den Dichtern und Schriftstellern! Die Wissenschaft der Völkerpsychologie zieht ihre tiefsinnigsten Schlüsse und feinsten Beobachtungen aus der Sprache. Wenige Beispiele mögen hier genügen. Das inhaltreiche, geheimnißvolle Schicksalswort Schuld ist den Franzosen ganz abhanden gekommen — das conventionelle faute ist nur noch ein blasser Schatten — wie können sie nun eine echte Tragödie haben? Welche Eigenschaft achtet der Deutsche, welche der Franzose am höchsten? Ein braver Mann bedeutet im Deutschen den redlichen Mann, bei den Franzosen ist brave gleich tapfer, daher auch der ärgste Schimpf im Deutschen, ein Schurke, im Französischen, un lâche genannt zu werden. Daß das Eigenthümliche, das Originale in der deutschen Sprache das höchste Lob bezeichnet, während das Wort original mit ironischem Nachdruck dem Franzosen einen Mann kennzeichnet, der nicht ist comme tout le monde, also fast soviel als ein Narr, ist eine nicht minder charakteristische Bemerkung. Um wie viel interessanter müssen derartige Betrachtungen, auf die Griechen und Römer übertragen, uns erscheinen, eine von der unserigen so durchaus verschiedene Welt, welche aber, der Natur so viel näher stehend, als wir in unsern modernen, verworrenen, tausendfach verwickelten Culturbedingungen, erfrischend, erhellend, geisterhebend auf die jugendlichen Seelen wirken muß. Der Inbegriff männlicher Tüchtigkeit in der römischen virtus, die Horaz in seiner Ode „Justum ac tenacem" so herrlich darstellt, die Entwicklung der schönen, geistig und sittlich harmonischen Persönlichkeit, die der Grieche sich bei der καλοκαγαθία dachte, mögen hier als Beispiele angeführt werden. In dem griechischen Worte ἆθλον — Kampf, Mühe und Siegespreis, — welch ein Reichthum von Beziehungen auf Geschichte,

Erziehung und Geistesart der Griechen! Das homo sum, humani nihil a me alienum puto des Terenz, wie schön bezeichnet es den aufdämmernden Gedanken der Humanität, und wie charakteristisch ist nicht wieder die Bemerkung des Augustinus in einem Briefe, daß ganze Theaterversammlungen bei diesem Satze sich erhoben und Beifall klatschten! Es ist die nach ihren Rechten und der Achtung derselben sehnsüchtig verlangende Menschennatur, welche zuerst im Christenthum gegen die Bedrückung und Vergewaltigung durch die römische Weltherrschaft, dann zur Zeit der Renaissance gegen die einseitige Askese und den Geistesdruck der religiösen Bevormundung und endlich im achtzehnten Jahrhundert im Namen der Menschenwürde gegen die Willkür und Omnipotenz der unbeschränkten Staatsgewalt durch dieses Wort und den immer mehr erweiterten und veredelten Gedankeninhalt desselben protestirte. Doch genug, bei diesem ungeheueren Gebiet kann ich ja nur ganz leise Andeutungen geben, der denkende Leser wird diese leicht durch unzählige eigene Erfahrungen vervollständigen. Die schönen Worte Rückert's, daß jede neuerlernte Sprache dem Menschen eine neue Weltanschauung, eine neue Seele verleihe, sind ja verständlich genug. Daß die Kenntniß der Völker durch ihre Sprache alle bisher in der Tiefe unseres Bewußtseins ruhenden, an die Bezeichnungen der Muttersprache festgebundenen Begriffe löst, befreit und zu neuen Verbindungen geschickt macht, daß dieselbe demnach wie ein Ferment wirken muß, welches unsere geistige Substanz in eine neue, heilsame und fruchtbare Gährung versetzt, aus welcher sich neue, eigenthümliche geistige Gebilde und Gedankenorganismen entwickeln, dürfte nach allem Vorhergesagten einleuchtend sein.

Da ich einen hohen Vorzug der classischen Studien gerade in ihrem freien, interesselosen Wirken auf den jugendlichen Geist, also in der wahrhaft liberalen Erziehung finde, so widerstrebt es mir einigermaßen, den praktischen Nutzen derselben zu erwähnen. Der Vollständigkeit halber will ich jedoch auch dieses Gebiet streifen. Die im Mittelalter so wichtige Fertigkeit im Lateinreden und Lateinschreiben hat in unsern Tagen ganz ihren Werth verloren und wird in unsern

Anstalten mit seltenen Ausnahmen nicht mehr erstrebt. Ein französischer Missionär sagte mir zwar, das Latein sei immer noch die Weltsprache, man komme mit ihm am weitesten fort, er habe in der Tiefe von Ostasien, wo ihm keine lebende Sprache genutzt habe, häufig noch einen katholischen Priester gefunden, mit dem er sich in lateinischer Sprache habe verständigen können. Ein junger Mediciner versicherte mir, er wisse nicht, wie er sich ohne seine griechischen Kenntnisse durch die ganz enorme Nomenclatur der Anatomie und Pathologie hätte durcharbeiten können, jedem realistischgebildeten Studenten müsse dabei schwindeln. Zwei junge Kaufleute, die ihre Bildung auf Realschulen und Polytechnicum erworben, erzählten mir eines Tages, sie hätten mit aller Anstrengung durchgesetzt, daß ihr Vater die Erlaubniß gegeben, daß ihr jüngster Bruder das Gymnasium besuchen dürfe, und solange sie etwas zu sagen hätten, müsse dieser, ob er gleich selbst widerstrebe, alle Klassen dieser Anstalt durchmachen. Sie wüßten selbst am besten und hätten es in täglicher beschämender Erfahrung oft genug bitter empfunden, wie einseitig und mangelhaft ihre Bildung sei. Sollte hier ein Vertreter der realistischen Richtung höhnisch lächeln und meine Worte bezweifeln, so bin ich bereit, ihm die Namen der beiden jungen Leute anzugeben, welche hier in Mainz als tüchtige, allgemein geschätzte Vorsteher einer der größten Fabriken leben.*) Was nun endlich den Nutzen betrifft, daß man bei tüchtiger Kenntniß des Latei-

*) Sollte er aber auch dazu die Achseln zucken und bessere Autoritäten verlangen als die angeführten, so will ich ihm eine Autorität citiren, gegen die er wohl nichts wird einwenden können; es ist Niemand anders als Justus Liebig, der bekanntlich ein schlechter Lateinschüler war und durchaus keine Ursache hatte, mit besonderer Dankbarkeit und einseitig befangenem Urtheil an seine Gymnasialjahre zurückzudenken. Er sagt wörtlich (Chemische Briefe XXXVII): „In allen naturwissenschaftlichen, überhaupt in allen Gewerben, deren Ausübung nicht auf einer manuellen Fertigkeit beruht, ist der Fortschritt bedingt durch die Entwicklung der geistigen Fähigkeiten, d. h. durch die Schule. Ich habe häufig gefunden, daß Studirende, die von guten Gymnasien kommen, sehr bald die von Gewerb- und polytechnischen Schulen kommenden auch in den Naturwissenschaften weit hinter sich zurücklassen, selbst wenn die letzteren anfänglich im Wissen gegen die anderen wie Riesen gegen Zwerge waren."

nischen sich mit leichter Mühe die romanischen Töchtersprachen aneignet, so ist mit Recht darauf erwidert worden, daß man wohl, um zwei oder drei Häuser zu bauen, eine danebenstehende Ruine abbrechen möge, daß man aber nicht so thöricht sein werde, zuerst die Ruine zu errichten, um dann die Häuser daraus zu construiren.

Das Höchste zuletzt! Außerdem daß die beiden classischen Sprachen selbst herrliche Kunstwerke, fein und durchsichtig gegliederte Organismen sind, in welchen das lebendige Wirken und Wachsen des Menschengedankens in den sprachlichen Formen zu klarster Erscheinung kommt, sind sie auch der goldene Schlüssel zu den Schatzkammern der herrlichen Meisterwerke des antiken Geistes. Solange der Cultus des Schönen und die Bewunderung der reinen und edeln Form, welche den kostbaren Inhalt einschließt und offenbart, ihren Zauber auf die Menschenseele nicht verlieren, so lange werden auserwählte Geister die Mühe nicht scheuen, sich diese Sprachen anzueignen, um sich an jenen ewigen, unvergänglichen Offenbarungen aus dem glücklichen Jugendalter der Menschheit zu erfreuen. Und da wage ich denn die Behauptung, bei der ich der Zustimmung derer gewiß bin, die in ihrem Lebensgange den Sinn für das Ideale nicht verloren haben, daß Homer und Sophokles, Horaz und Tacitus für sich allein werth sind, daß man um ihretwillen Griechisch und Latein lerne.

Ich habe mich bei dieser Wanderung zu eigenthümlichen Kreuz- und Querzügen verleiten lassen, habe hin und wieder weite Gebiete betreten, die für sich des tage- und jahrelangen Durchforschens werth sind, und nach kurzem Aufenthalt dieselben wieder verlassen. Der geneigte Leser möge dies gütigst entschuldigen durch die Größe des Gegenstandes und die leichte Form dieser Blätter; ingleichen auch, wenn nach dem nüchternen und prosaischen Exposé der Einleitung die warme Empfindung manchmal zu höherem Schwung und scheinbarem Abschweifen fortgerissen hat. Ich führe, um den Schluß wieder an den Eingang anzuknüpfen, in welchem die Frage sprachliche oder naturwissenschaftlich-mathematische Bildung aufgeworfen wurde, noch folgende Stelle aus dem bereits erwähnten Werke von L. Geiger (I, p. 102.) an, welche meine eigenen Gedanken und Anschauungen in schöner classischer Form ausspricht: „Nichts ist in der ganzen Welt umher, was uns so sehr am Herzen liegt, uns so ergreift und reizt, als wir. Um der Erkenntniß unseres eigenen Empfindens willen forschen wir in dem uns ähnlichen, und das aus der Aehnlichkeit unmittelbar entspringende Gefühl, selbst so zu sein, wie ein vor unsern Blicken in seinen Geheimnissen durchforschter thierischer Bau, zieht der Beobachtung des Lebens, auch in seinen körperlichen Erscheinungen, eine hohe und fast allgemeine menschliche Theilnahme zu. Die Empfindung allein ist es, welche in der Natur mit seelenvoller Wärme wirkt und, dem Gemüthe verschwistert, rühren und begeistern kann; die Bewegung ohne sie ist kalt und todt, reizloser Mechanismus. Die Kenntniß der Bewegungsgesetze, so sehr auch das Bewegte in alle Fernen ausgebreitet den Raum beherrscht, für so winzig der Punkt des Weltalls, auf welchem ein unserer Betrachtung zugängliches Inneres zu finden ist, ihm gegenüber von uns selbst erkannt wird, bleibt dennoch für sich allein nur ein abstractes, Wenige befriedigendes, nüchternes Verstandswissen. Die Geschichte hingegen, auch einer einzigen Stadt, ja eines Menschen, die Alterthumswissenschaft und Sprachenkunde, Sitten-, Kunst- und Schriftenforschung, Alles was zu dem menschlichen Empfinden und besonders dem am meisten mit dem unsrigen verwandten in Beziehung tritt, bietet als auf Veränderung unserer eigenen Empfindungsweise wirksam, im Gegensatze dessen, was den Völkern als bloßes Mittel der Gelehrsamkeit geringer gilt, Stoff der Bildung; und um Empfindung auch drehen sich, sei es unmittelbar sie äußernd oder sei es sie darstellend, Beredsamkeit und Poesie.“

VI.

Die Gefahr der Einseitigkeit in den Sprachstudien.

Ich kann das Wort so hoch unmöglich schätzen.

Goethe.

„Wenn aber die Sprachstudien wirklich das sind, was du im vorigen Abschnitt rühmend von ihnen gesagt, wie kommt es denn, daß unsere Jugend, sobald sie der Schule entwachsen, mit Schrecken der Stunden gedenkt, in welchen ihr lateinische und griechische oder gar deutsche Grammatik eingetrichtert wurde? Wie kommt es, daß ein Schriftsteller, wenn er für ein größeres Publikum einen sprachlichen Gegenstand behandelt, erst mit allerlei Kratzfüßen und Complimenten sich entschuldigt, daß er einen so ‚trockenen Stoff‘, eine ‚so wenig ansprechende Materie‘ vorzuführen wagt?“ Darauf kann ich nur erwidern, daß man das Beste und Schönste so behandeln kann, daß es Unlust und Ekel erregt. Was gibt es Schöneres als das Vaterunser, und wie herrlich haben Klopstock und Ludwig Richter es poetisch verklärt und gedeutet! Wie widrig klingt es dagegen, wenn es von stupiden Massen in gedankenlosem Geleier oder Geheul profanirt wird! Die tödliche Langeweile, über welche geklagt wird, liegt nicht in dem Gegenstande, nicht in der widerstrebenden Jugend, sondern in den geist- und sinnlosen Methoden, die leider noch in so vielen „höheren“ Schulen grassiren, in dem mechanischen Erlernen, in dem todten Quark von Regeln und Ausnahmen, in der Manie, die herrlichen Classiker — statt das reiche Gold ihrer Gedanken auszumünzen — als grammatikalische Beispielsammlungen, Fundgruben für stilistische Phraseologie oder gar als Revier zu Conjecturenjagden anzusehen. Nicht Gesetz und Rechte allein, auch die uralten moderigen und wurmzerfressenen Geräthschaften der pädagogischen Rumpelkammer schleppen sich von Geschlecht zu Geschlecht fort und werden so zu Folter- und Marterkammern für die arme Jugend. Laßt doch die Sonne der Wissenschaft ihre Strahlen senden in die dumpfen Säle, wo die zäh festgehaltene Routine mit bleiernem Gewichte lastet, laßt geistiges Leben und Anregung in die jugendlichen Seelen dringen, entfesselt den lebendigen Gedanken aus dem todten Worte und ihr werdet die Augen der Knaben leuchten sehen, ihr werdet sehen, wie sie mit inniger Freude und Dankbarkeit euch anhängen, und wie in fröhlichem Wettkampf die jugendlichen Kräfte sich tummeln und in diesen geistigen Turnübungen zu künftiger Tüchtigkeit sich entfalten!

Der Hall der Worte! Es ist nicht auszusagen, wie viel Qualen und Leiden er schon über die Menschheit gebracht hat!

Ein Bekannter erzählte mir folgendes komische Erlebniß: Ich saß eines Abends in einem vielbesuchten Café in Brüssel und bemerkte in meiner Nähe einen vierschrötigen, riesengroßen Mann, der bei seinem Glas Bier sich ruhig niedergelassen hatte. Neben ihm saßen zwei andere Männer, die sich alle Mühe gaben, den Mann zu reizen und aufzubringen und ihm die ärgsten Schimpfwörter, wie filou, fripon, voleur, brigand etc., um die Wette an den Kopf warfen. Der so Bombardirte ließ aber in stoischer Gleichgültigkeit dies Alles über sich ergehen und nichts vermochte ihn aus seiner philosophischen Seelenruhe herauszubringen. Ein in der Nähe sich befindender Polizeicommissar mochte sich über diese beständigen Angriffe ärgern und sagte deshalb in sanft verweisendem Tone: „Mon Dieu, Messieurs, laissez donc tranquille cet individu!“ Das wirkte wie ein elektrischer Schlag, in furchtbarem Zorne fuhr der Riese auf. „Comment, individu!“ schrie er, und seine bisher so ruhigen Züge verzerrten sich in gräßlicher Wuth. „Je veux bien qu'on me donne tous les noms possibles, mais individu!“ und nieder hagelten seine Fäuste auf den unglücklichen Polizeicommissar.“

Das pfälzer Bäuerlein, das im Jahr 1848 sich nicht beruhigen ließ und beständig ausrief: „Nein, wir sind nicht zufrieden mit Preßfreiheit, wir wollen Preßfreiheit und Censur!“ und Fürst Bismarck, der sich veranlaßt sieht, dem Abgeordneten Lasker eine grammatisch-logische Lection über die Definition des Wortes Volk gratis et publice zu halten, sind ebenso harmlose Seitenstücke zu diesem Gegenstand, der aber auch seine furchtbar tragische Nachtseite hat. Daß um Dinge, die nicht viel mehr waren als tönende Worte, blutige Religionskriege geführt worden sind, habe ich schon erwähnt. Es gab eine Zeit, wo die westeuropäischen Völker das Wort König, die östlichen das Wort Proconsul verabscheuten, und diese beiden Worte bildeten, wie Montesquieu sagt, das Glück oder die Verzweiflung der Welt. Wie die engherzige buchstäbliche Deutung des Bibelwortes zur Kabbala, zur riesigen Geistesverschwendung talmudischer Gelehrten führte, wie sie aber auch die unschätzbare, reine Lehre der Menschenliebe in bitteren Haß und wüthende Verfolgungssucht verkehrte, unschuldige Opfer zu Hunderttausenden in den Kerkern schmachten ließ oder auf die Scheiterhaufen schleppte, davon berichten die finstersten Blätter der Geschichte der Menschheit. Was die hohle, tönende Phrase vermag, bis zu welchem Grade der Verblendung und Selbstüberhebung sie ein sonst verständiges und reichbegabtes Volk bethören kann, wie sie dann auch in dem Munde verbrecherischer Demagogen eine wüthende Pöbelrotte zu den scheußlichsten Mordthaten und Brandstiftungen zu erhitzen im Stande war, das haben wir in der jüngsten Vergangenheit selbst schaudernd miterlebt.

Aber auch in dem stillen Frieden der Schule hat der leere Hall der Worte viel gesündigt, manche vielversprechende Kraft erstickt und schweres Leid über zahllose heranreifende Generationen gebracht, von dem nur wenig bekannt wird, weil die seufzende Klage innerhalb der Schulmauern verhallt. Ich will unerwähnt lassen, wie Herr Karl Vogt vor kurzem die Leiden seiner Gymnasialzeit in seiner bekannten satirischen Laune geschildert hat, wobei allerdings die Notiz, daß einer seiner Lehrer verlangt habe, er solle γλαυκῶπις Ἀθήνη nicht blau-, nicht grau-, sondern „glauäugige Athene" übersetzen, eben weil man sich dabei nichts denken könne, von drastischer Wirkung ist. Nur einzelne Aeußerungen bedeutender Geister aus ganz verschiedenen Zeiten mögen hier angeführt den Beweis liefern, daß das Uebel alt und neu ist. „C'est l'entendement", sagt der alte naive Montaigne (16. Jahrh.), „qui voit et qui oyt, c'est l'entendement qui approfite tout, qui dispose tout, qui agit, qui domine et règne. Certes nous le rendons servile et couard (feig) pour ne lui laisser la liberté de rien faire de soi. On nous plaque les langues en mémoire comme si les lettres et les syllabes étaient de la substance des choses. Savoir par coeur n'est pas savoir, c'est tenir ce qu'on a donné en garde à sa mémoire." Und Hamann, der Magus aus Norden (18. Jahrhundert), derselbe, der zuerst verlangte, daß alles Thun und Schaffen des Menschen aus der Totalität seines Wesens hervorgehen müsse, klagt: „Ich habe mein Gedächtniß und meinen Kopf sehr geschwächt durch gehäuften und unnützen Schulfleiß. Ein noch größeres Uebel ist, daß diese Methode alle Ordnung, allen Begriff und Faden und Lust an derselben in mir verdunkelt hat. Ich fand mich mit einer Menge Wörter und Sachen auf einmal überschüttet, deren Verstand, Grund, Zusammenhang, Gebrauch ich nicht kannte. Ich suchte immer mehr ohne Wahl, ohne Zusammenhang aufeinander zu schütten, und diese Seuche hat sich über alle meine Handlungen ausgebreitet, daß ich mich in einem Labyrinth gesehen habe, von dem ich weder Aus- noch Eingang erkennen konnte." In unserem Jahrhundert, das weniger blöde oder heilige Scheu vor dem Althergebrachten hat, ist die Klage eine so allgemeine geworden, daß sie so zu sagen die Spatzen von den Dächern pfeifen; ich begnüge mich damit, die sehr gemäßigten, stillen Worte des trefflichen A. Bitzius (Jeremias Gotthelf) anzuführen, der gewiß nur als ein pietätsvoller Verfechter des Althergebrachten, Bewährten, nicht als ein Freund von Neuerungen gelten kann. Er schreibt über seine Studienzeit in einem Briefe an B. Studer: „Es ist wieder das arme Griechische; was es verschuldet hat, weiß ich nicht. Ich kann ihm gar keinen Geschmack abgewinnen. Vielleicht ist Herr R. selbst etwas daran schuld, der, ohne auf die Eigenheiten und Schönheiten der Sprache aufmerksam zu machen, drauf los übersetzt, um das vorgenommene Pensum zu vollenden. Auf diese Weise machen seine Stunden dem Schüler Langeweile; dieser glaubt und muß glauben, es sei die Sprache, die sie hervorbringt, und bemüht sich auch zu Hause nicht seine Kenntnisse zu erweitern, daß er der Collegien entbehren könnte."

In diesen drei Aussprüchen sind die drei Hauptrichtungen der einseitigen Verirrung der classischen Studien angedeutet, das Phrasenthum, das Anhäufen unverstandener Worte und Realien in unverdautem Wissenskram und endlich das gedankenlose Uebersetzen, Durchjagen durch den Schriftsteller, um das Pensum zu vollenden.

Es hieße Eulen nach Athen tragen, wollte ich Beispiele anführen, wie die Phrase in den Gelehrtenschulen blüht und gehegt wird. Zunächst im lateinischen Aufsatze. Daß die lateinischen Stilübungen eine gesunde, kernhafte Geistesübung enthalten, habe ich im vorigen Abschnitte genügend begründet. Anders verhält es sich mit den freien, „selbständigen" Aufsätzen. Wer diese mit Aufmerksamkeit durchmustert, der findet, daß es meist aus Classikern, Phraseologieen und Wörterbüchern mühsam zusammengetragene Redensarten sind, die mosaikartig ohne inneren Zusammenhang aneinandergekleistert werden. Der Gedankeninhalt wird kaum beachtet, wüthet doch der Rothstift des Censors nur gegen den nicht-ciceronianischen Ausdruck. Ein erfahrener Lehrer kann mit Sicherheit berechnen, welche Phrasen ihm bei einem bestimmten Thema werden aufgetischt werden. Von Experientia docet hindurch an quae quum ita sint vorüber bis zur peroratio oder exhortatio, die den „angenehmen Tonfall" mit esse videatur am Schlusse haben muß. Und welches historische Füllsel wird als exempla und demonstratio gemeiniglich in diese akademische Bratwurst kleingehackt! Was Grammatiker, Rhetoren und Sophisten der spätesten Zeit als Anekdoten über große Männer berichtet und erdichtet und als Flickwerk an ihrem eigenen Bettelkram schon verwendeten. Die monströse Geschichte vom Cynegirus, der eine persische Galeere zuerst mit der Rechten, dann mit der Linken und endlich, als beide abgehauen, mit den Zähnen festgehalten habe, ist ein vortrefflicher Spickspeck für das Thema de patriae amore. Dann die absurden Fabeln vom Demosthenes, wie er sich in eine Höhle zurückgezogen, die eine Hälfte des Hauptshaars rasirt, sich ein Schwert über die eine, zuckende Achsel, aufgehängt — kurz, wer zählt sie alle, die geschmacklosen Verbrämungen, nach welchen die hungernde Schülerschaar, sobald ein neues Thema gegeben, bei Valerius Maximus und andern „Hilfsbüchern" Jagd macht? Daß es Ausnahmen gibt, daß hie und da ein Glücklicher gewesen, der wirklich eigene Gedanken in ein erträgliches Latein gekleidet hat, will ich nicht bestreiten; daß aber meine Charakteristik auf die weitaus größte Durchschnittszahl paßt, wird mir jeder Unbefangene, der einmal in der Clausur an seinem Maturitätsaufsatze geschwitzt hat, unbedingt zugeben. Es wäre an der Zeit, daß jener Cynegirus und alle die andern abgehetzten Klepper endlich in den wohlverdienten Ruhestand einträten.

Wie Schimmelpilze wuchern die Phrasen auch im deutschen Aufsatze. Das ist nun eine viel wichtigere und ernstere Frage. Deutschreden und Deutschschreiben habe ich ja als das Ziel jedweden Unterrichts an den Gymnasien bezeichnet. Da ist denn die ganze Aufmerksamkeit des Lehrers nothwendig, daß der Schüler eigene, klare, scharf abgegrenzte Gedanken in die knappe, feste, bestimmte Form kleide und Stilübungen à la Karlchen Mießnick immer mehr zur Sage werden. Wie ist das aber zu erreichen?

Manchmal, wenn ich ein paar Stunden deutsche Hefte durchgesehen und mir dann noch ein zwanzigseitiger Aufsatz irgend eines guten und braven Jungen in die Hand fiel, worin derselbe, neben dem dictum de omni et nullo, sich abquälte und unzähliges Beweismaterial herbeischleppte, um etwas klarzustellen, was kein Mensch jemals bezweifelt hatte, nahm ich meinen Lichtenberg und las andern Morgens bei Beginn der Stunde:

„Schöppenstädter Feuerlöschordnung. §10. Wenn ein Haus brennt, so muß man vor allen Dingen darauf bedacht sein, die linke Seite des zur Rechten und die rechte Seite des zur Linken stehenden Hauses zu decken. Denn angenommen, man wollte anders verfahren, man wollte zuerst die rechte Seite des zur Rechten und die linke Seite des zur Linken stehenden Hauses decken, so ist ja die linke Seite des zur Rechten stehenden und die rechte Seite des zur Linken stehenden Hauses dem Brande näher als die rechte Seite des zur Rechten und die linke Seite des zur Linken stehenden Hauses. Man würde also etwas dem Brande ferner

Stehendes früher decken, als etwas dem Brande Näheres, was offenbar nicht zweckmäßig wäre."

Diese etwas weitschweifige Deduction reizt das helle Gelächter der Jugend. In Klammern will ich übrigens hier einschalten, daß das Phrasenthum in der pädagogischen Literatur keineswegs zu den Seltenheiten gehört. Ja, ich mache mich anheischig, aus den meisten neu erscheinenden Schulbüchern, sei es in Vorrede oder in Context, eine Stelle herauszufinden, vor welcher sich obiger Satz nicht zu schämen brauchte. Es klingt hart und unglaublich, also ein Beispiel! Da liegt vor mir ein recht nützliches und zweckmäßiges Büchlein: Römische Kriegsalterthümer. Für höhere Lehranstalten und weitere Kreise bearbeitet von Dr. Kopp, Gymnasialdirector, wohlgemerkt auf 46 Seiten 16mo. Es enthält die Resultate der Arbeiten der Fachgelehrten mit recht anschaulichen Abbildungen, recht instructiv — in möglichst knapper Form? Ich suche sogleich das pilum auf, jene in der römischen Kriegsgeschichte so wichtige Waffe, von deren verheerenden Wirkungen die alten Schriftsteller übereinstimmend berichten. Da finde ich nun S. 6 die Abbildung eines solchen, wie man sich dasselbe früher nach Polybius construirt hatte. Beim Anblicke dieses Monstrums mit viereckigem Schaft oder vielmehr Balken müssen den Schüler sehr natürliche Zweifel bestürmen: „Wie konnte ein Soldat dieses Ungethüm in der Hand halten? Wie gar mehrere mit sich führen? Wie konnte ein so schwerfälliges Instrument eine vernichtende Wirkung ausüben?" In seiner Rathlosigkeit sucht er weiter in dem Büchlein und findet zum Glücke einen Excurs im Anhange: „Zur Geschichte des pilum der Legion, Auszug aus meiner in der Z. f. d. G. erschienenen Abhandlung," in welchem zuerst mit dankenswerthem Hinweis auf andere Zeiten gesagt wird, daß, wie im Mittelalter vor Lanze und Schwert, in der modernen Zeit vor Feuerwaffe und Bajonett, in der allerneuesten vor Hinterlader und Percussionszünder, so im Alterthum vor dem pilum die unvollkommeneren Waffen vollständig erlagen. Jetzt wird's kommen, denkt der Schüler und freut sich. „Dessen Furchtbarkeit aber lag in seiner Verbindung mit der specifisch-römischen Sinnesart", fährt der Verfasser erklärend fort. „Hohe Selbständigkeit des Einzelnen, zur Sicherheit entwickelt durch frühe und harte Uebung mit dem Ackergeräth und den schweren Uebungswaffen (Veget I, 1), die sich im Einzelgefecht erprobte, ferner angeborener Sinn für Waffenbrüderschaft, der sich in der Unterstützung dessen bewährte, dem man zu secundiren hatte (o Lichtenberg!), endlich und vor allem der zusammenhaltende Römerstolz (!) den Barbaren gegenüber, Alles verband sich, das pilum bald zur leichten Waffe, z. B. im Antesignanengefecht, bald zur vernichtenden Waffe der furchtbarsten Colonnen zu machen, die die Welt gesehen"!! „Was ich mir davor koofe", seufzt der Schüler und läßt das Büchlein fallen; denn außer den Stellen des Polybius, Plutarch ꝛc. erfährt er nur noch, daß diese leichte Waffe über 11 Pfund wog und „daß man sie in möglichst gefälliger und verzierter Holzarbeit, mit blitzendem Eisen sich vorstellen muß" u. s. w. „Eine kriegerische Nation will ja kriegerischen Schmuck." (Citronenwälder und Wachtparaden!) Vernimm denn, armer Junge, daß es nach neueren gründlichen Untersuchungen mit jenem Ungethüm nicht halb so arg ist, daß es nach den Darstellungen von Lindenschmit, Köchly, Napoleon III. ꝛc. eine leichte, gefällige Waffe, wie ein gewöhnliches Wurfgeschoß gestaltet war (Fig. 2). Deren furchtbare Wirkung lag aber in der charakteristischen Form des Speereisens, eine kurze, scharfe Spitze, bestimmt, Schild und Panzer zu durchbohren, und hinter demselben ein langes, schmales Eisen, welches durch das vorgebohrte Loch nachschießt und so der Speerspitze die ganze noch übrige Kraft des Wurfes zum Eindringen in den Körper des Getroffenen erhält. So lass' ich mir's gefallen, wird der Schüler befriedigt sagen,

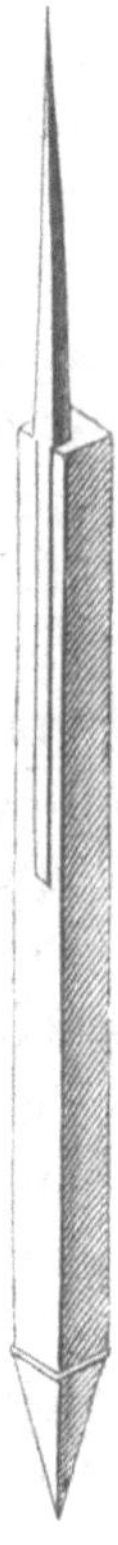

Fig. 1.

Fig. 2.

jetzt versteh' ich's so gut als den eisernen Ladstock und den Hinterlader!

Nach dieser Digression zurück zur Aufsatzstunde. Nachdem die Feuerlöschordnung die Gemüther günstig disponirt hat, kann der Lehrer es wagen, den Schülern das schöne Wort James Watt's, des genialen Erfinders, mitzutheilen, der einst beim Anblicke einer ingeniösen Maschine ausrief: „Wie schwer muß doch diese Maschine zu erfinden gewesen sein, da sie so einfach ist!" Denn dann nähert sich die Maschine dem höchsten Kunstwerk, dem Organismus, in welchem auch bei größter Oekonomie der Mittel möglichst große Wirkungen erreicht werden. „Und so ist es mit Euern Aufsätzen, so mit allen Schriftwerken — das ist das Kennzeichen des classischen Ausdrucks."*) Das kostet Mühe, Ueberlegung, Anstrengung, lohnt aber reichlich die Mühe. So schrieb ja auch Pascal einst an einen Freund: „Ich schicke Dir einen großen Brief, da ich nicht die Zeit habe, einen kurzen abzufassen." Um kurz zu sein, ist es nöthig, charakteristisch zu sein; die Worte müssen so gewählt sein, daß sie Eindruck machen und in der Erinnerung haften. Du beseitigst viele Nebenumstände; behalte also einige so lebhafte, so charakteristische, daß der Gedanke sich nicht von ihnen trennen kann, zurück!

Ein Beispiel muß auch hier dienen. Da wir gerade in Mainz sind, bleiben wir bei unserem großen Mitbürger Hans Gutenberg. Was läßt sich über dessen weltbewegende Erfindung nicht Alles sagen! Erschöpfen aber die Wirkungen dieser Kunst? Niemals. Nun, wir haben hier zwei Denkmäler des unsterblichen Mannes, mit Inschriften, und da man bei Inschriften kurz sein muß, so wird es interessant sein, zu sehen, wie die Verfasser die große und schwere Aufgabe gelöst haben. Zuvor

---

*) Jeden anderen Meister erkennt man an dem, was er ausspricht,
Was er weise verschweigt, zeigt mir den Meister des Stils. Schiller.
Und wie sehr wird diese Wahrheit veranschaulicht in der Charakteristik der beiden größten Redner des Alterthums: „Zu den Reden des Cicero könnte man kein Wort hinzufügen, von denen des Demosthenes kein Wort hinwegnehmen. Welcher von beiden ist der größere?"

aber will ich euch die Worte unseres großen Schiller anführen, auch in epigrammatischer Form, aus dem „Spaziergang“. Sie lauten: „Körper und Stimme leiht die Schrift dem stummen Gedanken, Durch der Jahrhunderte Strom trägt ihn das redende Blatt.“ Hat denn der Dichter hier die Buchdruckerkunst gemeint? O ja, sie ist ja nur die vervollkommnete Schrift. In der ersten Auflage hieß es: K. und St. verleiht dem stummen Gedanken die Presse; mit Recht hat er geändert, erstens weil er das griechische Costüm so beibehielt, zweitens weil Schrift viel allgemeiner gefaßt ist und auch die Zeit vor der Buchdruckerkunst einschließt. Ist denn der Gedanke stumm ohne Schrift? Fast kann man ihn so nennen, wenn man bedenkt, wie er durch Schrift und Druck eine Stimme erhält, die von Welttheil zu Welttheil, von Jahrtausend zu Jahrtausend ertönt. Das ist nun seine Stimme, aber Körper? Körper ist die dauerbare Erscheinungsform und dem flüchtigen Hall entgegengesetzt: konnte nicht Horaz sagen, seine Schriften seien aere perennius regalique situ Pyramidum altius und daß keine Naturgewalt im Stande sei, sie zu zerstören? Im höchsten Sinne des Wortes kann man sagen, daß Schrift und Druck für den menschlichen Gedanken eine Besiegung der ewigen Schranken von Raum und Zeit sind (den Telegraphen erwähnen), und wie herrlich und kurz hat Schiller diesen Gedanken poetisch ausgesprochen. Nun aber die zweite Zeile; das scheint doch etwas ganz Specielles, ein besonderer Fall. Ja, aber es ist so recht die charakteristische Wirkung des Vorhergehenden. Wenn die Werke des Homer, Plato und Aristoteles durch die tausendjährige Dämmerung des Mittelalters hindurch, wenn die Ideen eines einsamen, von seinen Zeitgenossen nicht verstandenen Denkers (Baco oder Spinoza) den Strom der Zeiten hindurch getragen werden, damit sie wie Saatkörner dereinst an einer stillen sonnigen Bucht landeten und dort Wurzel fassend aufgingen und zu herrlichen Bäumen emporwuchsen, unter deren Schatten noch die spätesten Nachgeborenen glücklich und friedlich lagern, so verdanken wir dieses Wunder dem redenden Blatt, das still auf dem Zeitenstrome dahinschwamm, bis seine Stunde gekommen war. Welche Fülle, welcher Reichthum von Gedanken in den klaren, einfachen

Worten und zugleich welche sinnliche Anschaulichkeit! Das eben ist das Classische, der große Gedanke findet die entsprechende große Form; der Maler, der mit der Kohle in dem Augenblick der Begeisterung die großartigen Linien hinwirft, die kein bloßes Talent jemals erreichen kann, Beethoven, wenn er ein paar gewaltige Takte niederschreibt und das bedeutsame Wort: „So klopft das Schicksal an die Pforte" hinzufügt!

Was steht nun auf unsern Denkmälern? Unter der Statue des Thorwaldsen die Worte:

Artem quae Graecos latuit, latuitque Latinos,
Germani solers extudit ingenium
Nunc quidquid veteres sapiunt sapiuntque recentes
Non sibi sed populis omnibus id sapiunt.

Nun, wie gefällt euch das? „Mir gefällt nicht, daß es lateinisch ist, es ist doch ein deutscher Meister, der gepriesen wird", sagt einer, „und das lautet im Lateinischen, als wenn man von einem Fremden redete! Das Denkmal haben aber die Deutschen gesetzt." — „Mir mißfällt dieselbe zweimal wiederkehrende Figur latuit, latuitque — sapiunt, sapiuntque," sagt ein anderer. „Ich finde das Wort extudit hart und nicht schön," sagt der dritte. Alles wahr, aber die Hauptsache, der Gedanke, ist er so groß, daß er mit jener gewaltigen Erfindung im Verhältniß steht? „Ganz und gar nicht." Nun, zur Erklärung muß ich euch sagen, daß man für diese Inschrift ein Ausschreiben erlassen hatte, daß Viele concurrirten und daß jene Inschrift von Otfried Müller, einem großen Alterthumskenner und Philologen, den Preis davontrug. Der Mann tritt aber in diesen Versen als eigentlich zünftiger Fachgelehrter auf, denn ihr merkt wohl, er glaubt das Höchste gesagt zu haben, wenn er von Gutenberg rühmt, er habe etwas gefunden, was die Griechen und Römer nicht gekannt hätten. Das paßt aber ebenso gut auf den Erfinder des Brillenschleifens und der Nähmaschine. Derselbe Gedanke herrscht auch im zweiten Distichon vor, die recentes werden gleichsam nur gnadenhalber mitgenommen, dann aber die veteres und recentes wieder durch die unklare Fassung scheinbar in einen durchaus falschen und gesuchten Gegensatz zu omnes populi gebracht; das ist doch gerade, als wenn ich sagte: Die Verheiratheten und Unverheiratheten und alle übrigen Einwohner. Von der großen welthistorischen und weltbefreienden Mission kein Wort. Doch halt, auf der andern Seite ist ja auch noch eine Inschrift; da steht: Jo. Gensfleisch ..... Aere per totam Europam collato Posuerunt cives. Das sollte wohl heißen, daß alle Völker freudig zu diesem Denkmale eines Wohlthäters der Menschheit beigetragen haben, lautet aber so, daß man glaubt die Mainzer mit der großen Bettelbüchse in Europa collectiren zu sehen!

Ein anderes Denkmal Gutenberg's befindet sich im sogenannten Hof zum Gutenberg, dem mütterlichen Stammhause des großen Erfinders. Die Inschrift unter demselben ist deutsch und hat zum Verfasser den ehemaligen Bibliothekar der Stadt Mainz, Fr. Lehne, der auch als Historiker bekannt ist. Er war ein geistreicher Mann und man kann sich wohl denken, daß er bei der Gelegenheit sein Bestes gethan; denn wie der Architekt nicht gern Fehler baut, weil seine Werke so lange dauern und stets der allgemeinen Kritik ausgesetzt sind, so geht's auch mit derlei Inschriften an öffentlichen Monumenten. Seine Verse lauten:

Was einst Pallas-Athene dem griechischen Forscher verhüllte[1],
  Fand der denkende Geist[2] deines Gebornen[3], o Mainz.
[4]Völker reden zu Völkern[5], sie tauschen die Schätze des Wissens[6];
  Mütterlich sorgsam bewahrt, mehrt sie die göttliche Kunst.[7]
Sterblich war einst der Ruhm[8], sie gab ihm ewige Dauer[9],
  Trägt ihn von Pole zu Pol[10], lockend durch Thaten zur That.[11]
Nimmer verdunkelt der Trug die ewige Sonne der Wahrheit[12],
  Schirmend schwebt ihr die Kunst, Wolken verscheuchend voran.[13]
Wandrer, hier[14] segne den Edlen, dem soviel Großes gelungen[15],
  Jedes nützliche Werk ist ihm ein Denkmal des Ruhms.[16]

Man sieht an dieser wortreichen Inschrift, wie ihr Verfasser bemüht war, durch Häufung der Wirkungen die Kunst, die sie veranlaßte, zu verherrlichen; und dennoch — wie matt und wirkungslos ist das Ganze, das aus zerstreuten Bruchstücken besteht, die sich nicht zu einer großen Anschauung vereinigen. Das Wort: ‚Wer Alles sagen will, sagt nichts‘, findet hier seine Bestätigung. Aber auch im Einzelnen läßt sich die Unklarheit und Unfertigkeit der Form nachweisen und so in sprechendem Gegensatze die große, classische Schönheit in Schiller's

Distichon in ein neues Licht setzen. Ich will diese Kritik, wie sie hier ausnahmsweise um des guten Zwecks willen auch in der Schule geübt werden mag, zur Probe mittheilen: [1] Ein trauriger Eingang mit dem verneinten Satze und dem unbestimmten Was. Letzteres deutet auf etwas bereits Vorhandenes, wäre also nur auf eine Entdeckung anwendbar. Und warum verhüllt denn Pallas Athene, sie, deren Streben war, ihrem Lieblingsvolke alle Gaben des Geistes zu schenken? [2] Dabei kann man sich kaum etwas denken, noch weniger vorstellen. [3] Ein harter Latinismus. [4] Unvermittelt, keine Verbindung. [5] Das thaten sie auch vorher. [6] Ebenfalls. [7] Welche? Die göttliche Kunst bezeichnet stets die schöne Kunst. [8] Auch Achill's, Homer's, Alexander's, Cäsar's? [9] Von jeder andern Kunst könnte dies eher gesagt werden. [10] Wirklich? [11] Wie matt und unklar im Ausdruck und wie hinkt das hintennach! [12] Eine allgemeine Wahrheit, die in dieser Fassung außerhalb allen Zusammenhangs steht. [13] Also „vor Nässe zu bewahren". Und wieder die Kunst! [14] Warum denn hier? [15] Das ist nicht gelungen. [16] Das ginge noch am ersten, ist aber eine große Uebertreibung. Dazu ist „jedes nützliche Werk" matt und „Denkmal des Ruhms" rhetorisch, harmonirt also gar nicht.

Nicht immer aber ist es die Jugend allein, welche, vom äußeren Klang der Worte verführt, inhaltleeren Abstractionen zugethan und von einer diesem Alter natürlichen Selbstüberschätzung oder unklaren Gährung getrieben, dem Phrasenthum den gesunden Sinn opfert. Häufig liegt auch die Schuld in der ihr gewordenen Anleitung, in nicht seltenen Fällen in dem gegebenen Thema, das ganz außerhalb ihres Anschauungskreises und Kraftbereichs liegt. Daß in einem Mädcheninstitute den heranblühenden Jungfrauen als Thema das „Condolenzschreiben einer vornehmen korinthischen Dame an die Mutter des Ibykus" aufgegeben wurde und daß diese Briefe alle mit „Hochgeehrte Frau" anfangen sollten, ist durch die Indiscretion eines Schulmanns bekannt geworden. Es ist unglaublich, wie viel Absurdes in den alljährlich ausgegebenen Programmen zu finden ist. Ich erwähne einige aufs Gerathewohl. „Gedanken eines zum Tode Verurtheilten beim Gang auf die Richtstätte." Sehr passend und zeitgemäß, mit etwas Galgenhumor und Scharfrichter-phantasie leicht zu bewältigen, gewiß auch von großer moralischer Wirkung. „Gedanken Friedrich's des Großen vor seinem Tode.“ Und warum sollte denn ein zwölfjähriger Gymnasiast nicht ganz ähnliche Gedanken haben? Auch die Absicht, den Patriotismus frühzeitig einzutrichtern, ist sehr lobenswerth; wenn dann gehörig dafür gesorgt wird, daß dieser Aufsatz noch mit einigen pietistisch-muckerischen Phrasen verquickt wird, dann ist allen „gerechten Anforderungen“ Genüge geleistet. „Horaz und Klopstock als Odendichter. Eine literar-ästhetische Vergleichung.“ Der Triumph, wenn der Aufsatz dann von Papa oder einigen hochgebildeten Tanten beim „Kränzchen“ vorgelesen und dem künftigen Gervinus oder Julian Schmidt das Prognostikon gestellt wird! Manchmal ist auch die Fassung des Themas schulmeisterlich absurd. Ich nehme das neueste mir zugekommene Programm; das erste Thema heißt: „Mit welchem Rechte konnte Goethe von sich behaupten, daß er von der Mutter die Frohnatur und Lust zum Fabuliren habe?“ Ich danke meinem Schöpfer, daß ich über die Aufsatzjahre hinaus bin; ich säße jetzt da und kaute an meiner Feder: Mit welchem Rechte? Hm, hm. Was will er denn sagen? Er sagt manchmal: Mit welchem Rechte haben Sie Ihren Platz verlassen? Der Goethe wird doch nicht gelogen haben. Mit welchem Rechte? Ei, weil er's wohl selbst am besten gewußt hat. Ja vielleicht verlangt er eine Auseinandersetzung der Darwin'schen Theorie von der Vererbung der Merkmale. Das wird's wohl sein. Jetzt aber Goethe's Frohnatur! Das geht schon besser, Weimarer Geniestreiche, und alle die Gretchen, Friederiken, Lili's, die er umschwärmt, ohne daß ihm jemals das Herz darum gebrochen ist. Hei, das ist eine Bürgerlust! Heisa, εὕρηκα!

Eine andere Verirrung sind die zurechtgeschnittenen und dictirten Dispositionen, sofern sie eigentlich die ganze Substanz des Aufsatzes enthalten und dem Schüler nur das Zusammenflicken, Erweitern, Verbreitern, Verwässern, mit einem Worte das Phrasenthum überlassen bleibt. Ebenso geistlos sind die scholastisch-jesuitischen Treibanstalten entwachsenen Schablonen, Prokrustesbetten, in welche der Aufsatz eingezwängt und eingekeilt werden soll. Die Form der Chrie! Ein Untersuchungsrichter wird mit dem quis, quid, ubi, quibus auxiliis, cur, quomodo, quando? sein Verfahren gegen Inculpaten allenfalls richtig protokolliren, aber ein armer Schüler soll nach dieser Melodie sein „Morgenstund hat Gold im Mund" pfeifen! Und dann das ewige Dictum cum laude auctoris etc., bis man pflichtschuldigst an die unvermeidliche Exhortatio gelangt, wo dann eine salbungsvolle Predigt von Tugend, Weisheit und Vaterlandsliebe triefend den pathetischen Schluß bildet. Da gefällt mir denn doch unsers Dr. Luther Kernsprüchlein: „Thu's Maul auf, hör' bald auf" ganz anders, das in unser prüderes Neudeutsch übertragen lauten würde: „Schreibe, was und wie du's verstehst, und putze dich nicht mit fremden Federn!"

Die Phrase herrscht aber auch oft in den Vorbildern, welche dem Schüler zur Nachahmung in Lesebüchern rc. vorgesetzt werden. Die Zeiten der Weise'schen Dichtung zur Anleitung in Weisheit und Tugend sind Gott sei Dank vorüber: so offenbare Unwahrheiten, wie „Süßer, angenehmer Fleiß, o wie herrlich ist dein Preis!" brauchen die armen Kinder wenigstens nicht mehr zu singen. Aber auch in der neuen natürlichen Methode hängt noch der alte Zopf, nur etwas modern gepudert und gewickelt. Wieder genüge ein Beispiel. Vor mir liegt ein Buch, dessen zahlreiche Auflagen für seine außerordentliche Verbreitung an unsern Lehranstalten sprechen: Deutsches Lesebuch für höhere Lehranstalten von H. Bone. Erster Theil für die unteren und mittleren Klassen der Gymnasien. Erste Abtheilung. Kleine Beschreibungen, Bilder und Scenen. I. Bilder des Lebens. Das ist eine gute Idee, wird ein vernünftiger Lehrer sagen. Was der Knabe sieht, erlebt, was ihm vertraut und bekannt ist, das kann er auch beschreiben. Nun die vier ersten Bilder: 1. In dem kühlen Schatten einer blühenden Linde saß eine sittsame Jungfrau. Sie hielt in der linken Hand ein schönes Buch mit goldenem Schnitt und rothem Bande und in der Rechten eine geöffnete Rosenknospe! 2. Ein weiser Vater ging mit seinem Sohne in einem schönen Garten umher. 3. Ein frommer Vater saß mit seinem

Sohne auf dem hohen Ufer eines großen Flusses. 4. Ein edler Vater stand mit seinem Sohne am Rande eines eilenden Bächleins. Sittsame Jungfrau, weiser, frommer, edler Vater, wie herrlich blüht ihr in diesen Sätzchen und wie schön ist eure Verzierung mit Goldschnitt, rothem Bande, Rosenknospen und eilendem Bächlein! Zur Vervollständigung könnte folgendes Bildchen aus den Münchener Bilderbogen dienen: „Ein Mädchen, schön und voll Gemüth — Geht hier spazieren, wie man sieht." — Ganz abgesehen von der unglaublichen Geziertheit dieser Beschreibungen liegt dem kindlichen Geiste nichts ferner als das Fixiren von Bildern. Handeln, Thun, Geschehen, Erzählen, das ist seine wahre Domäne, daran hat er seine Freude. Grimm's Märchen, Homer, Robinson, die wird er euch von den Lippen auffaugen und mit Lust wiedererzählen. Beschreiben ist eine Abstraction und gehört der spätesten Entwickelungsstufe an. Wie Homer den Bogen des Pandarus schildert, indem er ihn vor unsern Augen entstehen läßt, so wird auch der Knabe von jedem Dinge gern berichten, was er an demselben erlebt, erfahren, hat werden sehen — außerdem existirt das Ding für ihn nicht!

Es ist eine nicht geringere Thorheit, dem Knaben solche Abstractionen zuzumuthen, als zu glauben, daß jene schönen Contouren aus den Funden der Höhle La Madeleine, die Herr Lartet zuerst herausgegeben — Zeichnungen des Mammuths und Renthiers in feinster Charakteristik — echt seien und wirklich aus der Urzeit stammten. Diese auf Knochen eingeritzten Figuren — Herr Karl Vogt hat ihre Echtheit nachgewiesen — die in alle Bücher über die Urzeit des Menschengeschlechts*) übergegangen zur schönen Vollständigkeit und zur Ergötzung des begierigen Lesers nicht wenig beitragen, sind ganz ge-

*) Bis herab auf Bär's und F. v. Hellwald's „Vorgeschichtlichen Menschen" zu Nutz und Frommen der Jugend bei dem unerschöpflichen Spender Otto Spamer erschienen. Dieses Buch führt uns in schöner Lithographie das Atelier der „Urkünstler" vor, welche eben damit beschäftigt sind, ihre Kunstwerke zu vollenden Besonders sinnig ist, daß sie diese feinen Linien-Abstractionen ohne einen Blick auf das Original, ja sogar ohne „Studienmappe" mit dem Steingriffel einritzen. Hoffentlich bringt uns das Schlußheft eine urweltliche „Kunstausstellung" oder „Thé dansant", auch der schönen Vollständigkeit zu Liebe!

wiß das Werk eines Fälschers. Denn die Abstraction solcher Umrißzeichnungen ist nur das Produkt der spätesten und reifsten Kunstentwickelung; kein vernünftiger Mensch, der jemals Thierdarstellungen bei den Naturvölkern beachtete oder auch die rohen Abbildungen auf celtischen Münzen, aus einer Zeit, wo die Gallier doch schon die Vorbilder griechischer und römischer Kunst kannten, wird daran zweifeln!

Also statt der sogenannten moralischen, historischen, philosophischen Themen, bei deren Bearbeitung Phrasenschwulst, zusammengestoppeltes Flickwerk aus allen möglichen Schriftstellern zum Vorschein kommen, gebt dem Schüler — namentlich der Mittelklassen — Aufgaben, an denen er seine eigenste Kraft erproben kann und will. Erlebtes: Ein Tag aus den Sommerferien, die Ankunft der ersten Verwundeten im Bahnhofe, die Tage vor dem Ausbruche des großen Krieges, eine Weihnachtsbescherung rc.; Erdichtetes: Geschichte eines Thalers, Erlebnisse einer alten Wanduhr, der Tag eines Erzfaulenzers, der Feldzug des Frühlings gegen den Winter u. A. Auch Versuche metrischer Uebertragung der gelesenen lateinischen oder griechischen Dichter regen ungemein an, üben den Sprachgeist, erwecken den Form- und Schönheitssinn und nöthigen den Schüler, in energischem Ringen den entsprechendsten, knappsten und schönsten Ausdruck zu finden. Ich hatte oft meine Freude daran, mit welcher wetteifernden Lust sich die Schüler an derartige Aufgaben machen. Reicher Gewinn erwächst daraus für das tiefere Verständniß des Autors, sowie für die eigene Ausbildung und das Erstarken im klaren, gesunden und gewählten Reden und Schreiben. Das ist eine Uebung, in welcher die herrliche Kunst der alten Classiker — den Gedanken in die reine, vollendete und sinnlich klare Form zu gießen — zur vollsten Wirkung und Verwerthung kommt. — Aufgaben für die oberen Klassen sind: Analysen classischer Dichterstellen nach ihrem reichen Gedankeninhalt, Schilderungen von Gemälden und Kunstwerken mit möglichst sparsamen ästhetischen Bemerkungen, sowie Versuche künstlerischer Darstellungsformen — Dialog, Rede, wissenschaftliche Behandlung — über dem Schüler zugängliche, aus der Gedankensphäre des Schulunterrichts hervorgewachsene Gegenstände.

Nach diesen Andeutungen wende ich mich wieder der grammatischen Behandlung der Sprachen zu. Mit Schrecken denke ich und meine Altersgenossen noch an die Zeit zurück, in welcher uns ein unregelmäßiger griechischer Aorist eingebläut wurde. Der Aorist erschien uns wie eine unerbittliche Naturnothwendigkeit, wie ein grausendes Wunder des Zufalls, und wenn man uns gefragt hätte, warum er denn so und nicht anders lauten dürfe, wir hätten gesagt: „Weil der Mann da oben auf dem Katheder in eine unglaubliche Aufregung und furchtbare Wuth geräth, wenn wir's anders machen.“ Das ist nun besser geworden. eine humanere Weise hat Platz gegriffen, viele Thränen sind getrocknet, an die Stelle des grausen Wunders beginnt das vertraute Gesetz dem Aorist viel von seiner Furchtbarkeit zu benehmen. Herrliche Frucht der Sprachwissenschaft, der großen, wunderbaren Schöpfung des deutschen Geistes! Noch aber ist auf diesem Gebiete in Betreff der Verwerthung der wissenschaftlichen Resultate für die Schule viel, fast das Meiste zu leisten. Wie in den Naturwissenschaften die wenigen obersten Gesetze eine außerordentliche Klarheit und Verständlichkeit der zahllosen Erscheinungen, die früher einen Wust von Erklärungen verlangten, verbreitet haben, so hat die Sprachwissenschaft ebenfalls aus der Vergleichung der Sprachen die großen, das Wachsen und Werden der Lautformen regierenden Gesetze gefunden, und es ist Zeit, daß der scholastische Formelkram, die Drahtpuppe des Regel- und Ausnahmesystems vernünftiger, wissenschaftlicher Behandlung weiche, die auch praktisch die vorzüglichste ist, weil sie Freude an der Sache erweckt und das Gedächtniß unterstützt. Daß die fünf lateinischen Declinationen, für deren Vorhandensein der Schüler keinen vernünftigen Grund finden kann, ursprünglich eine waren, die sich nur durch das Zusammentreffen verschiedener Laute differenzirt hat, daß in der dritten eigentlich zwei stecken, eine consonantische und eine i-Declination (weshalb regem und turrim), daß die lateinische Sprache ursprünglich auch einen Locativ auf i hatte, welcher dann mit den i-Casus der verschiedenen Declinationen verwuchs, daß der Stamm i vor dem Vocale der Endung sich schützt durch Verstärkung zu e in eo, wie in eius, ei 2c. — das sind Dinge, welche dem verständigen Schüler sofort einleuchten und die er nie wieder vergißt. So tritt das Gesetz als wohlthuende Stütze in das scheinbar regellos wild wachsende Gestrüppe und dieses rankt sich an dem vollkommenen Halt hinauf und gewinnt so Festigkeit und Dauer. Daß die Zeitformen der Vergangenheit die ursprünglichen waren, daß das Geschehene den Menschen zunächst interessirte, das Erzählen ihm am natürlichsten war, daß darum der Aorist den reinen Stamm, das Präsens dagegen eine spätere Abstraction, meist eine Verstärkung, die den Augenblick festhaltende Beschwerung, wie τύπτω, κάμνω, φαίνω u. s. w. enthält, nimmt der Schüler dankbar auf. Ja bis zur einzelsten Spracherscheinung, wo gleichsam statt des Gesetzes die Laune herrscht, läßt sich das geheimnißvolle Wirken des Sprachgeistes verfolgen, wofern der Lehrer von echt wissenschaftlichem Geist und Bildung durchdrungen ist. Warum die curiose Regel in der französischen Sprache, daß gens bald männlich, bald weiblich ist, ja in einem Satze diese Geschlechtswandlung eintritt: Toutes les vieilles gens sont soupçonneux? Weil gentes im Altfranzösischen wie im Lateinischen weiblich war, weil dann im Verlauf der Zeit der Begriff Leute zwar das männliche Geschlecht in die Vorstellung hereinzog, aber der Klang der Worte — bones gents — im Ohr fortlebte und so diese Verbindung gleichsam versteinerte (wie man auch noch Franche-Comté neben le comté sagt). Warum nach il paraît der Indicativ, nach il semble der Conjunctiv, nach il me semble wieder der Indicativ? Der Conjunctiv ist im Französischen der Modus des Nichtwirklichen, Zweifelhaften: il paraît ist aber lateinisch apparet, es ist klar, offenbar; dagegen il semble = simile est, es hat den Anschein, sieht fast so aus, als wenn; il me semble aber enthält ein subjectives Fürwahrhalten, gehört also wieder unter die Kategorie der Zeitwörter des Glaubens und Meinens. — Noch viel mehr muß dieses Streben, sich des Grundes der Spracherscheinung bewußt zu werden, bei dem Studium des eigentlichen Stils, in welchem neben den allgemeinen Sprachgesetzen das selbständige Gestalten, die künstlerische Kraft des Autors zur Erscheinung kommt, hervortreten. Ungemein belehrende und belebende Anregung geht hierin von der lateinischen

Sprache aus, deren freiere Wortstellung so viele und mannichfaltige Combinationen erlaubt, die der feinen Nüancirung des Gedankens, durch die verschiedene Werthung des Wortes an verschiedener Stelle, so reiche Mittel gewähren.

Auch das Etymologisiren, wie es noch an vielen Anstalten herrscht, ist eine traurige Verirrung und hat nicht am wenigsten dazu beigetragen, die Sprachstudien lächerlich zu machen und in Verruf zu bringen. Der schon bei den Alten blühende Wahnglaube, daß die Aehnlichkeit des Lautes entscheidend sei, wodurch Absurditäten wie lucus a non lucendo und bellum quia res non est bella entstanden sind, grassirt noch in vielen Schulen und Schulbüchern und hat doch im besten Falle nur den Anspruch, auf gleiche Stufe mit der Astrologie, Kartenschlägerei und andern Ausgeburten des Aberglaubens gesetzt zu werden, in welchen auch äußerliche Aehnlichkeiten, Namen und Wortverbindungen über wichtige Lebensverhältnisse Auskunft geben sollen. Die Etymologie ist jener kabbalistisch-alchymistischen Methode längst entwachsen, sie ist eine wahre Wissenschaft geworden, welche mit Sicherheit den Zusammenhang zweier Worte nachweist, auch wenn nicht ein Lautelement mehr übrig geblieben ist, und nur in dieser würdigen Gestalt darf sie in der Schule auftreten. Dann, aber auch nur dann ist sie wahrhaft geistbildend und durch ihre Anregung den Schüler erfreuend. Welch reiche Belehrung bietet der Stamm div, der, ursprünglich Licht und Himmelserscheinungen bezeichnend im Griechischen schon wie im Lateinischen die höchsten göttlichen Wesen personificirt, daneben auch in Ausdrücken wie sub divo und sub Jove seine uralte Bedeutung bewahrt hat! Die Zusammenstellung von lucus, lustrum mit luo, λύω, lavo, λούω, dagegen von illustris mit lucere, muß sie nicht große Klarheit in die jungen Köpfe bringen? Daß die romanischen Sprachen die zu sehr verstümmelten Worte, welche zahllose Homonymen verursachten, wieder durch breitere Endungen zu verstärken suchten, wie soleil, jour (von diurnus) etc. statt sol, di u. s. w., ist das nicht eine interessante Erscheinung? Und dann, daß diese Sprachen oft herkömmliche Worte, welche ihre sinnliche Kraft verloren hatten, mit anderen vertauschten, in welchen eine anschaulichere Wirkung hervortrat, wie tomber, monter u. a. statt cadere, scandere u. s. w., wirft das nicht ein eigenthümliches Licht auf das Wesen und Wirken der Sprache überhaupt? Ebenso interessant ist die ästhetische Werthung und Würde der Worte. Daß das feierlich-ernste Wort tragisch auf ein Wort zurückzuführen ist, das im Griechischen Bock bedeutete, ist ebenso merkwürdig, als daß die Worte Knecht und valet (varlet, vasselet) so sehr von ihrer Höhe herabgestürzt sind, während das englische Knight noch seinen Adel bewahrt. Daß eine langzopfige, englische Miß bei dem Worte bloody einer Ohnmacht nahe kommt, ist weniger auffallend, als daß man in der prüden französischen Sprache reculer, acculer, culasse etc. ganz ungenirt gebraucht, während das Stammwort häufig sogar aus wissenschaftlichen Wörterbüchern verbannt ist. Die Herrschaft der Mode ist in der Sprache oft gerade so absolut wie in den Trachten: wie Crinoline und Kopfputz ihren Weg von den Salons der Königinnen bis zur Näherin und Stubenmagd nehmen, so haben wir die Abwechslung der Ehrenanreden von der Jungfer durch die Mamsell, das Fräulein bis zum gnädigen Fräulein zu registriren und nun gar die Abwandlung der Anrede mit Du, Ihr, Er, Sie! Von besonderem Werthe sind auch die Etymologieen in der deutschen Sprache, und es wäre eine große Schande, wenn die Resultate der Geistesarbeiten unserer herrlichen Meister nicht wenigstens in den Gymnasien zum Gemeingut der Jugend gemacht würden. Die Bekanntschaft mit der Etymologie erweckt und erneuert uraltes, längst verschwundenes Sprachgefühl, läßt Geister erwachen, die scheinbar den Todesschlaf schliefen, ihre Familien und Sippen wieder besuchen, und dieses Bewußtsein ist im Stande, durch neue Verbindungen und Befruchtungen tausendjährigen Mumienweizen wieder zum Keimen zu bringen. So erwacht das verlorene frô (Herr) und vereinigt seine Familie, zuerst die Frau (vrouwe), dann Freude, fröhnen, Frohne, Fronleichnam. Wider den Stachel lecken, das schon im Begriff war, seine anschauliche Deutlichkeit zu verlieren, wird von neuem ausgeprägt durch das gelehrte Verständniß, welches den Sinn des alten lecken = hinten ausschlagen wieder erschließt. Küren, Kurfürst und auserkoren vereinigen sich wieder, ebenso Angst und Enge; höfisch und hübsch; baß, fürbaß und besser; die Gespanschaft (Milchbruderschaft) erkennt mit Verwunderung in dem Spanferkel einen Verwandten. Die alten abgenutzten Eigennamen erstrahlen in neuem Lichte, das der gelehrte Forscher ihnen gibt, wie die Geschmeide unserer Altvorderen in den Museen von tausendjähriger Erdkruste gereinigt ihre alte Schönheit erhalten: Bertha (Berchta) wird wieder die Leuchtende, Adalbert der durch sein Geschlecht Leuchtende, Dietrich (Diet-rich) wieder der Volksfürst. Auch um Berge, Flüsse und Wälder erwachen wieder die Götter, die einst in ihnen gewaltet und Verehrung genossen hatten, Odin und Donar umschweben wieder, wie vor zweitausend Jahren, den Odenwald und Donnersberg; in Sagen, Liedern und Kindermärchen gebannte Geister werden durch den Zauberstab der gelehrten Forschung erlöst und Frau Holle wie Dornröschen erlangen wieder ihre ursprüngliche Gestalt und göttliche Ehre. Wie könnte dieses Wiederanknüpfen uralter Beziehungen aus dem Kindesalter unseres Volkes anders als das lebhafteste Interesse bei dem deutschen Knaben erwecken und seine Phantasie anregen, sie gleichzeitig mit nationalen Bildern und Reichthümern erfüllend, ein Vorzug, der gewiß nicht gering zu schätzen ist! Der thörichte Wahn, daß Fremdwörter, als ein überflüssiger Kram, aus der Sprache auszumerzen seien, wird auf seinen richtigen Werth reducirt, wenn der Schüler erfährt, daß Arzt (archiater), Lärm (all'arme), Pilgrim (peregrinus), Stiefeln (aestivale) und so viele andere echt deutsch klingende Wörter eigentlich auch aus fremden Sprachen stammen. Wie sehr interessirt es ihn, wenn er erfährt, daß das Schachspiel mit seinem Schah mâta = der König ist todt, uns das Wort matt gebracht, einer, der sich nicht mehr rühren kann. Wie eitel die Bestrebungen der Puristen sind, wird er an einem Beispiele schon deutlich erkennen, wenn man ihm sagt, daß Inquisition allerdings durch Untersuchung übersetzt werden kann, daß aber nur in dem erstèren Worte der Gewissenszwang mit seinen furchtbaren Folterkammern und brennenden Scheiterhaufen ausgeprägt liegt. Auch die hübschen Assimilationen des Fremden, wodurch aus dem französischen valise ein Felleisen, aus einer tartoufle ein Erdapfel, aus einem cardo benedictus ein Gartenbenedikt, aus cavezzone ein Kappzaum wurde, werden als eine Wiederbelebung erstorbener Worte ein lebendiges Interesse erwecken und ihn auch aufklären, warum der Lateiner sich seinen Jupiter (Diu-piter) als juvans pater, den javenis = qui juvat rempublicam vorstellte und warum man den Arbeitsbeutel der Damen einen Ridicule (reticulum, Netzchen) nennt.

Ja selbst die Aufschlüsse über die Entstehung der Flexionsformen sollten dem Schüler nicht vorenthalten werden, denn weit entfernt, sein Gedächtniß als todter Wissenskram zu belasten, bringen sie im Gegentheil Klarheit und ruhiges Verständniß in seinen Geist. Daß das s als Nominativzeichen im Sanskrit, Griechisch, Latein, Gothisch u. s. w. ursprünglich ein Pronominalsuffix war, wird durch Vergleichung mit dem englischen he-wolf und she-wolf, das die Geschlechtsunterschiede ausdrückt, leicht erfaßt. Ebenso, daß das mi der ersten Person im Zeitwort ursprünglich den Stamm von me, mir ꝛc. enthält, und daß dieses mi im Griechischen zum Theil vollständig, im ahd. in pim, nhd. bin, im Latein. in inquam, amarem etc. trümmerhaft enthalten ist. Daß manche Zeitformen nachweislich aus Zusammensetzung entstanden sind, z. B. das deutsche Imperfect aus dem Hilfszeitwort thun, goth. salbô-dêdum, wir salbten (salben thaten wir), habaí-dêdeima (haben thäten wir), wir hätten, das wirft ein Licht auf die Entstehung der lateinischen Formen amavi aus ama-fui und legebam aus lege-fuam. Die analytische Form der romanischen Futura cantar ho, aimer ai „ich habe zu singen, zu lieben", ist durch Verschmelzung wieder zu einer flectirenden geworden: canterò, j'aimerai, und ich versäume dabei niemals zu sagen, daß, wenn gedacht werden könnte, daß der Mainzer Dialekt zu selbständiger Sprachentwicklung gelangen könnte, dann der Infinitiv der Zeitwörter haben, geben sich zu hawwedû, gewwedû (haben thun, geben thun) und die Conjunctive derselben zu hawwedêt, gewwedêt gestalten würden.

Auf diese Weise gewinnt der Schüler einen Einblick in das Wesen der Flexion, in den Gestaltungstrieb der Sprachen nach dieser Richtung hin, und statt starrer, unverständlicher Formsymbolik erkennt er ein fortgesetztes natürliches Wachsen und Werden.

Die Entdeckung der großen Gesetze, die in jeder Einzelerscheinung ihre Anwendung finden, vereinfacht das Wissen und erleichtert demnach das Erlernen. Das ist ein großer Trost im Angesicht des von Jahrzehnt zu Jahrzehnt in riesigen Proportionen anwachsenden Details, ein Trost für die Schulen kommender Generationen, die sonst erliegen müßten unter der Last der verwirrenden Einzelheiten. Wie haben nicht Ideen wie die Newton'sche, die Darwin'sche die trübe Auflösung massenhafter Wissensstoffe geklärt und geordnet wie gesättigte Salzlösungen, welche sich durch einen Stoß in regelmäßige Krystalle ablagern!

Ich citire hier den Ausspruch eines deutschen Zoologen, der den Eindruck schildert, den Darwin's epochemachendes Buch „Ueber die Entstehung der Arten" auf ihn hervorbrachte: „Wie Schuppen fiel es uns von den Augen, wir hatten unbegreiflicherweise das nicht beachtet, was wir alltäglich vor uns sahen: die nothwendigen Wirkungen der einfachsten Ursachen, zu denen man sich nur den summirenden Einfluß der Zeit hinzuzudenken brauchte, um die uns so wunderbar scheinenden Ergebnisse dieser Wirkungen in der Schöpfung auf die natürlichste Weise zu erklären." Das ist nach Schiller's classischem Ausdruck: „der ruhende Pol in der Erscheinungen Flucht", und die Schule beraubt sich selbst des trefflichsten pädagogischen Mittels, wenn sie nicht die Einzelheit durch das Allgemeine, das Entlegene und Abgeschlossene durch das tagtäglich Werdende erleuchtet und faßlich macht.

Nur das treue Beobachten der einzelnen Naturerscheinungen — und zu diesen gehört auch die Manifestation des Menschengeistes in seiner eigenthümlichsten Schöpfung, der Sprache — und das Bestreben, die innewohnenden Gesetze unmittelbar aus den Erscheinungen herzuleiten, hat die Wissenschaften gefördert; nur dieses Princip vermag es, auch bei der Jugend wissenschaftlichen Sinn und Lust und Freude am Gegenstand zu erwecken. Die Vermengung und Vermischung der Gebiete hat von jeher die Wissenschaft auf Irrwege geführt und Unklarheit statt Erleuchtung hervorgebracht. Früher hat man in den Worten die höchste Wahrheit finden wollen, man glaubte, die Worte bezeichneten das Wesen der Sache. Ein ähnlicher Irrthum war es, als die philosophische Grammatik von der Ansicht ausging, daß die logischen Kategorieen in der Sprache unmittelbar wirksam seien, in ihr sich gleichsam zur äußern Erscheinung ausgestalteten. Der Umstand, daß in den meisten Sprachen die wichtigen logischen Unterscheidungen von realem Grund, Erkenntnißgrund und Zweckbestimmung in den Worten warum und weil unterschiedlos zusammenfließen, genügt, um diese Anschauung zu widerlegen. Wie viel Verkehrtes hat nicht die Anwendung des moralischen Maßstabs auf das Gebiet des Aesthetischen zu Tage gefördert! Lessing zuerst schied das Wesen des Malerischen von dem des Dichterischen in seinem unsterblichen Werke, welches dadurch das Fundament der wahren Aesthetik geworden ist. Die Scholastik hatte nur Ein Grundprincip, aus welchem sie alle Erkenntniß herleiten wollte, die religiöse Offenbarung, und sie suchte deshalb in unglaublichen Anstrengungen und fruchtlos vergeudeter Mühe durch künstlich aufgebaute Systeme und leere Worte einen Zusammenhang zwischen den Erscheinungen und jenem Princip herzustellen; die Geologie auf die mosaische Schöpfungsgeschichte, die Astronomie auf die Worte Josua's: Sonne, steh still und die Sprachwissenschaft auf den Thurmbau zu Babel zu gründen. Wie herrlich weit man es mit diesem Spielen mit Worten und Abstractionen brachte, beweist die Antwort eines Arztes im Mittelalter, der gefragt wurde, ob Gerstensuppe eine heilsame Kost für Fieberkranke sei, und den Ausspruch that: Gerstensuppe könne gar keine Wirkung auf das Fieber haben, weil jene eine Substanz und dieses ein Accidens sei!

Aus der verwirrenden Menge unzähliger Einzelheiten und der unaufhörlichen Flucht der Erscheinungen hat deutscher Fleiß und deutsche Geisteskraft die wahre Sprachwissenschaft begründet. Aber auch innerhalb der Sprachstudien gilt es noch, einzelne Gebiete streng zu sondern, daß sie nicht störend und verwirrend in einander fließen. Sprachlich Richtiges, sprachlich Schönes und dichterisch Schönes sind drei grundverschiedene Aeußerungen des schaffenden Menschengeistes, wovon jede folgende eine höhere Stufe ausdrückt, welche die vorhergehenden in sich schließt und voraussetzt. Ich führe ein Beispiel an. Das vielgesungene in allen Concerten paradirende Lied: Die Thräne, beginnt mit den Worten: „Macht man ins Leben kaum den ersten Schritt — Bringt man als Kind schon eine Thräne mit. Diese Worte sind sprachlich richtig, der Dichter hatte auch offenbar eine poetische Intention, welche aber durchaus zerstört wird, weil die sprachliche Einkleidung so absolut unschön, ja man kann sagen, unglaublich lächerlich ist: also dichterische Schönheit ohne sprachliche Schönheit ist ein Unding. Sprachliche Schönheit aber ohne dichterische Schönheit oder ohne Gedankeninhalt ist das Wesen der Phrase, deren Eigenthümlichkeit es ist, inhaltsleer zu sein, aber doch sehr anspruchsvoll aufzutreten. In diesem Sinne gibt es auch ein musikalisches, malerisches Phrasenthum, welches die eigentliche Signatur des Epigonenzeitalters und des Verfalls der Kunst ist. Gegen die Phrase aufzutreten ist die Hauptaufgabe der Erziehung, in ihr liegen die größten Gefahren der sprachlichen Bildung. Sie bläht den jugendlichen Geist auf, läßt ihn unklar und hochmüthig werden, weil er mit schnell fertigen Worten eine Entscheidung über die wichtigsten Dinge zu geben sich vermißt. Beherzigenswerthe Dinge hat Wiese in seinem gedankenreichen Büchlein: Vom Mißbrauch der Sprache, gesagt. Das wahre Heilmittel gegen dieses Uebel ist gesunder Sprachunterricht, eingehendes Verweilen bei den classischen Werken, Hinweisen auf den Gedankenkern und wie dieser durch den Ausdruck seine prägnante Form gefunden hat, Anleitung, das logische Band zwischen den einzelnen Gedanken zu finden, strenge und gewissenhafte Rechenschaft über den organischen Zusammenhang der Theile und die Gliederung zu einem lebendigen Ganzen, dabei auch Bemerkungen über die durch Unvollkommenheit des sprachlichen Materials entstandene Trübung des beabsichtigten Gedankens, Hindeuten auf rhetorische Wendungen, falsche Zierate*), Spielen mit geistreichen Einfällen u. s. w. Aber um Gottes und der Jugend willen das philologische Schurzfell und Handwerkszeug bei Seite geworfen, weg mit Wortklaubereien, Variantengefasel, Conjecturenjagden**), grammatisch-anatomischen Vivisectionen an den herrlichen Classikern, sowie auch mit dem gedankenlosen Uebersetzungsrennen zur Aneignung der copia verborum und um in den Programmen officiell mit Vielleserei zu paradiren! Nur so können die Sprachstudien ihre wohlthätige, durch nichts zu ersetzende Wirkung auf die Heranbildung der jugendlichen Geister

*) Tadelnde Kritik, an den Meisterwerken alter oder neuer Zeit ausgeübt, hat allerdings für die Schule ihr Bedenkliches. Ich kannte einen Lehrer, der seine Stellung nur als Piedestal für seine Eitelkeit betrachtete und seine Schüler darauf abrichtete, die Fehler in Schiller's Gedichten aufzuspüren. Man kann sich vorstellen, welche Fratzen und unerträgliche Gimpel unter dieser Anleitung „herangebildet" wurden. Damit ist aber nicht gesagt, daß der Lehrer nicht das Recht und die Pflicht hätte, das quandoque bonus dormitat Homerus in aller Bescheidenheit hier und da auch bei den größten Meistern nachzuweisen. Ein Beispiel. In der herrlichen Frithjofsage von E. Tegnér vergleiche man im 19. Gesang die beiden Strophen:

> Und es ruht der alte König mit dem Haupt auf Frithjof's Knie'n,
> Schlummert sanft, wie auf dem Schilde schläft ein Held nach Kampf und Harm,
> Wie ein Kind, das still und sicher schlummert auf dem Mutterarm —

und dann später:

> Nicht geschlafen hab' ich, Jüngling, nur erproben wollt' ich dich!

Wer fühlt nicht, daß zwischen diesen beiden Strophen ein schreiender Widerspruch ist, daß demnach in der ersteren falsche Zierat und Sentimentalität — was die Franzosen le clinquant nennen — angebracht ist?

**) Zu Nutz und Frommen der Conjecturenjäger will ich folgende jüdische Anekdote hier anfügen. Zu einem hochgelehrten Rabbi kam eines Tages ein fröhlicher, rothwangiger Bacher und fand den Meister in ein Buch vertieft hohläugig und sorgenschwer meditirend. „Was ist Euch, Meister?" — „Ach, ich finde hier im Talmud in einem Worte ein Dagesch (ein hebräischer Punkt in bestimmten Buchstaben) und kann mir das gar nicht erklären. Drei Tage und Nächte sinne ich schon darüber nach und habe noch immer die Auflösung des Räthsels nicht gefunden." — „Zeigt her", sagte der Bacher, nahm das Buch und kratzte ein wenig an dem verhängnißvollen Dagesch, dann gab er dasselbe lächelnd zurück mit den Worten: „Rabbi, 's ist e Muckesch—!"

üben, nur so werden die classischen Studien die Anerkennung aller Gebildeten und nicht nur der zünftigen Philologen sich dauernd erhalten und keine frevle Hand es wagen, das herrliche Erbtheil der Vergangenheit, an welchem so viele Generationen sich gelabt und den kräftigenden Trunk edler Geistesbildung aus den unverfälschten Quellen der Natur und Wahrheit geschöpft haben, anzutasten oder durch einseitige Verstandesbildung ersetzen zu wollen.

VII.

Todtes Wissen.

Lieber ein Leben ohne Wissen, als ein Wissen ohne Wirkung auf das Leben.

Gervinus.

„Unser Gymnasialwesen, schreibt der geistreiche und ehrliche Maxime Ducamp in einem der neuesten Hefte der Revue des deux mondes, leidet unter einer schwerfälligen Tradition, einem System, das seiner Zeit Wunder gewirkt haben mag, das aber dann blindlings befolgt heutzutage in schreiendem Widerspruch zu den Anforderungen der Gegenwart steht.

„Als in den Jahren 1806—8 Napoleon das höhere Unterrichtswesen wieder organisirte, gab es in Folge der gewaltsamen Aufhebung der religiösen Orden überhaupt keine lehrenden Körperschaften mehr in Frankreich. Man erinnerte sich, daß die Jesuiten im 18. Jahrhundert große Erfolge gehabt, daß Alles, was einigen Werth hatte, durch ihre Hände gegangen war. Sie hatten der Jugend des Adels, der haute finance, der Magistratur jenen Schliff gegeben, der sie befähigte, in der Welt aufzutreten, über Alles zu reden, ohne besondere Dummheiten vorzubringen, die Oberfläche der Dinge zu berühren, aber nichts gründlich zu verstehen. Ihnen verdankt man die Abrisse, die Conciones, die Excerpta und Aehnliches, in denen Professoren und Schüler die ganze Lehrmaterie kleingekaut vorfanden, wovon sich die letzteren dann so viel aneigneten, daß sie sich den Anschein geben konnten, als wüßten sie etwas, eine vortreffliche Methode für ein Land, wo l'art de paraître die Hauptsache ist. Diese Methode wurde der Université — der obersten Unterrichtsbehörde — vorgeschrieben, sie fand Aufnahme und gilt noch heute. Der Hauptsache nach enthält sie den mechanischen Unterricht, welcher das Gedächtniß auf Kosten aller übrigen Geisteskräfte ausbildet. Grammatik, Syntax, Geschichte, Griechisch,

Latein, selbst die exacten Wissenschaften, Alles wurde auswendig gelernt. Das Gedächtniß, mit Worten, abstracten Regeln, Phrasen und unverstandenen Thatsachen überladen ließ den unverdauten Kram ebenso leicht wieder fallen, als es ihn aufgenommen hatte, und so verlassen denn unsere Schüler die Anstalt in einer kaum glaublichen Unwissenheit, sodaß sie zwei Jahre nach ihrem Abgang nicht mehr im Stande sind, einen Vers des Virgil zu verstehen oder irgend ein geschichtliches Datum anzugeben.

„Die Folgen dieses Systems sind ganz besondere: Niemand thut etwas, weder der Schüler, noch der Professor, noch der maître d'études (Aufseher über die häuslichen Arbeiten). Während der Klasse dictirt der Professor die Aufgaben und bezeichnet die zu lernenden Stücke: während der Arbeitsstunden machen die Schüler ihre Aufgaben und lernen ihre Lectionen. Also der Professor gibt ihnen zu arbeiten, der Aufseher sieht sie arbeiten, Niemand aber läßt sie arbeiten, was doch das höchste Ziel des Unterrichts sein soll. O wie viel fruchtbarer und nützlicher ist da die Methode der Primärschulen! Statt das Kind einem trockenen Dictat anheimzugeben, es mit Lectionen und Büchern zu plagen, die es nicht versteht, wird sein Geist durch Fragen, durch Anleitung zum Selbstdenken angeregt, man nöthigt das Kind persönliche Entdeckungen zu machen, auf welche es dann stolz ist, die es ermuthigen und ihm beweisen, daß man durch Nachdenken viele Schwierigkeiten überwindet."

Als den zweiten Fluch, der auf dem mittlern Unterrichte lastet, bezeichnet Ducamp jene aus der Centralisation und der ächt französischen Hochschätzung äußerer Erfolge hervorgehende Anstachelung des Ehrgeizes, welcher alle Anstalten des Landes nur für den concours général arbeiten läßt, wobei denn nur die talentvollsten Schüler berücksichtigt und mit Hochdruck an diesen „vorbereitet" wird, damit ja der Glanz und Ruhm eines Preises das Collége illustrire. Professor Saisset — die Anekdote ist charakteristisch genug, um berichtet zu werden — setzte sich eines Tages im Collége Henri IV. vor die erste Bank seiner Klasse, auf welcher die sechs tüchtigsten seiner Schüler saßen, und hielt ihnen seinen

Vortrag mit halblauter Stimme. Wenn die andern Schüler zu laut wurden, sagte er ihnen verweisend: „Macht keinen solchen Lärm, ihr stört unsere Unterhaltung!" Bei diesem Wettrennen um die Preise sind ganz besonders die Privatinstitute betheiligt; bei diesen ist es Lebensfrage und Sache des Gewinns: sie haben ihre Agenten, welche die Provinz bereisen, nur talentvolle Schüler auszuspähen, welche dann, wenn die Eltern unbemittelt sind, gratis in die Anstalt „eingestellt" werden. Traurig ist das Dasein dieser armen Schlachtopfer! Keine Erholung, kein Ausgang, keine kindlichen Spiele! Griechisch und Latein, Latein und Griechisch! Nachtigall und Drossel schlug, Lerche sang und Habicht kreiste — er hing über seinem Buch, Tagelöhner mit dem Geiste! Einer dieser Unglücklichen verlangt um Pfingsten zwei Tage Urlaub, die er bei seiner Familie zubringen will. „Wo denken Sie hin? Die Zeit des Concours rückt heran! Zeigen Sie doch einige Erkenntlichkeit für die Opfer, die für Sie gebracht werden!"*) Der Verfasser jenes Aufsatzes sagt, daß er Einige gekannt, die später berühmt geworden und die nur mit Schaudern von der Zeit ihres Jugendunterrichts redeten. Wie sehr die Sache zur reinsten Geldspeculation ausartet, beweist folgende Thatsache: Eine Mutter ließ ihren Sohn al pari (das

---

*) Kein Wunder, wenn der Ingrimm der in langjährigen Qualen, deren Nutzen sie nicht einzusehen vermag, mißhandelten Jugend in bitteren Hasseswortten gegen ihre Peiniger sich Luft macht, wie folgender Aufschrei Victor Hugo's beweist:

> Marchands de grec, marchands de latin! Cuistres, dogues!
> Philistins! Magisters! Je vous hais, pédagogues!
> Car dans votre aplomb grave, infaillible, hébété
> Vous niez l'idéal, la grâce et la beauté!
> Car vous enseignez tout et vous ignorez tout!
> Car vous êtes mauvais et méchants! Mon sang bout
> Rien qu' à songer au temps, où, rêveuse bourrique,
> Grand diable de seize ans, j'étais en rhétorique!

Daß auch wir — trotz unserer weit vortrefflicheren Verhältnisse — für obige Verse ein Verständniß haben und sie keineswegs für bloße Phrasen halten können, dürfte uns doch einigermaßen bedenklich stimmen.

ist der übliche Ausdruck) in einer Privatanstalt eintreten: nach Verlauf eines Jahres erhielt dieser drei Preise beim Concours. Die Mutter machte nun Miene, den Sohn in einer andern Anstalt unterzubringen, und spielte ihre Rolle so gut, daß der Director ihr eine jährliche Rente von 1200 Francs aussetzte unter der Bedingung, daß sie denselben in der Anstalt belasse! Doch genug hiervon; von der großen theatralischen Schaustellung der Preisvertheilung in Gegenwart des Unterrichtsministers, des Erzbischofs und anderer politischen und militärischen Sommitäten, von dem festlichen Diner an der Tafel des ersteren, zu welchem die Hauptpreisträger zugezogen und mit véritable vin de Champagne regalirt werden, kann ich füglich schweigen.

Mit dieser charakteristischen Schilderung des Gymnasialunterrichts bei unsern Nachbarn möchte ich an den vorhergehenden Abschnitt die Besprechung eines sehr nahe verwandten Stoffes, vom „todten Wissen", anknüpfen. Zuvörderst aber will ich bemerken, daß jene von den Jesuiten erfundene künstliche Aufstachelung des jugendlichen Ehrgeizes, um mit Hilfe dieses geradezu unmoralischen Reizmittels scheinbar glänzende Resultate in nützlichen Fertigkeiten und prunkender Gedächtnißdressur zu erreichen, keineswegs nur bei den Franzosen grassirt, sondern daß diese Methode auch in unserem lieben Vaterlande noch häufig genug anzutreffen ist. Bis zum verflossenen Jahre hatten wir hier in Mainz alljährlich einen sogenannten Redeactus mit Preisvertheilung, bei welcher die Namen der Preisträger, auch der zehnjährigen, jedesmal mit Pauken- und Trompetenschall verkündigt wurden, eine unwürdige Komödie, wobei das ganz unverdorbene Gemüth eines deutschen Knaben erfordert wird, um diesen nicht verrückt oder zu einer eitlen Fratze werden zu lassen. Ob nicht auch die häufigen Compositionen, Locationen 2c., bei denen oft um eines unbedeutenden Fehlers willen ein braver und tüchtiger Schüler auf einen für ihn beschämend niedrigen Platz zurückversetzt wird, oft auch ein leichtsinniger, aber talentvoller als Primus paradirt, wenigstens in dieser auf die Spitze getriebenen Consequenz verderblich wirken, dürfte eine „wohl aufzuwerfende Frage" sein.

Die ungemein geistbildende Kraft der classischen Studien, welche das selbständige Denken der Menschheit nach dem jahrhundertelangen Geistesdruck starrer kirchlicher Autorität zuerst wieder befreite und am Marke des Löwen groß zog, ist durch diese Thatsache eine der Grundsäulen der modernen Welt mit all ihren geistigen und materiellen Fortschritten und Triumphen geworden. Mit dem ihr eigenthümlichen Instinkte erkannte die Hierarchie in ihnen ihren gefährlichsten Gegner und bei allen Reactionsperioden wurde wenigstens ein Anlauf genommen, die sitten- und seelenmörderischen Classiker durch die fromme Milch der Kirchenväter zu ersetzen. Die Jesuiten dagegen in ihrer unvergleichlichen weltmännischen Schlauheit und Schmiegsamkeit entsagten sofort diesem directen Ankämpfen gegen den Zeitgeist, sie fanden ein vortreffliches Auskunftsmittel, um den Feind im Rücken zu packen; sie bemächtigten sich selber des Jugendunterrichts und der classischen Bildung und hatten nun die herrlichste Gelegenheit, das Gift zu entgiften und den durchsäuerten Hefenteig wieder in einen harmlosen Kinderbrei zu verwandeln. Die großartigen Beispiele von Heldenmuth und Ueberzeugungstreue, sie wurden zu Flickwerk und rhetorischen Tiraden, der stolze Freiheits- und Unabhängigkeitssinn der römischen Bürger diente grammatischen und stilistischen Excursen, Horaz und Virgil mit ihrer Lebensweisheit und frohen Lebenslust waren blinde Heiden, in welchen aber schon Ahnungen des herannahenden Christenthums aufdämmerten, welche denn auch, wie das Hohelied und andere Theile des alten Testaments, zu Prophetieen gestempelt wurden. Die Hauptsache aber blieben rhetorische Stilübungen, Versedrechslerei, Uebung im Lateinreden und alle derartigen rein formalen Künste, zu deren Bewältigung sich der jugendliche Geist dermaßen abmühen und abhetzen mußte, daß ihm zum Nachdenken über die Substanz, den Kern des Gelesenen weder Kraft noch Zeit übrig blieb. In diesen Dingen leisteten denn auch die Jesuitenschulen so Außerordentliches und sie wußten das Geleistete zu so brillanter Schaustellung aufzuputzen, daß ihre Anstalten die frequentesten waren, ja daß in dem antipapistischen England wie heut noch in Amerika die Vornehmen ihre Kinder mit Vorliebe denselben anvertrauten. Freilich ist der Menschengeist nicht umzubringen und jede noch so äußerliche Geistesübung kann zum zweischneidigen Schwerte werden, und so sind denn auch die gewaltigsten Kämpfer der Aufklärung und furchtbarsten Feinde jener geistesmörderischen Bestrebungen — Voltaire vor allen — in diesen Schulen gebildet worden.

Zwei Dinge waren es, welche von den Jesuiten in ihren Erziehungsanstalten aufs sorgfältigste verbannt wurden: die gesunde Entwicklung des jugendlichen Geistes zu eigenem Denken, Fühlen und Wollen, die Erziehung der Totalität aller Geisteskräfte war das eine und mußte es sein bei Lehrern, deren höchste Verpflichtung die Verleugnung der eigenen Persönlichkeit bis zur passivsten Obedienz — — sicut cadaver — war. Das andere war das Eingehen auf die Gegenstände, die den Kreis ihrer Bildungsmittel ausfüllten, nach der praktischen Verwerthbarkeit derselben für das Leben, seine Ziele und Anforderungen. Auch dieses ist den frommen Patres nicht zu verdenken, denn ihnen war ja höchstes, einziges Lebensziel die Herrschaft der Kirche, und es gibt keine wissenschaftliche Disciplin — weder Geschichte, noch Alterthum, noch Naturkunde — deren erste Sätze nicht gleich in flagranten Widerspruch mit der Kirchenlehre getreten wären. Man wird in Montesquieu's „Zerstreuten Gedanken" diese Idee ausgesprochen finden als das staunende Erwägen der zur Klarheit erwachten Vernunft gegenüber den ganz unglaublichen Einrichtungen und Lehren, die sie umgaben. Trois choses incroyables, sagt er, parmi les choses incroyables: le pur mécanisme des bêtes, l'obéissance passive et l'infaillibilité du pape. Das ist die prophetische Gabe des Genies; mehr als hundert Jahre nachdem der große Weise diese Dinge als die seinem vernünftigen Denken am meisten widersprechenden bezeichnet, sind sie die drei Angelpunkte geworden, um die sich alle übrigen Fragen drehen und um die zwischen der versinkenden und neuerstehenden Zeit und ihren Vertretern der heftigste Streit entbrannt ist.

Wir aber wollen uns auch von den Feinden belehren lassen und wollen überall, wo Unterricht und Jugendbildung auf ähnliche, den Jesuitenbestrebungen verwandte Wege gerathen sind, in sorgfältige Erwägung ziehen, ob wir nicht andere Wege einschlagen müssen, wenn es unsere ehrliche Absicht ist, zu andern Zielen zu gelangen.

Denn wenn die officielle Schablone, das von oben dictirte Pensum und die geforderte Vielwisserei alles Leben und alle Liebe zu dem Thun und Treiben des Schülers erstickt, wenn nur am Schlusse des Schuljahres durch einen inquisitorischen Schulrath constatirt werden soll, wie viel Kenntnisse sich der Schüler angeeignet hat, wenn nicht das gesunde Wachsthum in geistiger und sittlicher Kraft, die harmonische Entwicklung der reichen Anlage die Hauptsache ist, sondern ein ruheloses, mit Dampfkraft in Bewegung gesetztes Eindrillen des Wissens die Schule aus einem fröhlich gepflegten Garten in einen unruhigen und unbehaglichen Maschinenraum verwandelt — dann ist es wohl einerlei, ob die Urheber dieses Systems den schwarzen Talar mit dem Jesuitenhütlein oder den Beamtenfrack tragen, das Resultat ist ein gleich trauriges: dort Versumpfen durch die trübe ultramontane Geistesnacht, hier Verknöchern und Versteinern durch Regulative und Anordnungen einer geistesarmen Büreaukratie!

Herr Duruy, Unterrichtsminister unter Napoleon III. und Feind der Jesuiten, erließ eines Tags auch seine Regulative, des Inhalts, daß der Lehrer die erste Viertelstunde der Lection auf Recapitulirung des vorigen Pensums, die zweite und dritte auf Fragen an die Schüler und die letzte auf Erläuterung des Pensums für die nächste Stunde verwenden sollte. Da nun auch alle Disciplinen für jede Klasse in Bezug auf Ausdehnung und Vertheilung des Stoffes durch die Instructionen genau vorgezeichnet, ferner die officiellen Schulbücher, zum Theil vom Herrn Unterrichtsminister selbst verfaßt, in jedem Collége eingeführt sind, so konnte der glückliche Minister zu jeder Tages- und Jahreszeit sagen, wenn er seine Uhr herauszog: „Es ist jetzt 3/4 auf 12, jetzt wird in sämmtlichen Lyceen Frankreichs die Frage erörtert, in wie viele Präfecturen, Diöcesen und Provinzen das römische Reich unter Constantinus eingetheilt war",*) oder: „Vierzigtausend Schullehrer erklären in diesem Augenblicke ihren Schülern die Segnungen und Wohlthaten, die das erste Kaiserreich Frankreich gebracht hat." Glückliches Land der Centralisation, heureux prince Caniche! Das Ideal der Jesuitenregierung in Paraguay, welche ihren indianischen Unterthanen zu jeder Stunde des Tages und der Nacht durch den Ton eines Glöckchens das Zeichen zu allen Gebets- und körperlichen Verrichtungen gab, war beinahe erreicht!

Derartige Verfügungen und Regulative sind leerer Quark; sie machen den Lehrer zur seelenlosen Maschine und die Jugend zu leblosem Stoff, sie verwandeln die reichsten Bildungselemente in todtes Wissen. Wenn ihr Jemand eure Kasse zur Aufbewahrung gebt, so thut ihr es im Vertrauen auf die erprobte Treue und Rechtlichkeit der Person, ihr werdet ihr keinen Vortrag über rechtmäßiges Eigenthum, Unsittlichkeit der Veruntreuung und die Paragraphen des Strafgesetzbuchs halten. Dem Manne, dem ihr ein viel köstlicheres Gut, eure Kinder, zu geistiger und sittlicher Erziehung übergebt, müßt ihr nothwendig ein noch viel größeres und unbedingteres Vertrauen entgegenbringen. In keinem andern Berufe ist die lebendige Persönlichkeit so wichtig und maßgebend als in dem des Lehrers: er wirkt mit allen Eigenschaften seines Geistes und seines Gemüths. Sklavische Controle und engherziges Discipliniren benehmen ihm die nöthige Freudigkeit seines Wirkens und tragen gar keine oder nur eine taube Frucht. Ich wollte, die goldenen Schlußworte der Instruction für den Lehrgang der königlichen Militär-Akademie in Berlin stünden über dem Eingang eines jeden Schulcollegiums und über dem Arbeitstische eines jeden Unterrichtsrathes mit großen Lettern angeschlagen, sie lauten: „Es kann nicht die Absicht sein, durch diese Instruction die geistige Begabung und das Lehrtalent und demzufolge das eigentliche Feld

*) Non des professeurs mais des mécaniques animées qui recevaient l'ordre par toute la France, de débiter le même jour, à la même heure, de la même manière, de Quimper-Corentin à Carpentras et de Dunquerque à Carcassonne la même leçon, enfermée dans le même nombre de mots. (Rev. d. d. m., 1873.)

der Selbständigkeit und berechtigten Individualität der Lehrer, sowie ihre Freudigkeit am eigenen Wirken durch beengende Vorschriften, die auf geistigem Gebiet überhaupt am wenigsten gerechtfertigt sind, zu beschränken. Sie soll nur dazu dienen, in großen Zügen den Umfang der einzelnen Disciplinen zu regeln, nur im Allgemeinen denjenigen festen Rahmen, innerhalb dessen sich die Vorträge bewegen sollen, hinzustellen und nach ihrem geistigen Gehalte Andeutungen zu geben, deren Ausführung dem Lehrer überlassen bleiben muß. Sie ist sich ihres Zusammenhangs mit diesen Kräften, die außerhalb ihres Bereichs liegen, wohl bewußt." (Geschrieben 1868.)

Das Maß des Wissens, welches den jugendlichen Kräften zugemuthet wird, ist ein zweiter hochwichtiger Factor, welcher dasselbe zu einem lebendigen oder todten stempelt. Wasser und Mineralsubstanzen sind nothwendige Ernährungsmittel, durch welche die Pflanze wächst und gedeiht, doch hat wohl schon ein Jeder die Erfahrung gemacht, daß man nicht durch beliebige Vermehrung dieser Mittel das Wachsthum der Pflanze beliebig steigern kann: eine über das Maß begossene oder mit Alkalien gedüngte Pflanze kränkelt und geht zu Grunde, sie verfault oder verbrennt. Warum wird diese alltägliche Erfahrung nicht auch auf das Gebiet der geistigen Entwicklung angewandt? Es liegt eine unendlich rührende Beredsamkeit in den bleichen, hohläugigen, von des Gedankens Blässe angekränkelten Gesichtern der Schüler so mancher Oberklassen, die unter der Last der ihnen aufgebürdeten Wissensqualen fast erliegen. Könnten sie reden, so würden sie etwa Folgendes sagen: Ihr sagt zu uns immer: Ihr müßt dies und jenes wissen: Königsgeschlechter und Stammtafeln, lateinische Vocabeln und griechische Accente, Cosinusformeln und Kepler'sche Gesetze, Literaturjahreszahlen und Kirchengeschichte: erlaubt uns doch in aller Bescheidenheit, Euch auch Einiges zu sagen, was Ihr wissen müßt. Ihr müßt wissen, daß in unsern armen Köpfen nicht so viel Platz ist, um alles das auf einmal aufzunehmen; daß jeder Fachlehrer von uns ein gleiches gründliches Arbeiten verlangt, daß wir aber nicht im Stande sind, dem

Allem zu genügen. Ihr müßt wissen, daß unser junger Körper Erholung und ein freies Spiel seiner Organe verlangt, um gedeihen zu können, und daß es eine unnatürliche Sache ist, sechs bis sieben Stunden den Tag in eingeschlossener, verdorbener Luft auf einem Flecke zu sitzen. Ihr müßt wissen, daß wir beim Nachhausekommen, statt in freier Luft uns zu erlaben und das kräftigende Ozon einzuathmen, uns wieder hinsetzen müssen und die Präparationen niederschreiben, daß uns die Finger krumm werden; daß wir statt des gesunden, für unsere Körperentwicklung so nothwendigen Schlafs zu genießen, noch bis spät nach Mitternacht hinter unsern Büchern sitzen. Ihr müßt wissen, daß wir so die schöne herrliche Jugendzeit, in der wir doch auch Anspruch auf Freude und körperlich wie geistig gesundes Entfalten hätten, in Euerem Joche verseufzen. Ihr müßt wissen, denn Ihr seid ja Gelehrte und studirt auch in Büchern, daß es dem Menschen nichts hilft, über das Maß seiner Kräfte hinaus mit Büchern zu hantieren, schließlich sieht er nur noch Buchstaben, während nach körperlicher Erholung die Aufnahme des Gelesenen leicht und von dauernder Wirkung ist. Ihr müßt wissen, daß uns die frische sinnliche Empfänglichkeit für die Dinge in der Schöpfung ganz abhanden kommt und daß wir schließlich mit den erlernten Worten gar nichts anzufangen verstehen, daß sie statt hellleuchtender Fackeln, die uns die Welt und ihre Wunder erschließen sollten, trübe, neblig flackernde Lämpchen sind, die nur die traurige Oede und Ermüdung unserer Seele mit melancholischem Scheine erleuchten. Ihr müßt wissen, daß wir statt frischer gesunder Geisteskraft, des Frohgefühls des eigenen Könnens und Wollens, der harmonischen Entwicklung der ganzen Persönlichkeit durch das uns zugemuthete Uebermaß uns nichts angeeignet haben als todtes Wissen!

Nun, nach diesen allgemeinen Andeutungen verlohnt es sich schon, auf das Einzelne einzugehen und die Frage daran zu knüpfen, von welcher Art das Wissen sein und wie es aufgefaßt werden muß, damit es als ein lebendiges und als eine wahre Bereicherung des Geistes anerkannt werden darf. Die Antwort wäre einfach die: sofern es eine Verwerthung im Leben und zur Erreichung der Ziele und Strebungen der gegenwärtigen Menschheit finden kann. Es ist überaus merkwürdig, daß in einer Zeit, die mit dem lebendigsten Interesse die Fragen von der Entwicklungsgeschichte der Menschheit ventilirt, in welcher jeder Gebildete mit größter Begierde alle die Aufschlüsse sich zu eigen macht, durch welche die Wissenschaft den heutigen Menschen mit all seinen Vorzügen aus einer allmählichen, hunderttausendjährigen Umbildung und Vervollkommnung niedrigerer Schöpfungsformen herleitet, daß in einer solchen Zeit die unvergleichlich wichtigeren Entwicklungslehren — *die Keime*, welche in unserer Jugend vorgebildet in der nächsten Zukunft zu vollkommener Entfaltung gelangen sollen, so wenig allgemeine Beachtung finden. Es ist wohl die stete Abwechslung der Einflüsse des *Prometheus* und *Epimetheus*, welche diesen Widerspruch löst. Nach den stolzen und ungestümen Versuchen des achtzehnten Jahrhunderts, durch eigene Kraft vorwärts zu gelangen, die neben vielen Erfolgen auch manches beschämende Fehlschlagen aufweisen, haben wir uns wieder zu desto eifrigerem Rückwärtsschauen entschlossen, um aus den Lehren des Längstvergangenen Anhaltspunkte für die Möglichkeit des Voranschreitens zu gewinnen. Deß aber sollen wir dabei keinen Augenblick vergessen sein, daß auch in dem Schooße des Zeitpunkts, in dem wir leben, unsichtbar und ungekannt, eine ungeheure Menge von Keimen, Knospen und Trieben geborgen ruhen, die ihrer Entfaltung und künftiger Ausgestaltung entgegen harren. Der wahre Boden aber, in dem sie aufgehen und zur Blüte gelangen werden, sind die Geister der heranreifenden Jugend, wie es unser Uhland so schön ausspricht:

Gehn wir ins Gefild hervor,
Der so feierlich empor
Eine Welt von Fruchtbarkeit
Heilig ist die Frühlingszeit,

Das sich stolz dem Himmel zeiget,
Ueber m Erdenfrühling steiget·
Soll aus dieser Blüte brechen,
Soll an Jünglingsseelen sprechen!

Das lebendige Wissen soll also den Jüngling befähigen, alle die Triebe und Keime, die in der Zeit vorgebildet liegen, in bewußtem Verständniß in sich aufzunehmen und sich selber seine Stelle aufzusuchen, von der aus auch er in das große Webermeisterstück menschlicher Arbeit und Fortschritts seine eigenen Fäden wirken kann.

Todtes Wissen ist also für ihn die Weltgeschichte, wenn sie nichts Anderes enthält als Namen, Daten und Zahlen. „Was nützen mir die Namen aller der assyrischen und babylonischen Könige, die ich auswendig zu lernen hatte! Sind sie doch in meinem Geiste nichts Anderes als bloße Namen, die noch dazu, wie ich später erfahren habe, nicht einmal richtig gewesen sind?“ So seufzt wohl Mancher in seinem späteren Leben, auf seine Schulzeit zurückblickend. „Ein Kehrichtfaß und eine Rumpelkammer und höchstens eine Haupt- und Staatsaction“, wie paßt das Wort noch heute auf so manche Geschichtsdarstellung und Methoden des geschichtlichen Unterrichts! In dieser Rumpelkammer werden dann als treffliche Verzierungen und Belebungsmittel eine Masse von Dingen aufbewahrt, deren Nichtigkeit längst anerkannt ist, die aber immer wieder gesagt werden, weil sie einmal gesagt worden sind, wie daß Hannibal nach Cannä hätte auf Rom marschiren sollen, daß das Kartenspiel zur Erheiterung des wahnsinnigen Karl VI. erfunden worden, daß Cambronne in der Schlacht bei Waterloo die berühmten Worte gesprochen, daß Edgeworth den Augenblick der Hinrichtung Ludwig's XVI. mit dem classischen Zuruf begleitet, daß Schiffsladungen von Erde nach Malta gebracht worden, um den Grundbesitz der dichtbevölkerten Insel zu vermehren u. s. w.*)

In großartigen Zügen und von echt dichterischer Intuition beseelt hat Schiller in seiner Antrittsrede Zweck und Aufgabe der Universalgeschichte dargestellt: es ist niemals Schöneres, Tieferes und Umfassenderes über diesen Gegenstand in einer so herrlichen Form ausgesprochen worden. Es ist freilich eine schwere, fast das Maß gerechter Anforderungen übersteigende Aufgabe, in der Weise Voltaire's von Völkerleben und Sitten, in der Art Montesquieu's über den tiefen inneren Zusammenhang der politischen Ereignisse zu reden, wie Schiller mit poetisch-lebendiger Diction Bilder der Vergangenheit aufzurollen, mit

*) Wozu dann noch in Zukunftsschulbüchern kommen wird, daß Benedetti in Ems den König Wilhelm brüskirt habe, sowie daß die unvergleichliche Tapferkeit der Versailler Truppen und ihr kluger Operationsplan das von der Commune beherrschte Paris eingenommen. Siehe dagegen Oberst Stoffel.

Heeren die großen materiellen Lebensbezüge der Völker zu entwickeln, nach dem Vorgange Herder's das nationale Leben und die Bedeutung der einzelnen Völker in dem ungeheuern Culturgange der Menschheit darzustellen: mit einem Worte, die Geschichte einestheils als die Naturgeschichte der Menschen, anderntheils als die große Lehrerin und unverbrüchliche Rathgeberin menschlichen Handelns aufzufassen. Aber es genügt, daß jene großen Vorbilder die Wege gebahnt und viele treffliche Nachfolger gefunden haben; aus dem vorhandenen reichen Material gilt es zu schöpfen und in der Schule das Geeignete mitzutheilen; das wird dem Lehrer gelingen, wenn er selbst vom Geiste jener Schriften durchdrungen mit großem Blicke über dem reichen Gebiete Ueberschau hält. Freytag's Bilder deutscher Vergangenheit, Barante's und Aug. Thierry's lebenswarme Erzählungen aus dem Mittelalter, die französischen Chronisten Froissart, Joinville und Comines, Raumer's Hohenstaufen, wer vermag sie alle aufzuzählen, die reichfließenden Quellen, aus denen ein kräftig labender Trunk die Wanderung durch die Völker und ihre Geschicke zu einer interessanten und erfreuenden macht. Daß dabei auch dem Gedächtnisse der Schüler zugemuthet werden muß, positive Daten und gründliches Wissen sich anzueignen, das sei an dieser Stelle für die Unvernünftigen, welche meine Worte etwa mißdeuten möchten, ein- für allemal hervorgehoben.

Lebendig wird das geschichtliche Wissen ferner, wenn das Studium der Classiker, namentlich der Dichter, welche den Pulsschlag der Zeit am wärmsten empfinden, ergänzend und erläuternd hinzutritt. Wie viel klarer und verständlicher wird uns das Leben und die geistige Bedeutung der Griechen und Römer durch den einen Sophokles, den einen Horaz, als durch lange und breite Discurse; wie entfaltet sich das politische Leben der Griechen in den Reden des Demosthenes, die Uebergangszeit der römischen Republik in den Briefen Cicero's*), die

*) Wieviel Wahrheit und historische Treue in dem Einen von den Franzosen veröffentlichten Briefe Bismarck's an seine Frau nach der Capitulation von Sedan gegenüber den tendenziösen Darstellungen in so manchen patriotischen Geschichtsbüchern und Gemälden!

entnervende Tyrannei der ersten Kaiser und die complicirten Verhältnisse der Weltmonarchie in den Annalen und Historien des Tacitus!

Wichtig ist auch das vergleichende Heranziehen von ähnlichen politischen und Culturerscheinungen, die zu gegenseitiger Illustration dienen und den eigentlichen historischen Sinn, der aus diesen Erscheinungen das gemeinsame Gesetz entwickelt, zu wecken vermögen. Wie lebendig versteht es Niebuhr, die Kämpfe der Patricier und Plebejer durch Vergleichung mit den Geschlechtern und Gemeinen zu vergegenwärtigen! Wie manche gemeinsame Züge haben die Historiker aus der Urgeschichte Roms, Griechenlands, der Germanen durch die Mittheilungen über Gebräuche und Einrichtungen, die noch heute sich bei vielen Naturvölkern erhalten haben, illustrirt! Um nur ein Beispiel anzuführen: die Bodengemeinschaft, die heute noch bei den Indern, Albanesen und Russen in den Gemeinden und Stämmen herrscht, Cäsar und Tacitus berichten sie von den Germanen, Strabo von den Dalmaten, das Jubeljahr der Hebräer deutet auf ähnliche Verhältnisse — wie interessant ist der Aufschluß, daß der Ackerbau erst durch den von der Sicherheit gebotenen Gemeindebesitz zu dem entscheidenden Culturfortschritt des Privateigenthums geführt! Der Raub der Sabinerinnen vollzieht sich noch heute bei mehreren Stämmen der Albanesen, die nur den feindlichen Stämmen geraubte Mädchen heirathen; die griechischen ἕνδα, Hochzeitsgaben, mit welchen in der homerischen Zeit das Weib von den Aeltern gekauft wurde, wiederholen sich in dem mundium der longobardischen und angelsächsischen Gesetze und gelten noch heute bei vielen Naturvölkern Amerikas und der alten Welt. Das Weib galt als ein werthvoller Besitz, eine nützliche Dienerin. Auch die Vergleichung der antiken Staatenentwicklung mit heutigen Zuständen und Erlebnissen ist ungemein anregend, wennschon ein Modernisiren und Ineinanderschieben alter und neuer politischer Begriffe auch vom Uebel sein und verwirrend wirken kann. Daß aber bestimmte Eigenthümlichkeiten der Menschennatur in bestimmten Völkern und Zeiten zu vollkommenerer, weil ausschließlicherer Geltung gelangen, wie der Kunstsinn bei den Griechen, die kriegerischen und gesetzlichen Tugenden bei den Römern, die Macht des Gemüths in der Herrschaft der Kirche, die ascetische Abtödtung und Selbstverleugnung nach Zeiten wilder Aufregung und allgemeinen Sinnentaumels u. s. w., das wird der Geschichtsunterricht durch Anschlagen der verwandten Saiten in dem wunderbaren Mikrokosmos der Menschenseele zu innigerem Verständniß bringen und so die natürlichen Aeußerungen der Leidenschaften bei den homerischen Helden, die heroische Vaterlandsliebe der Römer so gut wie das begeisterte „Gott will es“ der Kreuzzüge und das spernere se ipsum der christlichen Mystik erschließen. Einseitig nüchterne Weltansichten, wie sie die amerikanisirende Tendenz unseres vom Nutzen beherrschten Zeitalters so häufig erzeugt, werden so einem höheren Geistesblick weichen und es wird auch ein gerechtes Urtheil über diejenigen möglich, die in einer andern Zeit Großes geleistet hätten, aber in einem Jahrhundert geboren sind, in dem sie wie Fremdlinge die mächtig ausgesprochene Individualität ihres Wesens nicht verwerthen können.

Todtes Wissen ist es auch, von den Herrlichkeiten der antiken Welt zu reden und eine ihrer wichtigsten Seiten, die wunderbaren Schöpfungen der Kunst, gar nicht oder nur obenhin zu erwähnen. Ebenso todtes Wissen ist und bleibt es, diese Kunstschöpfungen ausführlich zu erörtern, ohne die lebendige Anschauung gleichzeitig mitwirken zu lassen. Man denke sich einen Lehrer, der eine Stunde lang über die Laokoongruppe redete, sich über die Zeit ihrer Entstehung und Auffindung verbreitete und dann über die Charakteristik des Schmerzes auf den drei Gesichtern, die Muskulatur ꝛc. in breiten ästhetischen Wasserfluten sich erginge und seinen Schülern die Hauptsache, den Anblick dieses Meisterwerkes nicht verschaffte! Todter Schall sind die Namen Phidias, Polyklet, Skopas ohne die Anschauung des Parthenonfrieses, der Juno Ludovisi, der Niobidengruppe u. s. w. Hoffentlich bricht sich die Ueberzeugung, daß Sammlungen von Gypsabgüssen eine nothwendige und unschätzbare Ergänzung für den Bildungsgang der classischen Studien sind, bald überall Bahn und trägt das Ihre dazu bei, daß diese Studien, die eine Quelle lauterster Begeisterung sein sollen, nicht durch gelehrte Schulübung und todten

Formelkram verschüttet werden. Sagt doch schon A. W. v. Schlegel, daß wir an der Niobiden- und Laokoongruppe die großen Tragödien des Alterthums erst recht verstehen lernen. Auch die Erziehung des Schönheitssinnes, jener allzu lange vernachlässigte Theil einer vollkommen harmonischen Erziehung, kann durch kein Mittel besser erreicht werden, als durch das Anschauen jener herrlichen Meisterwerke der Plastik, welche neben aller Frische und Fülle der individuellsten Naturwahrheit das unverletzbare Gesetz des reinsten Ebenmaßes offenbaren. Weg mit den prüden Bedenken und ängstlichem Fernhalten alles dessen, wodurch die jugendliche Phantasie gereizt werden könnte, die keusche, reine, hoheitsvolle Schönheit der menschlichen Gestalt aus der Hand des griechischen Künstlers hat noch keine Jünglings- oder Jungfrauenseele verdorben, sie wird mit Ehrfurcht angeschaut und erweckt reinen Schönheitssinn, der immer sittlich veredelnd wirkt. Fragt nach auf den Universitäten, ob die Studenten, die im Säufertaumel der Trinkgelage und niedriger Buhlschaft verkommen, diejenigen sind die der Anblick griechischer Statuen auch nur einmal interessirt hat, und wollt ihr eure Töchter vor dem Verderben bewahren, dann laßt die Bühnen schließen, auf denen Offenbach'sche Schamlosigkeiten ein „zahlreiches und auserwähltes Publikum" versammeln, und werft die französischen Schandromane ins Feuer, in denen das Laster sich unter der Maske der Tugend breit macht und die liederlich-sinnliche Raffinirtheit aus den sentimentalen Phrasen hervorschielt!

Todtes Wissen ist ferner die Worterklärung von Waffen, Rüstungen, Werkzeugen aller Art, die Besprechung von Lanze, Schwert und Schild, wenn nicht die Anschauung des Gegenstandes in Abbildung oder getreuer Nachbildung ergänzend hinzukommt. Wie viel Mühe wird dem Lehrer erspart, welches Interesse im Schüler wachgerufen, wie werden seine Vorstellungen berichtigt und klar, wenn eine Anstalt, wie das römisch-germanische Museum in Mainz, ihnen zugänglich ist, welches die interessantesten Werkzeuge, Waffen und Gegenstände des täglichen Gebrauchs von der urältesten Zeit, der Steinperiode, durch alle Jahrhunderte herab bis zur Karolingerzeit in vortrefflichen Facsimiles vorführt! Und wie belebend und anregend hat dieses Museum schon gewirkt, indem es, diese wichtigen Unterrichtsmittel vervielfältigend, die Sammlungen von Gymnasien und Lehranstalten in andern Städten begründet und bereichert hat! Es ist wahrhaftig kein unbilliges Verlangen, daß keine gelehrte Anstalt einer solchen Sammlung entbehre, und das kleine Opfer, das ihr oder dem Gemeinsinn der Bürger zugemuthet wird, wird gewiß tausendfältige Frucht bringen.

Todtes Wissen ist ferner literarhistorischer Notizenkram, wie z. B. wann und wie lange Schiller in diesem Jahre den Schnupfen gehabt, wieviel und welchen Wein er in seinem Keller gehabt, und ob die Frau Vulpius-Goethe ihre rothe Nase vom Trinken oder durch Zufall bekommen. Vollends ermüdend und tödlich langweilig wird die in die Schule hineingetragene literarische Kritik, die alle Gründe für und wider in Erwägung zieht, ob man Virgil oder Vergil schreibe, ob der Dialogus de oratoribus dem Tacitus zuzuschreiben oder nicht, ob dieser oder jener Vers in den Episteln des Horaz echt sei oder eine spätere Interpolation, ob dieses Xenion von Goethe oder von Schiller herrühre. Ueber die letzte Unvernunft hat Goethe selbst sich in beherzigenswerthen Worten ausgesprochen, die ich nicht umhin kann hier anzuführen, weil sie in Bezug auf das ganze Unwesen den Nagel auf den Kopf treffen. „Die Deutschen können die Philisterei nicht los werden. Da quängeln und streiten sie jetzt über verschiedene Distichen, die sich bei Schiller gedruckt finden und auch bei mir, und sie meinen, es wäre von Wichtigkeit, entschieden herauszubringen, welche denn wirklich Schillern angehören und welche mir. Als ob etwas darauf ankäme, als ob etwas damit gewonnen würde und als ob es nicht genug wäre, daß die Sachen da sind. Freunde wie Schiller und ich, Jahre lang verbunden mit gleichen Interessen in täglicher Berührung und gegenseitigem Austausch, lebten sich in einander so sehr hinein, daß überhaupt bei einzelnen Gedanken gar nicht die Rede und Frage sein konnte, ob sie dem einen gehörten, oder dem andern! Wir haben viele Distichen gemeinsam gemacht, oft hatte ich den Gedanken und Schiller machte die Verse, oft war das Umgekehrte der Fall und oft machte Schiller den einen Vers und ich machte den andern. Wie kann da von Mein und Dein die Rede sein? Man müßte selbst noch tief in der Philisterei stecken, wenn man auf die Entscheidung solcher Zweifel noch die mindeste Wichtigkeit legen wollte." Sehr possirlich ist es aber, wie manche Schiller=Erklärer an diesem wohlverdienten Geißelhieb, den sie doch pflichtschuldigst referiren müssen, vorübergehend, sich eine Weile besinnen und dann — die gezüchtigte Philisterei wohlgemuth fortsetzen. Von dem todten Stoffe der ästhetischen Salbaderei, sowie von der feinnasigen Spürkraft, welche die moralische, philosophische 2c. Bedeutung einer Dichtung der staunenden Schülerschaar eröffnet, habe ich schon im dritten Abschnitt geredet. Letzterer Sorte will ich aber noch folgendes schöne Xenion mit auf den Weg geben, dessen Bedeutung sie vielleicht auch ergründen können:

> Was bedeutet das Werk? So fragt ihr den Bildner des Schönen,
> Frager, ihr habt nur die Magd, niemals die Göttin gesehn.

Todtes Wissen sind ferner die abstract=philosophischen Einleitungen in so vielen Schulbüchern, mathematischen wie sprachlichen, in welchen die Terminologieen hohl, abstrus und häufig ganz unrichtig, stets aber für die armen Schüler unverständlich vorangestellt werden. Vernünftige Lehrer gehen über den ganzen Kram hinweg, leider gibt es aber immer noch unvernünftige genug, in deren Hand dieses todte Gerippe zum Folterwerkzeug wird, das die unglücklichen Schüler durch unverdautes Auswendiglernen martert. Ich führe ein paar Pröbchen an: „Ein Verbum ist ein Wort, welches eine Thätigkeit ausdrückt." Mit Verlaub, was drücken denn die Worte: Thätigkeit, That, Tanz u. s. w. aus? „Eine Conjunction ist ein Wort, welches zwei Sätze verbindet." Also ist welcher auch eine Conjunction, denn das hat stets diese Function. Alle diese Definitionen sind leerer Wortkram. Die richtige Definition zu finden ist die Wissenschaft noch immer bemüht: einstweilen geht ihr in der Schule von dem aus, wovon die Wissenschaft auch ausgeht, nämlich von der Einzelerscheinung, dann wird's klar und hell in den Köpfen eurer Schüler bleiben. Beim Musik=

unterricht verfährt man viel vernünftiger, da kommt man mit der Theorie erst ganz zuletzt, wenn der Schüler schon ein tüchtiger Klavierspieler ist.

Ebenso todten Wortkram enthalten auch die Katechismuslehren und es ist mir oft unheimlich geworden, wenn ich beim Besuche einer Volksschule die Kinder die göttliche Lehre in fürchterlicher Eile in monotonem Geleier oder Geheul herunterorgeln hörte. Ein anderes, nicht viel angenehmeres Gefühl bemächtigte sich meiner aber auch bei Prüfungen an Gelehrtenschulen, wenn das Dasein Gottes nach dem ontologischen und andern Beweisen in folgender Art von dem wohlabgerichteten Schüler zu dem triumphirenden Resultat geführt wurde: „Aus a, b, c, d folgt: Gott ist!“ Doch habe ich hier ein delicates Gebiet betreten, auf welchem ich nicht gern verweile, um so weniger, da ich doch meine innige Herzensmeinung nicht aussprechen könnte, aus Furcht, mißverstanden zu werden oder Andere zu verletzen. Ich begnüge mich damit, folgenden Kernspruch des Königsberger Weisen hier anzuführen: „Kann wohl etwas verkehrter sein, als den Kindern, die kaum in diese Welt treten, gleich von der andern etwas vorzureden?“

Todtes Wissen fördert der naturgeschichtliche Unterricht, wenn er dem Knaben die natürlichen und andere Systeme, die Classificationen und Determinationen mit all ihren barbarischen griechisch-lateinischen Bezeichnungen einpauken will. Mit welcher Lust wird derselbe Knabe, der sich unwillig von diesem Gedächtnißkram abwendet, einheimische Pflanzen oder Thiere mit einander vergleichen, wie leicht wird es sein, seine Beobachtungsgabe auf die charakteristischen Merkmale und Unterscheidungen zu lenken, wie freut er sich der Entdeckungen, welche er selber macht und die er dann als eigensten Besitz sorgfältig bewahrt! Sinnliches Wahrnehmen und verständiges Controliren bilden sich gleichmäßig aus und die Ergebnisse der Wissenschaft flechten sich unter der Anleitung des Lehrers leicht in dieses selbstthätige Erfahren und Erleben ein. Von selbst vermehrt sich dieses Wissen, indem er auf Spaziergängen und Excursionen unbekannte Pflanzen und Mineralien mit demselben Interesse und nach derselben Methode durchforscht; so erweitern sich seine Kenntnisse in natürlichem Wachsthum und werden lebendiges Eigenthum. Was gewänne er, wenn er statt dessen die vielleicht von dem officiellen Programm vorgeschriebene Vollständigkeit der Systeme in mühsamem Auswendiglernen sich angeeignet hätte, Terminologieen, bei denen er in den seltensten Fällen sich etwas denken, noch seltener aber sich etwas vorstellen könnte? Bringt es sein Lebensberuf oder seine Liebhaberei mit sich, so wird er in späteren Jahren leicht diese Vollständigkeit durch Privatfleiß auf der in der Schule gewonnenen Grundlage aufbauen.

Dasselbe gilt vom geographischen Unterrichte. Aus todten Elementen kann kein lebensvoller Organismus erwachsen und mit todten Elementen operirt der Lehrer, welcher mit Parallelkreisen, Abplattung der Pole, Gebirgskämmen, Stromgebieten, tausendmeiligen Entfernungen u. s. w. anfängt, ehe dem kindlichen Geiste der richtige Maßstab für diese Dinge durch eigenes Beobachten der heimatlichen Orte, Bäche, Hügel u. s. w. gegeben ist. Nur so wird auch das Betrachten der Landkarte aus einem todten Anstarren zu einem lebendigen Anschauen, bei welchem diese Striche, Linien, Abtönungen und Schraffirungen sich in vielsagender Symbolik zu einem reichen, belehrenden Bilde beleben. Der Blindgeborene, von welchem Diderot erzählt, der durch eine glückliche Operation das Augenlicht erlangt hatte, sah in Gemälden, die ihm gezeigt wurden, nichts als bunte, wirre Farbenkleckse: sein Auge hatte die Symbolik der Farben, des Lichts und der Schatten noch nicht erlernt. Ich bin überzeugt, daß für viele Schüler die Karten eine nicht viel klarere Anschauung gewähren, wenn auch nicht gerade in der Weise, wie der pfälzer Bauer unseres trefflichen Landsmanns Lennig sich ausdrückt:

Deß Zeicks war gehl un ruth un blo un grasegrihn,
Eich hun's im Anfang for e Kerchefahn versiehn,
Do druff, saht aner, weer die ganz Welt iberhaapt,
Eich hunn's em awwer sauber net geglaabt.

Um nur eins anzuführen, das rasche und sichere Verstehen der Gradbezeichnungen ist etwas, worauf z. B. die amerikanischen Schulen ein großes Gewicht legen, und die meisten Amerikaner wissen die Hauptorte der Union nach ihrer Lage in geographischer Länge und Breite zu bestimmen, während ich mich oft überzeugt habe, daß viele Gebildete auch in Deutschland nicht einmal die geographische Breite ihres Geburtsorts kannten. Bei dieser Gelegenheit will ich ein komisches Erlebniß mittheilen, welches einer unserer trefflichsten Lehrer mir erzählte, der seine Schüler auf richtiges Abschätzen der Entfernungen tüchtig eingeübt hatte und der nun bei der Prüfung, ein plötzliches Kichern und Unruhe wahrnehmend und nach der Ursache fragend, von einem seiner Zöglinge endlich die Antwort erhielt: „Dreißig Meilen südwestlich von Moskau sitzt eine Wanze!" Von dem ungemein reichen Bildungsstoffe, der gerade in dem geographischen Studium liegt und der dasselbe seit der epochemachenden Behandlung des großen Karl Ritter zu dem interessantesten und lebensvollsten Unterrichtsgegenstande macht, eingehend zu reden, kann natürlich nicht der Zweck dieser Aufsätze sein. Das Richtige findet sich in vielen pädagogischen Zeitschriften und vortrefflichen Lehrbüchern niedergelegt: möge es nur allerwärts gekannt und freudig aufgenommen werden!

Ich möchte meine Gedanken kurz so zusammenfassen. Wenn die Volksschule ihren Zögling entläßt, so sagt sie zu ihm: „Tritt nun hinaus ins Leben aus diesen friedlichen Räumen; mit vielem Wissen haben wir deinen Kopf nicht beschwert, denn du solltest kein Gelehrter werden, aber eine Kunst haben wir dich gelehrt, die du nicht gering achten sollst, wir haben dich l e s e n gelehrt. Das ist scheinbar wenig und doch ist es der Schlüssel zu den reichen Schatzkammern alles menschlichen Wissens, aller Erfahrungen und Geistesthaten. Von dir allein, von deiner Begabung und Strebenslust wird es abhängen, wie viel du dir davon zu eigen machen willst." Aehnlich sollte auch die höhere Schule zu ihren Abiturienten sagen: „Wir haben euch lesen gelehrt in dem geheimnißvollen Volksgeiste, der sich in den Schriftwerken des Alterthums und der modernen Culturvölker in Gedanken und sprachlichem Ausdrucke so wunderbar erschließt. Wir haben euch die ewigen Leuchten der Menschheit — die Dichter und Künstler — jeden in seiner eigenen Sprache, in Wort, Marmor oder Farbe ausgeprägt, lesen gelehrt. Ihr habt lesen gelernt in dem großen Buche der Weltgeschichte, in den ewigen, überall vor euch aufgeschlagenen Schriften der Natur, in dem herrlichen Bau der Erde und den strahlenden Harmonieen der Gestirne. Lesen — nichts weiter. Aber es ist kein todter Wissenskram, sondern eine lebendige Kunst, und von euch wird es abhängen, wie viel ihr in allen diesen unergründlichen Werken weiter lesen und zu eurem Besitzthum hinzufügen wollt. Nicht Gelehrsamkeit, nicht Belesenheit ist es, worauf ihr pochen dürft — nur die Schriftzeichen, die Elemente jener verschiedenen Sprachen habt ihr gelernt. Aber mit dieser Kenntniß vermögt ihr auf allen Gebieten voranzuschreiten, das, was Andere schon entziffert haben, euch anzueignen und, sofern der göttliche Trieb in eurer Brust und die Gnadengeschenke der Natur Euch dazu befähigen, selbständig weiter zu lesen und an eurem Theile an dem großen Vorwärtsschreiten der Menschheit mitzuwirken."

Nur von dem Wissen als solchem habe ich hier geredet und seiner den Geist erleuchtenden und zu fortschreitendem klarem Erkennen befähigenden Kraft. Den höchsten Werth desselben, die ethische Seite, welche den ganzen Menschen, die Tiefe seines Gemüths und seines Willens entwickelt und heranbildet, werde ich erst am Schlusse des Schriftchens besprechen. Erwähnen aber will ich es hier, weil ohne diese Wirkung auf den Charakter, die Richtung des Willens nach dem Edlen und sittlich Schönen, das klarste und vielseitigste Wissen doch nur todtes Wissen bleibt.

Zum Schluß aber sei mir verstattet, noch von einem Gegenstande zu reden, von welchem ich diesmal auch hätte ausgehen dürfen: nämlich dem Turnen. Die hohe Bedeutung der Gymnastik im Alterthum als Erziehung des Körpers zu Kraft und Schönheit ist bekannt genug. Daß man so lange Jahrhunderte dem Körper als dem sündhaften Begleiter und Verführer der Seele gar kein Recht hat zugestehen wollen, das war eine Folge der mystisch-ascetischen Richtung des Christenthums und hat sich bitter genug gerächt. Durch die Pforten der Sinne geht alle Erkenntniß zu uns herein und ohne sinnliche Wachheit und gesundes Wahrnehmungsvermögen kann Klarheit des Denkens nicht bestehen. Eine ermattete und durch geistige Ueberbürdung geschwächte Jugend wieder zu gesunden und wehrhaften Männern zu erziehen, dazu erdachte Jahn in den Zeiten der Noth des Vaterlandes seine Turnübungen, die an Einseitigkeit litten, da sie nicht den ganzen Menschen ins Auge faßten und darum oft schwerfällige, ungeschlachte Körperkraft, breite Schultern und ungewöhnlich starke Knochen erzielten. Das Turnen als ein wichtiges Erziehungsmittel in den Schulunterricht eingereiht zu haben, ist das große Verdienst unseres genialen Landsmanns Ad. Spieß, dessen System denn auch hoffentlich bald in allen Schulen Deutschlands eingeführt sein wird. Wer einmal diese von den einfachsten Aufstellungen bis zu den künstlich-verschlungenen und bewegten Reigen nach harmonischen und rhythmischen Gesetzen geordneten Gemeinübungen gesehen hat, dem mußte sofort auch der hohe geistige Gewinn, der von diesen Uebungen ausgeht, klar werden. Die innere Sammlung und stete Wachheit, welche dem leisen Befehlsworte unmittelbare Folge zu leisten hat; das Gefühl der Ordnung und Zusammengehörigkeit, da jede fahrlässige Abweichung oder Zerstreutheit des Einzelnen sofort Verwirrung in dem Ganzen anrichtet; der ästhetische Sinn, da jede unschöne Bewegung inmitten der Harmonie der Gesammtheit bemerkt wird und sich lächerlich macht; der Sinn des Anschließens und der Unterordnung, indem hier das sich daraus ergebende Resultat, die Gemeinschaft, dem Schüler unmittelbar in die Sinne fällt; besonders aber sinnliche Klarheit und rasches Auffassungsvermögen, da der Schüler die körperlichen Abstractionen links — rechts, die rhythmische Zeitbewegung, das Raumgefühl u. s. w. durch die Bewegungen seines eigenen Körpers fortwährend und mit Bewußtsein zur Anwendung zu bringen hat: alles dies sind Ergebnisse von dem größten pädagogischen Werthe, welche diese Uebungen zu der vortrefflichsten Vorschule für jeden geistigen Unterricht und später zur auffrischenden, das sinnliche Leben bewahrenden und erneuernden Mitwirkung in dem allgemeinen Unterrichtsplane berufen, dessen Aufgabe es ist, statt siecher, unter der Last des todten Wissens erliegender Schwächlinge frische, körperlich und geistig wache und von dem Frohgefühl innerer Kraft beseelte Jünglinge heranzubilden.

VIII.

Fortschritte des Naturwissens
und
ihr Einfluß auf das geistige Leben.

Leben gab ihr die Fabel, die Schule hat sie entseelet,
Schaffendes Leben aufs neu' gibt die Vernunft ihr zurück.

Schiller.

Stoßen, kratzen, schlagen, beißen,
Nagen, fressen, treten, reißen

und so weiter cum gratia ad libitum. Das war nach L. Geiger das älteste Wörterbuch der Menschheit. Möglich, daß in hundert und mehr Jahren die Gymnasialschüler obige Worte als versus memoriales in ihren Compendien einer neu in den Studienplan aufgenommenen Wissenschaft: Entwicklungsgeschichte der menschlichen Vernunft vorfinden und mit ebensoviel Lust und Eifer, wie heute amnis, axis, cinis, crinis etc., auswendig lernen werden.

Der Mensch ist das Maß aller Dinge. Seiner eigenen körperlichen Thätigkeiten, sofern sie ihm durch den Gesichtssinn bei Andern wie in einem Spiegel als Geberden entgegentraten, wurde der Mensch am frühesten bewußt und fixirte sie am ersten durch eigenthümliche, willkürliche Laute, welche so die Keime der großartigsten und wunderbarsten Schöpfung, der menschlichen Sprache, wurden. Beschämend klein, roh und dem wilden Thiere nahestehend werden diese Anfänge der herrlichen Menschenvernunft, die so Großes geschaffen und die kühnsten Ausblicke in die Zukunft unbegrenzten Fortschreitens verstattet, dem idealen Denker und Menschenfreunde erscheinen. Er tröste sich damit, daß er bedenkt, wie das unscheinbare Moos, der nächtlicher Weile aufgeschossene Pilz, für sich betrachtet und nicht mit der Stufenreihe höher entwickelter Pflanzen verglichen, auch herrliche, wunderbar gestaltete Organismen sind, deren Structur den Forschertrieb anregt und den Wißbegierigen mit hoher Freude erfüllt. Oder, wenn er in menschlichen Verhältnissen bleiben will, wie die fröhlichen Lustbarkeiten, die in dem ältesten Rom nach einem glücklichen Raub- und Beutezug herrschten, nachmals die großartigen Triumphe wurden, zu deren Erlangung Roms siegreiche Feldherren und Heere die gefahrvollsten Siege erfochten und die Welt bezwangen. Das divinum et providum, welches nach Tacitus die Germanen in dem Weibe erkannten, mochte in seinen Anfängen ebenso wohl begeisterte Prophetinnen wie unheimliche Hexen bezeichnen; in der Folgezeit verklärte es sich zu dem höchsten Adel reiner und ahnungsvoller Weiblichkeit, welche im Leben wie in den Gebilden der Dichtung herrliche, bisher ungekannte Reichthümer der Menschenseele erschloß und offenbarte.

Wie lange es gedauert haben mag, bis das vergeistigende Princip der Metapher in der Sprachschöpfung thätig wurde, ist schwerer zu sagen, als der Weg zu ermitteln, auf welchem es allmählich in die Sprache eindrang. Mit Recht macht Geiger darauf aufmerksam, daß Ausdrücke, die uns heute poetisch schön anmuthen, in jener Urzeit wohl nichts weiter als einer von der naiven, unklaren Auffassung herrührenden Verwechselung ihren Ursprung verdanken. Die Dinge außerhalb des Menschen wurden in ihren analogen Wirkungen vermenschlicht: wie das Kind den bösen Tisch oder Stuhl schlägt, der ihm wehe gethan hat*), so sagt der Indianer von einem zerbrochenen Geräthe, von einer verdorbenen Speise u. s. w., sie sind krank; und sie sind todt, wenn jenes ganz unbrauchbar, diese ganz ungenießbar geworden ist.

Es ist dies eine anthropomorphistische Weltauffassung in ihrer primitivsten und rohesten Erscheinung. Wenn wir heute sagen: Die Luft zehrt, die Kälte beißt, die Hitze drückt u. s. w., so sind wir uns der metaphorischen Anwendung dieser Worte wohl bewußt; dem Urmenschen galt sein: es beißt, es frißt genau dasselbe, ob es von einem Menschen oder von einem Thier oder von irgend welchem sichtbaren oder unsichtbaren Naturwesen ausging. Brennende Liebe, nagender Schmerz,

*) „Die Blumen weinen", sagte mir einst ein Kind, mit welchem ich nach einem frischen Regen im Garten spazieren ging; „sie fürchten sich," sagte es, als sie im Winde erzitterten.

fressender Kummer und ähnliche rein geistige Bezeichnungen mögen wohl in jenen Urzeiten, wo die ganze Kraft des Menschen im Kampfe ums Dasein gegen feindliche Naturgewalten jeden Augenblick nach Außen gekehrt sein mußte, eine Einkehr in sein Inneres, ein Belauschen seiner Herzensregungen ihm versagt war, kaum eine Stelle gefunden haben; wohl aber mahnte ihn das Knurren und Drücken seines Magens, sich Speise zu suchen, und das Brennen seiner Eingeweide durch Krankheit oder Verwundung, das Mitleid und die Hilfe seiner Mitmenschen anzurufen. Diese erste Stufe der Weltauffassung, in welcher das subjective Gefühl der Persönlichkeit den Menschen ausschließlich beherrscht und von ihm auf alle anderen Naturwesen, die ihm als Freund oder Feind erscheinen, übertragen wird, möchte ich den naiven Anthropomorphismus nennen. Die Erfahrung, aus der Beobachtung der Erscheinungen gesammelt, reichte in jener Zeit nur so weit, als es der Trieb der Selbsterhaltung erheischte. Die religiöse Empfindung, als Gefühl der Furcht und der Abhängigkeit von übermächtigen Gewalten sich äußernd, findet ihre Gottheiten entweder in einem unbestimmten Etwas, das der Mensch zitternd verehrt und seine Priester beschwören, oder in einem Fetisch, der ihm Jagdbeute und Sieg verschaffen soll, oder in einem häßlichen Steingötzen, dem er das Blut seiner Feinde darbringt. Monotheismus und Vielgötterei, Zauberei und Wunderglaube, Priesterherrschaft und Stammgottheiten liegen in diesem rohen Keime noch unentwickelt nebeneinander.

Die Entwicklung der edleren Persönlichkeit, sowie das Bekanntwerden mit den großen allgemeinen Naturkräften, deren Wirkungen man allmählich an bestimmte äußere Erscheinungen — Sonne, Gestirne, Meer — zu knüpfen sich gewöhnte, erweckte in einer späten Folgezeit bei besonders begünstigten Volksstämmen eine idealere Götterverehrung und Weltauffassung. Sobald nicht mehr der den augenblicklichen Eingebungen wilder Triebe folgende oder von blinder Furcht und dumpfem Entsetzen beherrschte Mensch, sondern der besonnene, seiner Kraft und geistigen Ueberlegenheit bewußte Mann, in dessen Seele die sittlichen Gemüthsregungen schon zu wirken begannen, sich seine Gottheiten vorstellte und aus seinem Inneren erschuf, mußten diese selbst eine viel höhere, edlere, durchgeistigtere Gestalt gewinnen. Daß dabei vielfach das Alte, Ursprüngliche und darum Geheiligte und Verehrungswürdige dichterisch verklärt und idealisirt wurde, das erscheint uns um so begreiflicher, wenn wir bedenken, wie der zornige, gewaltthätige Ebräergott, der seinem auserwählten Volke drohte, wenn es ihn nicht verehre, wolle er wilde Thiere unter sie senden, „die sollen eure Kinder fressen", oder er wolle sie strafen um ihrer Sünden willen, „daß sie sollen ihrer eigenen Söhne und Töchter Fleisch fressen", sich allmählich in den milden, erhabenen Gott der Liebe und der Barmherzigkeit umgewandelt hat. Das hellleuchtende Gestirn, von dessen Strahlen Licht, Wärme und die Grundbedingungen alles Lebens ausgehen und bei dessen Verschwinden sich Todesgrauen und furchterweckendes Dunkel über die Lande ausbreitet, war naturgemäß Gegenstand der höchsten Verehrung und eines weitverbreiteten Cultus. Im Norden ist es Balder, der Liebliche, Gütige, der alljährlich, das Niedergehen der Sonne bezeichnend, stirbt, bis an dem dunkelsten Decembertage die Feier der Lichter und des freundlichen Grüns die frohe Zuversicht seiner Wiederkehr ausspricht; bei den Aegyptern ist es Osiris, der, von Typhon ermordet, schläft und von der treuen Gattin Isis (der Natur) beweint wird, bis er wieder erwacht; im glühenden Orient ist es Simson, der Starke, der der Philister Saaten versengt und die stärksten Bande zerschmelzt, wie Fäden im Feuer. Die Hindus warteten in frommer Andacht nächtlicherweile, bis Ushas, die Morgenröthe, am Saume des Himmels strahlend erschien, und begrüßten sie mit ihren Liedern und mit dem Feueropfer, dem Agni, das sie als Bild der Sonne noch im nächtlichen Dunkel entzündet hatten. Der Kampf des Lichtes und der Finsterniß, die Sonne welche die Mächte der Dunkelheit besiegt, sie bilden den Kern all der reichen und seltsamen Mythen und Fabeln, welche jahrhundertelang aus der durch die Großartigkeit und mächtige Wirkung jener Himmelserscheinung erschütterten menschlichen Phantasie sich herausbildeten, und noch heute erinnern die Johannisfeuer, die um Sommersonnenwende in die Luft geschleuderten glühenden Scheiben oder den Berg herabrollenden feurigen Räder an jene uralte Mythologie und Götterverehrung. Am reichsten und vollkommensten hat das hochbegnadete hellenische Volk durch ideale Personification alle Naturkräfte zu einem schönheitvollen Polytheismus vereinigt, der von ihren Dichtern und Künstlern fort und fort weitergebildet, noch heute unsere Seele mit eigenthümlichem Zauber ergreift. Den furchtbaren Blitz schleuderte Zeus, indem er die schwarzen Wetterwolken vereinigte und den Regen auf die Erde herabsandte, Nereus der Meeresalte durchfurcht die See, Poseidon thürmt die Wogen mit seinem Dreizack und Amphitrite streckt die langen Arme um den weiten Rand der Länder. Mit fern treffendem Geschosse fällt Apollo die Jünglinge, die pfeilfrohe Schwester die Jungfrauen; im silbernen Borne spielen die Najaden, in heiligen Wipfeln rauschen die Dryaden und Aeolus sendet die landdurchstürmenden, meeraufwühlenden Winde. Auch in des eigenen Geistes erfinderischem Walten und in den geheimnißvollen Regungen des Gemüthes erkannten die Griechen das Wirken der Götter: den Menschen lehrt Pallas die Kunst und flößt ihm List und Verschlagenheit ein, zu heftigem Streit entzündet Eris seine Seele und Ares treibt ihn in den blutigen Kampf, während Aphrodite und Eros mit den Rosenfesseln des süßesten Verlangens sein Herz umstricken. Ueberall sind hohe, erhabene, mit den edelsten Zügen des eigenen besten Selbst ausgestattete Persönlichkeiten. Das Hochpoetische dieser Weltauffassung, die ich den idealen Anthropomorphismus nennen möchte, hat Niemand schöner ausgesprochen als Schiller, der in den „Göttern Griechenlands" in dichterischer Klage das Verschwundensein jenes schönen Jugendalters der Menschheit betrauert.

Neben dieser poetischen und persönlichen Anschauung der Natur, welche lange Zeit den allgemeinen Volksglauben bildete, erwachte bei den bevorzugten Denkern im Griechenvolke schon in einer verhältnißmäßig frühen Zeit die philosophische Betrachtung der Welt und der Dinge außerhalb des Menschen. Ich glaube, es war eine der größten Anstrengungen des Menschengeistes, jene Abstraction, welche ihn befähigte, in den äußeren Erscheinungen, die auf seine Sinneswerkzeuge wirkten, nicht mehr die Aeußerungen bestimmter, mit bewußtem

Willen thätiger Individualitäten, sondern die nothwendigen Emanationen unbewußter, seelenloser Wesenheiten und Principien zu erkennen. An Kühnheit und Energie der Abstraction möchte ich damit nur die Kopernikanische Lehre vergleichen, welche eine vieltausendjährige Sinneswahrnehmung und stets mit denselben Worten fortgepflanzte Erkenntniß umstürzte und vernichtete. Vielleicht auch den Schopenhauer'schen unbewußten Willen, der einestheils einen in der Urzeit der Menschenvernunft vorhandenen, aber durch einseitige Ausbildung eines Nachbartriebes erstickten Denkkeim (Willen) wieder aufgreift und entwickelt, anderntheils einen dem menschlichen Denken gewissermaßen in seinem ureigensten Wesen inne wohnenden und in jahrtausendlanger Uebung mit ihm festverwachsenen Irrthum (daß alles Menschliche mit Bewußtsein geschehe) siegreich widerlegt.*) Wenn die ionische Schule bald das Wasser, bald die Luft, das Feuer oder den Aether als Grundprincipien der Schöpfung aufstellte, wenn der hochbegabte, geistreiche Demokrit die Welt aus der Verbindung und Auflösung der Atome werden und sich entwickeln ließ, wenn Anaxagoras diesen Atomen bestimmte Eigenschaften beilegte und ihre erste Bewegung durch eine dem Weltganzen immanente höchste Vernunft (νοῦς) bewerkstelligt glaubte, wenn Pythagoras das Zahlenverhältniß, die mathematischen Grundwahrheiten dem ganzen Bau der harmonisch geordneten Welt zu Grunde liegend fand: so müssen wir, die wir die Resultate jener physikalischen, mechanischen, mathematischen Weltauffassung in ihrer mehr als zweitausendjährigen Entwicklung überschauen, uns in hoher Bewunderung vor jenen Genien verneigen, welche die naive Naturbetrachtung durch die Kraft ihres Denkens zuerst auflösten und eine neue auf die festen Fundamente des mit Nothwendigkeit herrschenden Naturgesetzes aufbauten. Mit ihnen trat die Wissenschaft, welche das Wesenhafte, Dauernde und darum Ewige der Dinge zu erkennen strebt, in die Welt und befreite den Menschengeist von dem Bande, mit welchem die Auf-

*) Nach dieser Richtung hat Schopenhauer den letzten Rest des Anthropomorphismus — jener die Dinge dem eigenen Wesen assimilirenden Neigung des Menschengeistes — beseitigt.

fassung des Persönlich=Willkürlichen, d. h. eines unberechenbaren, ewig schwankenden, immerdar den Zweck und die Regel verändernden Princips, seine Augen verschloß.

Ihren höchsten Triumph feierte die philosophische Naturauffassung in den Werken des großartigsten Denkers nicht nur des Alterthums, sondern aller Zeiten, Aristoteles. Wie dieser universale Geist mit dem weitesten Blicke das ungeheure Gebiet des damaligen Erfahrungswissens umspannte, gleichmäßig die großen und augenfälligen wie die speciellsten, fast singulären Erscheinungen in seine Betrachtung einbeziehend, und zugleich mit gewaltigem Abstractionsvermögen die echte naturwissenschaftliche Methode erfand und der Begründer der Eintheilung der Wissenschaften wurde, die in ihren Grundzügen bis auf den heutigen Tag noch Geltung hat und die wohl am meisten zur erfolgreichen Förderung derselben beigetragen hat, darf als bekannt vorausgesetzt werden. Daß er diese Methode aber auch auf rein geistige Gebiete übertrug, daß er nicht nur das Leben der Staaten und ihre Verfassungen — das war etwas dem antiken Denker sehr nahe Liegendes — sondern das aus der Gemüthstiefe der Seele hervorgehende Handeln des Menschen in seiner Ethik, das Wesen des in der Dichtung und Rede zur Erscheinung gelangenden Schönen (Poetik, Rhetorik), ja sogar das Geheimnißvollste und scheinbar Unbedingteste, was es gibt, das menschliche Denken nach seinen ewigen Grundgesetzen erforschte und diese Lehren zum Theil zu solcher Vollendung brachte, daß alle folgenden Jahrhunderte nur von ihm lernen konnten, das ist etwas, was uns mit der höchsten Bewunderung für jenen seltenen, ja einzigen Geist erfüllen muß.

Ein solcher Mann, Pfadfinder auf allen Gebieten, mußte natürlich dem Denken und Forschen der nachfolgenden Zeit die unabweisliche Richtung verleihen, und es ist nicht zu verwundern, daß er auch in den Jahrhunderten, wo die christlich=theologische Weltansicht die herrschende war und durch den starren kirchlichen Autoritätsglauben scheinbar eine unerschütterliche Grundlage erhielt, noch immer, wenn auch unverstanden, ein Gegenstand hoher Verehrung war, die sich dadurch bekundete, daß man in unfruchtbaren Anstrengungen sich bemühte, die kirchliche Lehre, mit dem, was man von seinen Werken kannte, in Einklang zu bringen oder gar erstere durch letztere zu beweisen. Das Mittelalter, welches die Natur als etwas Sündhaftes, vom Teufel Beherrschtes und den Menschen durch seine Reizungen Verlockendes anschaute, wandte sich mit einer Art von unheimlichem Grausen von ihr ab und stigmatisirte Männer wie Roger Bacon, Gerbert u. A., welche ausnahmsweise diesen Studien oblagen, mit dem verderbenbringenden Namen Zauberer und Hexenmeister. Eine schwache, durchaus einseitige Nachwirkung der aristotelischen Geistesrichtung äußerte sich darin, daß man sich auf das Gebiet des Denkens beschränkte und nun die Dinge a priori durch Aufstellung von Principien, die nichts waren als leere Worte, mit denen man an die Stelle eines unbekannten x ein ebenso unbekanntes y setzte, zu erklären suchte. Die Quidditäten, die Ubiquitäten nebst den Perseitäten und Nonentitäten feierten damals ihre grotesken Triumphe, die in unserem Jahrhundert in der Hegel'schen Philosophie und namentlich ihren Adepten unerwartet theilweise wieder auflebten. Die größte Streitfrage, welche im Mittelalter alle Geister bewegte, war die, ob die einzelnen Wortbegriffe (z. B. Eichen, Katzen, Menschen) wirkliche Dinge, d. h. Gattungen bezeichneten, oder ob nur die Einzelwesen wahre Existenz hätten und jene Namen bloße Worte seien, nur erfunden zur besseren Orientirung in der verwirrenden Menge der Dinge. Danach schieden sich die Gelehrten in die Lager der Realisten und Nominalisten. Diese mittelalterliche Naturauffassung möchte am richtigsten als die mystisch-theologische zu bezeichnen sein. Daß die Erkenntniß der Natur in dieser Zeit wenig gefördert wurde, ist selbstredend. Damit soll jedoch nicht gesagt sein, daß diese mehr als tausendjährige Periode einfach einen Stillstand oder Rückschritt in der Entwicklung des Menschengeistes bezeichne. Ganz abgesehen von der reichen Entfaltung des Gemüthslebens und der hohen sittigenden und civilisatorischen Wirkung des Christenthums ist diese Zeit ein wichtiges Bindeglied, eine zu künftiger Fruchtbarkeit vorbereitende Brache, welche die Geister der Menschen befähigte, die während so langer Zeit schlummernden

Saatkörner zu neuer Triebkraft zu erwecken und zur Nahrung für die Gesammtheit der Menschen heranzureifen. Dieser langsam, aber mit der Sicherheit eines Naturereignisses vor sich gehende Proceß ist nach meiner Ueberzeugung die allmähliche, aber schließlich zur allgemeinen Anerkennung gelangte Entgötterung der Natur. Der außerweltliche, persönliche Christengott drückte Natur und Welt zu einem gleichgültigen, seelenlosen Stoff, Lehm oder Thon, aus dem der Allmächtige den Menschen, die Krone und den Zweck seiner Schöpfung, mit der äußeren Hülle bekleidete, herab und zwar nicht nur für die Auserwählten, Hochgebildeten, sondern diese Auffassung der Natur wurde durch die große moralische Wirkung, mit der sich das Christenthum als lebendige Ueberzeugung aller Herzen bemächtigte, eine allgemeine, wenn auch hier und da noch Trümmer des alten Naturcultus in Sitten und Gebräuchen, Hexenglauben und Teufelsbeschwörungen fortlebten. Aber man halte dagegen den Giftbecher, den die Athener, das gebildetste Volk des Alterthums, dem Sokrates reichten, weil er neue Götter lehre, man bedenke, daß Aristoteles wegen seiner Lehrmeinungen der Irreligiosität bezichtigt wurde und nach Euböa flüchten mußte, daß der Stoiker Kleanthes, von dem wir den erhabenen, fast von christlichem Geiste-durchwehten Hymnus auf Zeus besitzen, selbst den Aristarch der Irreligiosität (ἀσέβεια) anklagte, weil er gelehrt, daß der Himmel unbeweglich sei, die Erde aber sich um die Sonne und zugleich um ihre eigene Axe drehe, und man wird finden, daß in jener Zeit, wo die theologische Naturanschauung den Todesstoß erhielt, die Seelen der Menschen gerade durch diese Anschauung ganz anders disponirt waren, die philosophische Betrachtung der Natur mit Ruhe und Gleichmuth, daher auch mit vollkommenem Verständniß aufzunehmen. — Als charakteristische Belege des Gegensatzes will ich nur noch folgende zwei Beispiele aus der römischen Kaiserzeit anführen. Unter der Regierung des Tiberius im Jahre 15 n. Chr. wurde im Senat über die Correction des Tiberflusses berathen, um den alljährlich wiederkehrenden Ueberschwemmungen vorzubeugen. Die vernünftigen Vorschläge der Commission wurden aber auf Antrag Piso's verworfen, und unter den

Gegengründen wurde hauptsächlich geltend gemacht: „man müsse dem Glauben der Landschaften Rechnung tragen, welche den Gewässern ihres Landes Opferdienst, Haine und Altäre gewidmet; ja der Tiberstrom selbst wolle gewiß nicht, der nachbarlichen Flüsse beraubt, in geminderter Herrlichkeit dahin fließen.“ (Tac. Ann. I, 79.) Der kühne Plan des Nero, den korinthischen Isthmus zu durchstechen, der einzige wahre Herrschergedanke, welchen dieser sonst gewiß jeden Widerstand zerbrechende Despot in seinem ganzen Leben hatte, scheiterte an dem religiösen Vorurtheil der damaligen Welt. Der Kaiser selbst that mit einer goldenen Hacke die drei ersten Schläge und nöthigte so durch sein Vorgehen die Arbeiter, die Ausgrabung wirklich zu beginnen, denn sie wollten nicht daran gehen aus Furcht vor dem göttlichen Zorne. Nach etwa sechs Tagen stellte man die Arbeit ein und sagte dem eben zu Korinth verweilenden Kaiser, es sei Blut aus dem aufgegrabenen Boden geflossen, man habe stöhnende und dröhnende Laute gehört und Geister seien heraufgestiegen. So sah sich denn Nero, der sonst gewiß in seinen Schandthaten der heiligen Gesetze der Natur spottete, genöthigt, der religiösen Naturanschauung seiner Zeitgenossen seinen echt modernen Gedanken zu opfern.

Den Todesstoß versetzte der mystisch-theologischen Weltanschauung das Kopernikanische System. Die Erde nicht mehr Mittelpunkt der Welt, sondern ein verschwindender Punkt im All! wie verblaßte vor dieser Offenbarung die hohe Wichtigkeit, die der Mensch sich und seinem Thun beilegte, wie schrumpfte gleichzeitig jener Gott zusammen, der die Erde auf ihren Grundfesten errichtet und zwei große Lichter geschaffen, ihr zu leuchten am Tage und in der Nacht! Und wie mußte trotz alles starren, innen und außen gefesteten Autoritätsglaubens der Funke des Zweifels in der Seele der Menschen glühen, wenn sie bedachten, daß etwas, was man durch den Augenschein belehrt Jahrtausende lang für eine unumstößliche Gewißheit gehalten hatte, nichts weiter war als eitel Trug und Sinnestäuschung! Der aristotelische Geist erwachte zu neuer, jugendlicher Lebenskraft, ungestüm pochte die Menschheit an allen Pforten der Erkenntniß und ungeheuer waren auch die Erfolge, welche ihre Anstrengungen belohnten. Aristoteles hatte in seinem Organon die Waffen des Geistes geschärft und gerüstet, dem Denken die Mittel angewiesen, durch die es sich selber controliren und seiner selbst gewiß zuversichtlich die Schritte nach den Zielen der Forschung richten könnte, Baco gab in seinem Novum Organon die Anleitung, auf welchen Punkten und mit welchen Mitteln die bisher für unersteiglich und uneinnehmbar gehaltene Burg des Welträthsels angegriffen werden müsse; er gab der Methode des Empirismus — die ja zu allen Zeiten ist geübt worden, das zu beweisen hätte sich Liebig nicht so zu erhitzen gebraucht — die wissenschaftliche Begründung und festgeschlossene Formel. Und so ist denn die empirisch-philosophische Naturbetrachtung das Erbtheil des modernen Geistes, welcher mit ihr der Natur Schritt um Schritt ihre Räthsel abgerungen, die todten Stoffe zum Reden gezwungen und die großartigsten Triumphe gefeiert hat, indem er durch fortschreitende Erkenntniß immer mehr und neue Naturkräfte sich dienstbar macht, zugleich aber in dem einen Theile jener bestimmt formulirten Methode/das demüthigende Bekenntniß ablegt, daß seinem Erkennen unverrückbare Grenzen gezogen sind, daß er zur vollständigen Gewißheit niemals zu gelangen so wenig als in das Innere der Natur einzudringen und das Ding an sich zu erfassen vermag. Ob nach Ablauf dieser in mühsamer Arbeit und mit reichem Erfolge nach einem niemals zu erreichenden Ziele drängenden Periode es künftigen Geschlechtern vorbehalten sein wird, der Natur eine neue bisher noch ungeahnte Seite abzugewinnen, und die Faust'schen Seelenqualen alsdann als die Geburtsschmerzen einer nach dem Lichte ringenden neuen Naturbetrachtung erscheinen werden, das ist uns durch den dunkeln Schleier der fernen Zukunft verhüllt, und noch fächelt kein Morgenlüftchen aus jenen Fernen den erhitzten Stirnen der heutigen Ringer nach Wahrheit erfrischende Kühlung zu! Sie aber harren aus in dem heißen Kampfe für die hohen Ziele der Menschheit und trösten sich mit dem Gedanken, daß das ewige Naturgesetz, das dieses Sehnen in die Menschenbrust gelegt, auf sicheren Bahnen das kurzsichtige Geschlecht, ihm selber vielleicht unerwartet, zu der goldenen Pforte der Erfüllung führen wird.

Doch es ist Zeit zur Schule zurückzukehren; denn ich glaube schon in meiner Nähe die Stimme eines philologischen Collegen zu vernehmen, der mich mit einem Quorsum haec omnia? zur Ordnung verweist, wie einmal ein eingefleischter Mathematicus nach Anhörung eines schönen Gedichtes die sacramentale Frage that: „Qu'est-ce que ça prouve?" Für die Schule ist also aus obiger in großen Zügen skizzirten Darstellung gar Manches zu verwerthen.

Zunächst darf ihr nach meinem Dafürhalten nicht vorenthalten bleiben, wie diese naturwissenschaftliche Methode als die allein heilbringende, das wahre Rüstzeug der Gegenwart, auch auf andere rein geistige Gebiete übertragen worden ist und auch hier von überraschenden, reichen Erfolgen begleitet war. Den „Geist der Gesetze" suchte Montesquieu nicht, indem er dem bestimmten Gesetze das starre, autoritative Princip unterlegte, auch nicht, indem er von einem apriorischen, auf dem Wege der Speculation gefundenen Satze ausging — so verfuhr Rousseau, daher seine Verirrungen — sondern er suchte das Material seiner Forschungen, die Gesetze der bekannten Völker, in größtmöglicher Vollständigkeit zusammenzustellen, um dann aus und an der Sache selbst ihr Wesen und ihre Eigenart zu ergründen. Der neuesten Wissenschaft, der Nationalökonomie, hat diese Methode als Pathin gedient, oder besser, sie ist ihre Hebamme gewesen; denn das Substrat, der Rohstoff dieser Wissenschaft — statistische Aufzeichnungen über Bevölkerungszahlen, Geburten, Einkommen, Bodenreichthum, Arbeitslöhne 2c. — war zu allen Zeiten gesammelt worden, es galt nur, diesem Stoffe den lebendigen Odem einzublasen: als dieses Quesnay und Adam Smith gethan, sprang die junge Wissenschaft vollständig gewappnet, wie Pallas aus dem Haupte des Jupiter, während die früheren Wissenschaften meist als nackte Kinder geboren wurden und sich ihres Leibes Nothdurft und die Mittel ihres Wachsthums selber erwerben mußten. Auf dem anthropomorphistischen Standpunkte befand sich dagegen die frühere nationalökonomische Staatsweisheit, welche vermeinte, daß man die Völker nach Willkür besteuern könne oder daß man einer Theuerung dadurch abhelfen könne, daß man ein Maximum der Getreidepreise festsetze: auf dem scholastischen, die das Zeichen für die Sache selbst nimmt, jene Ansicht, daß der Nationalreichthum nur durch das Ansammeln und Aufhäufen von Edelmetallen gefördert werde. Wie die Sprachwissenschaft, jener herrliche Wunderbau deutschen Geistes und deutscher Arbeit, erst durch Anwendung dieser Methode — objectives Vergleichen aller zugänglichen Sprachen und Aufsuchen der in ihnen waltenden Gesetze — durch die Werke eines W. v. Humboldt, Bopp, Pott, Gebr. Grimm, A. Schleicher wahrhaft begründet und dem Bereiche subjectiver Träumereien und phantastischer Combinationen entzogen worden ist, habe ich schon erwähnt. Anthropomorphistisch war noch die Anschauung des achtzehnten Jahrhunderts, welches die Sache leicht nahm und die Worte einfach als Schallnachahmungen (Herder findet in dem Worte Blitz die Schallanalogie des Urplötzlichschnellen) und durch den freien, selbstbewußten Willen festgesetzte conventionelle Zeichen ansah. Daß zu einer solchen der Reflexion entsprungenen Schöpfung eine hohe geistige Vervollkommnung und Reife nothwendig vorausgesetzt werden müßte, welche doch selbst nur aus einer langjährigen, durch die Sprache erst ermöglichten Entwickelung hätte hervorgehen können, bedachte man nicht. Ein scholastisches idem per idem war dagegen die Definition, daß Sprechen der Ausdruck der Gedanken sei, und die dadurch veranlaßte Vermengung und Verwirrung verschiedener Gebiete, indem man wähnte, daß die Gesetze des Denkens, die Logik, in der Sprache zu vollendeter Ausprägung gelangten.

Es sind demnach innerhalb der einzelnen Wissenschaften die Nachwirkungen jener veralteten und scheinbar überwundenen Anschauungen noch vielfach zu verzeichnen. Ja auch in den Naturwissenschaften selbst, welche durch die glänzende Geistesthat des Kopernikus die neue Methode inaugurirten und, seitdem von ihr geleitet, die großartigsten Resultate erzielten, sind Rückfälle und Abirrungen von derselben nicht ausgeblieben. Was war es Anderes, als ein erneutes Aufflackern des Anthropomorphismus, als zu Anfang dieses Jahrhunderts die Naturphilosophie ihre mystisch-abstrusen Theorieen und Erklärungen aufstellte: wer den Versuch wagt, sich in jene damals die ganze Welt interessirende Literatur zu vertiefen, der wird finden, daß das Bestreben, die Naturerscheinungen durch Uebertragung des geistigen, bewußten Seelenlebens zu erklären, in allen vorwaltet. Die Weltseele, der thierische Magnetismus, der Somnambulismus, sowie naturwissenschaftliche Umdeutung kirchlicher Dogmen spielen eine Hauptrolle, und schon aus diesen Worten erhellt, welch barocke Verquickung der disparatesten Elemente — Psychologie, Theologie, ja selbst Magie — mit den bereits erforschten Naturprincipien zu einem mystischen Formelkram damals als Wissenschaft ausgegeben wurde. Für diejenigen, welchen die Zeit abgeht, sich mit den Erzeugnissen jener nervös überreizten und phantastisch erhitzten Geister bekannt zu machen, will ich folgende charakteristische Stelle eines der geistreichsten Vertreter jener Richtung mittheilen, an welcher sie sich einstweilen werden genügen lassen. Franz v. Baader schreibt Januar 1813: „Mit dem thierischen Magnetismus fängt es wieder gewaltig an zu spuken. Es sind die finstern Mächte des Orkus, die durch diese unvorsichtig geöffnete Pforte sich zu uns heraufdrängen. Weil die armen Menschen die Wunder Gottes verleugneten, so sollten sie die Wunder des Teufels anerkennen. Die Ursache der Gefahr beim Magnetismus ist nämlich folgende: unser Körper und unsere Körpersinne wurden uns gegeben, um uns von den Mächten des Orkus geschieden zu halten; denn die Leibwerdung des Menschen war seine erste Taufe, nachdem er aus dem Abgrund wieder hervorgehoben durch die Hand der Liebe. Wenn man also diese Armüre ihm vorzeitig nimmt und den inneren Menschen bloßsetzt, so sind es gewiß die finsteren Mächte zuerst, die sich seiner bemächtigen, wenn nicht der Magnetiseur Priester Melchisedek ist!" Erreicht oder überboten wurde dieser blühende Unsinn, der damals in den auserlesensten Kreisen für Groß-Kophthasche Weisheit galt, wohl nur durch den Hegel'schen Eiertanz mit leeren dialektischen Terminologieen, denen auch die Welt zwei Decennien als Offenbarungen höchster Weisheit lauschte — das alte Märchen von des Kaisers neuen Kleidern! Sollte ich denn dumm sein? Das darf Niemand wissen. Also drauf los gehegelt: „Das Absolute, das An=

undfürsichsein, das reine Sein gleich dem reinen Nichtsein u. s. w." — Daß auch noch heute Trümmer der alten Scholastik in der Naturwissenschaft vorhanden sind, das werden die Mediciner wohl zugeben, denen Worte wie Lebenskraft, Bildungstrieb u. a. noch immer als Erklärungsformeln für Erscheinungen dienen müssen, deren wahre Ursachen ihnen einstweilen noch unerschlossen sind. Sie unterscheiden sich nur durch ihr moderneres Costüm von dem Archeus des Theophrastus Paracelsus, ein vom Willen des Menschen unabhängiges Princip, das die Ernährung leitet, im Magen die schädlichen von den unschädlichen Stoffen sondert und welches nach van Helmont der eigentliche Träger der Affecte, Schrecken, Zorn u. s. w. ist. Diesem „Racker Archeus" in irgend einer Weise beizukommen, ihn durch allerlei Kunst zu besänftigen oder zu fröhlicherem Thun aufzumuntern, galt natürlich den Anhängern des Paracelsus für die Hauptaufgabe des medicinischen Verfahrens, eine Weisheit, die in unsern Tagen auf einem anderen Gebiete ihre Auferstehung feiert, wo die Socialdemokratie ihre Herzensergießungen, Verwünschungen und pathetischen Apostrophen an das „verruchte, herz- und seelenlose Kapital" richtet!

Zweitens. Das Naturwissen, welches sich auf der breitesten Basis der unzähligen, uns von allen Seiten umgebenden Erscheinungen aufbaut und darum auch die vielfältigste Anwendung in dem praktischen Leben findet, übt auf den lernbegierigen Knaben, dessen rege Sinnlichkeit und Thatenlust in Feld und Flur, Wald und Haide, oft auch in Werkstätten und Arbeitslokalen vielfache Entdeckungen macht, die er hier verwerthen, über die er hier Aufschluß erhalten kann, einen großen und unmittelbaren Reiz aus. Tausend Fragen bestürmen den Lehrer, der, wenn er nur einiges Talent hat, mit Leichtigkeit das lebendigste Interesse und die geistige Theilnahme aller seiner Schüler die ganze Stunde wach zu erhalten vermag. Wie oft ist die Klage geführt worden, daß dieser oder jener seine lateinischen Exercitien vernachlässige, weil er mit der Bereicherung seines Herbariums, seiner Käfer- oder Schmetterlingssammlung oder mit chemischen Experimenten seine Zeit versäume! Daß hier ein gesunder Naturtrieb obwalte, der in dem

Knaben sich mächtig äußert, wie vordem in dem Kindesalter der Menschheit, in der großen, ihn umgebenden Erscheinungswelt, als deren Theil er sich fühlt, heimisch zu werden, seine Sinne zu üben, sehen, hören, empfinden zu lernen, das wird von der philologischen Schulfuchserei nur zu oft übersehen oder mit dem thörichten Tadel: „er treibt Allotria!“ zu den Acten gelegt. *) Es ist dies dieselbe Aberweisheit, welche ehedem die drängende Naturkraft, die den zehn- oder zwölfjährigen Knaben zwingt, durch Hüpfen, Springen und Raufen seine Gliedmaßen zu künftiger Kraft und Geschmeidigkeit heranzubilden, durch schulmeisterliche Autorität und eventuelle Beweiskraft des allbezwingenden Hasels unter die Gesetzesparagraphen einer erleuchteten „Schulordnung“ zu beugen sich vermaß. Verkrüppelte, sieche Schwächlinge einerseits, verstockte Sünder und unverbesserliche „Lotterbuben“ andererseits waren die glänzenden Resultate jener hohen Weisheit. Seitdem die Pädagogik, von richtiger Einsicht geleitet, jenen Trieb als einen berechtigten anerkennt, ihn in Zucht und Schule nimmt und ihm in den Turnübungen einen eigenen, bisher nur zu karg bemessenen Raum in ihrem Heiligthum angewiesen hat, ist die Zahl jener verstockten Sünder, wenn nicht ganz verschwunden, doch auf ein Minimum reducirt: gerade wie die Verbrechen sich bedeutend gemindert haben, seitdem eine mildere Gesetzgebung zu der menschlichen Schwäche herabgestiegen und die gräßlichen, die Menschheit entwürdigenden Strafen abgeschafft hat. Das Eine möchte ich meinen philologischen Collegen zur Beherzigung anempfehlen: Statt euch darüber zu ärgern, daß die Theilnahme so mancher eurer Schüler vorwiegend den naturwissenschaftlichen Disciplinen zugewandt ist, sucht doch lieber die Wurzeln und Triebfedern dieser Theilnahme zu ergründen und seht zu, ob ihr da nicht Mittel findet, für eure eigenen Fächer durch Anregung ähnlicher Triebe dasselbe Interesse zu erwecken. Ihr werdet dann vielleicht die Erfahrung machen: es ist das Ausgehen

*) Das Ideal dieser einseitig philologischen Methode müßte eigentlich das talmudische Buchstabenstudium des Beth Hamidrasch sein. Ich habe einen lieben Freund, der mir versicherte, er habe als zwanzigjähriger Bacher nicht gewußt, wie eine Kuh aussieht, und gemeint, die Besen wüchsen gebunden auf den Bäumen.

von dem Bekannten, Faßlichen, dem Schüler jederzeit Zugänglichen und die stete Anwendung der abstracten Theorie auf bestimmte, das tägliche Leben vielfach bedingende und gestaltende Verhältnisse, was ihn zu gespannter Aufmerksamkeit und namentlich, was die Hauptsache ist, geistigem Mitarbeiten veranlaßt. Wie das auch in andern Fächern zu erreichen, davon habe ich in dem Abschnitt vom todten Wissen schon manche Andeutungen gegeben. Ich weise hier noch auf den großen Reiz hin, den die Essayisten, namentlich Montaigne und Macaulay auf Jeden ausüben, die uns ja dadurch hauptsächlich fesseln, daß sie historische Ereignisse der Vergangenheit und die großen Bilder und Ideen einer längst entschwundenen Zeit uns durch tausend Fäden und Bezüge mit der Gegenwart und unsern eigenen Erlebnissen persönlich nahe zu führen und mit einem uns geläufigen Maßstab zu messen verstehen. Und da mir einmal das Plaudern verstattet ist, so möchte ich auch an einem selbsterlebten Beispiele zeigen, was und wie ich's meine.

Im Winter 1871 wurde hier in Mainz die Antigone des Sophokles mit der herrlichen Mendelssohn'schen Musik zur Aufführung gebracht. Den Schülern der oberen Klassen wurde erlaubt und angerathen, der Darstellung beizuwohnen. Ich nahm Veranlassung, meinen Schülern über die Handlung und den Gang der großartigen Tragödie Einiges mitzutheilen, und drückte meine Freude aus, daß sie Gelegenheit hätten, durch die Bühnendarstellung im Verein mit der stimmungsreichen Musik einen unmittelbaren Eindruck zu empfangen, der ihnen ja bei dem zerstückelten Lesen in der Klasse niemals zu Theil werden könne. Als ich ihnen nun den prachtvollen Eingangschor: „Strahl der Sonne, du schönstes Licht, das dem siebenthorigen Theben erschien", analysirte und ihnen den Jubel der Bürger über den abziehenden Feind, „der wie ein beutesuchender Adler mit weißen Schwingen über der Stadt schwebte", vor die Seele zu führen suchte, da erinnerte ich sie an die Zeit, wo die verderbenschwangere Gewitterwolke des französischen Kriegs über unserer friedlichen Heimat aufstieg, wo unter dem bleiernen Drucke banger Erwartung lange Wochen die Gemüther seufzten, ich erinnerte sie an das furchtbare Loos, das im unglücklichen Falle unsere Stadt, die alte

Reichsfeste, betroffen hätte und das uns durch das grause Schicksal Straßburgs nachmals so nahe gerückt wurde — und als nun die erste Siegeskunde ins Land flog, als die unvergleichliche Tapferkeit der deutschen Heere den beutegierigen Adler verscheuchte, wie athmeten wir da auf, welch ein enthusiastischer Jubel entstieg da Aller Herzen, denn auch wir durften rufen: „Strahl der Sonne, du herrlicher Tag, der über unserer Stadt ist aufgegangen!" Ich gewahrte bald bei vielen den sinnigen Blick, das Zeichen der Erregung und Theilnahme. Und ich bin überzeugt, daß die Knaben an jenem Abend diesen Chor mit wirklicher Andacht angehört haben.

Nach dieser pflichtmäßigen Einkehr in die Schule, die der geneigte Leser bei diesem Abschnitte als eine Diversion zur Beruhigung meines Gewissens entschuldigen mag, kehre ich wieder zu meinem Hauptthema zurück. „Gott schuf den Menschen nach seinem Bilde, nach dem Ebenbilde Gottes schuf er ihn", sagt die Schrift. Das Göttliche im Menschen, die Vernunft, hat seinen Gott, seine Götter, seine ganze Welt nach seinem Bilde, nach dem Ebenbilde des Menschen geschaffen, sagt die Wissenschaft. Zuerst roh und rein körperlich, dann idealistisch die Natur vermenschlichend, löste sich die Vernunft aus dem Banne dieser Anschauung erst in der dritten Periode und erhob sich zur philosophischen Betrachtung durch das vergeistigende Princip der Metapher: immer aber blieb der Mensch als Mikrokosmos, Maßstab, Typus oder Matrize für die Ausprägung des Weltganzen in wortgebundenen Ideen. Das Oben und Unten, das Rechts und Links, das Vorn und Hinten, jene körperlichen Abstractionen, die sich zu den drei Dimensionen des Raums, sowie zu den Himmelsrichtungen Nord, Ost, Süd, West generalisirt haben, was sind sie Anderes als von unserm eigenen Körper hergenommene Beziehungen? Und wären nicht rhythmische Bewegungen in unserem Herzschlag, sowie den übrigen organischen Thätigkeiten, wären wir nicht selber entstehende, sich verändernde und vergehende Wesen, wie sollte uns das Zeitmaß für den Wechsel der Dinge in ihrer Aufeinanderfolge sich erschließen? So ist es denn auch natürlich, daß wir nach menschlichen, d. h. unsern eigenen Analogieen am klarsten denken und reden, ja ich möchte sagen, diese Sprache ist für uns allein verständlich. Wir sagen, die Erde bewegt sich, weil wir uns bewegen, wir reden von der einen Seite des Mondes, weil wir zwei Seiten haben: menschliches Thun ist es, wenn die gröberen Stoffe sich in der Flüssigkeit absetzen, wenn die bewegte Welle ruht, wenn die Pflanze schläft, wenn das Wasser wächst, wenn der Wind bläst und der Sturm heult. Von jedem Dinge verlangen wir, daß es Hand und Fuß hat, und unsere eigenen Gliedmaßen übertragen wir auf alles Geschaffene. Der Römer bezeichnete mit Kopf und Ferse Anfang und Ende vieler Dinge, das erste Wort der h. Schrift Bereschith am Anfang, kommt von Rosch, wie noch heute Rosch Haschanah, Kopf des Jahres, das jüdische Neujahr bezeichnet; das Haupt und die Vollendung drückt der Franzose durch achever (von chef, altfr. der Kopf) aus. Menschlicher Thätigkeit entlehnt ist die Bezeichnung und Vorstellung der obersten Principien, die wir als Urformen der materiellen und geistigen Welt denken: was wir nicht mehr zerschneiden, nicht mehr theilen können, das ist uns ein Atom, ein Individuum; bei den Magneten und elektrischen Strömen gewahren wir ein Anziehen und Abstoßen, die elastischen Körper sehen wir auffallen und zurückspringen, ja alles Geschehen, alle Veränderung in der Natur können wir uns nur als von einer Kraft ausgehend denken. So war es stets und so wird es allzeit sein — klares Erkennen und Begreifen der Naturerscheinungen wird sich uns niemals durch mathematische Formeln erschließen, sondern nur dadurch, daß wir dieselben, uns in sie hineindenkend, durch den Ausdruck unserer eigenen Thätigkeit symbolisiren. Metaphorische Personification, wenn man diese dritte Stufe zu den beiden vorhergehenden in Beziehung setzen will. Mit seinen mathematischen Formeln steckt der Gelehrte nur die Nadeln, um die Grenzen der Erscheinung vorsichtig zu bezeichnen: Klarheit und Verständlichkeit gewinnt sie aber erst, wenn sie aus diesen Grenzen heraustretend in bestimmter Gestalt sich uns offenbart, sich regt und bewegt. Das ist dann die popularisirende Wirkung der Sprache, welche zum Gemeingut Aller macht, was früher nur ausschließlicher Besitz von Wenigen war. Und somit erklärt sich jene classische Darstellungsweise der wenigen, auserwählten Naturforscher – eines Liebig, Tyndall, Helmholtz — die scheinbar dunkle und verwickelte Gegenstände in eine Form kleiden, daß dieselben so natürlich klar und selbstverständlich erscheinen. Diese populäre Darstellung entspringt nicht aus dem mühsamen Aufsuchen von Beziehungen, wie etwa der treffliche Bernstein, oder aus einem Sammelsurium von Geistreichigkeiten, wie Karl Vogt verfährt, sondern aus dem großen Geistesblick, der die Erscheinung in ihrer Totalität überschaut und sie nun wie ein lebendiges Wesen aus sich selbst heraus erklärt. Das ist es, was Jakob Grimm ausspricht, wenn er von Liebig im Vergleich zu andern Darstellern rühmend sagt: „Die Chemie kauderwelscht Griechisch und Latein, in Liebig's Munde wird sie sprachgewaltig.“ Und ich möchte hinzufügen, die Größe jener populären Darstellung liegt darin, daß jene Männer schon heute so denken und sprechen, wie man in hundert und mehr Jahren, wenn diese neuen Vorstellungen geläufiger geworden sind, allgemein die Sache sich denken und ausdrücken wird. Wenn Newton die großartigste Abstraction, welche die neuere Wissenschaft kennt, durch mühsame mathematische Berechnung erfaßt und dieselbe dann in die einfach classische Form kleidet, daß eine und dieselbe Kraft, welche den Stein zur Erde treibt, durch alle Himmelsräume wirkend, die Harmonie des Weltensystems erhält, so ist dies ein schönes Beispiel des genialen Geistesblickes, der zugleich sprachgewaltig wirkt. Wenn dagegen Ampère die Ablenkung der Magnetnadel durch den elektrischen Strom so veranschaulicht, daß er in den Draht ein Männchen eingeschaltet denkt, welches bald auf dem Rücken, bald auf dem Bauch liegend nach der Magnetnadel schaut, so ist dies ein — zwar aus dem gleichen Grundbestreben hervorgehendes — aber unvollkommenes Stammeln, welches dereinst durch einen einfacheren, aus dem Wesen der Sache hergeleiteten Ausdruck wird ersetzt werden. Ich möchte auch diesen Gegenstand nicht verlassen, ohne ein charakteristisches Beispiel dieser Auffassungs- und Darstellungsweise anzuführen: ich entnehme es Liebig's epochemachendem Werke über Agriculturchemie. Nachdem der große Gelehrte in exacter Forschung durch chemische Analyse nachgewiesen, welche nothwendig die Fruchtbarkeit bedingenden Stoffe dem Boden durch den Raubbau allmählich entzogen werden und in welch erschreckender Weise das irrationelle Verfahren der landwirthschaftlichen Routine das Land, die Basis der Ernährung seiner Bewohner, ausmergelt und mit der Zeit erschöpfen muß, gestaltet sich in seinem Geiste das Ergebniß seiner Forschung zur klarsten Anschauung und in lichtvoller, dem Gebildeten wie dem einfachen Manne verständlicher Sprache fährt dann der große Schriftsteller fort:

„Wenn von tausend Goldstücken jeden Tag das Gewicht von einem Stück abgefeilt wird, so ist der Gewichtsunterschied von einem Tage zum andern sehr gering. Dem Münzwardein mit seiner feinen Wage entgeht er nicht, im gewöhnlichen Verkehr bemerkt ihn anfänglich Niemand; nicht jedem Dukaten feilt man gleichviel ab; vergleicht man nur zwei, so erscheint der Unterschied als etwas Zufälliges. Wenn dieses Abfeilen tausendmal wiederholt wird, so bleibt von der großen Summe nichts mehr übrig. In dieser Weise behandelt der moderne Landwirth sein Feld; sein Verfahren ist Selbstbetrug und seine Ansichten von der Natur des Feldes sind ererbte Lügen. Er füttert die Kuh, die ihm Milch giebt, mit dem Fleisch, das er ihr von den Rippen schneidet, und glaubt, daß sie immer Milch geben werde.“ Im weiteren Verlauf auf die unverantwortliche Vergeudung der Düngerstoffe durch England eingehend, welche dieses Land durch Knocheneinfuhr aus Europa zu ersetzen sucht, erhebt sich seine Sprache und mit dem Zorne des Propheten ruft er: „Großbritannien raubt allen Ländern die Bedingungen ihrer Fruchtbarkeit, es hat die Schlachtfelder von Leipzig, Waterloo und der Krim bereits nach Knochen umgewühlt und die in den Katakomben Siciliens aufgehäuften Gebeine vieler Generationen verbraucht und zerstört jährlich noch die Wiederkehr von drei und einer halben Million Menschen; einem Vampyr gleich hängt es an dem Nacken Europas, man kann sagen, der Welt und saugt ihr das Herzblut aus ohne zwingenden Grund und ohne dauernden Nutzen für sich.“ — Welche Fülle von rein wissenschaftlichen, abstracten Beziehungen ist hier durch den wahrhaft classischen Ausdruck zu einem großen, ruhigen, unmittelbar wirkenden Bilde vereinigt, und wie ist der trockene, ja rebutante Gegenstand durch die hochpoetische Intuition geadelt!

So vereinigen sich bei der wahren Geistesgröße die Kräfte, welche bei den Anderen gesondert wirken, zu ihrer unmittelbaren Ursprünglichkeit und der große Mann der Wissenschaft ist durch die Gestaltungskraft seines geistigen Auges und die daraus hervorgehende Sprachgewalt zugleich der große Dichter. Ist es denn auch umgekehrt? Hat das große Auge des Dichters auch einen richtigeren Blick in die Weltverhältnisse und in die Geheimnisse der Natur? Das, denke ich, wird Niemand leugnen. Die schöne Parabel Rückert's Chidher schaute schon ahnungsvoll — von den Zinnen dichterischer Warte — auf die moderne Auffassung der Geologie. Und sind nicht folgende Verse aus Schiller's „Wallenstein" merkwürdig genug:

> Und wie des Blitzes Funke sicher, schnell
> Geleitet an der Wetterstange läuft,
> Herrscht sein Befehl vom letzten fernsten Posten,
> Der an die Dünen branden hört den Belt,
> Der in der Etsch fruchtbare Thäler sieht,
> Bis zu der Wache, die ihr Schilderhaus
> Hat aufgerichtet an der Königsburg —

da seitdem der hier dichterisch personificirte und vermenschlichte Blitz wirklich diese Rolle übernommen hat? Und ist nicht der leuchtende Grundgedanke in Schiller's Künstlern:

> Nur durch das Morgenthor des Schönen
> Drangst du in der Erkenntniß Land —

zugleich der Grundgedanke in Darwin's Entwickelungslehre, bei welcher die Selectionstheorie nur durch den Instinkt des Schönen geleitete Wesen von Stufe zu Stufe bis zu der Vollkommenheit menschlicher Erkenntniß hinaufsteigen läßt? (S. namentlich „The descent of man.") Und hat nicht unser großer philosophischer Dichter in seiner Antrittsrede zu Jena die Grundidee der Entwickelungslehre in ihrer Anwendung auf die Geschichte der Menschheit als die wahre Aufgabe der Weltgeschichte in den klarsten Zügen vorgezeichnet? „Welche Zustände durchwanderte der Mensch, bis er von jenem Aeußersten bis zu diesem

Aeußersten, vom ungeselligen Höhlenbewohner zum geistreichen Denker, zum gebildeten Weltmann hinaufstieg? Die allgemeine Weltgeschichte gibt Antwort auf diese Frage."

Habe ich bisher — im Anschlusse an die beiden diesem Abschnitte vorangestellten versus memoriales — die Wirkung der Geistesbildung auf die Naturauffassung sowie auf das durch das reichere Beobachtungs- und Sprachmaterial immer klarer werdende Verständniß derselben in unserer Zeit kurz angedeutet: so muß ich nun von der Rückwirkung des erweiterten Naturerkennens auf das Geistesleben des Menschen, auf das große Geheimniß seines eigenen Denkens, Fühlens und Wollens reden. Wie ich zu Eingang schon bemerkte, hat die Sprache der Urzeit für das Innere des Menschen, für das, was nach unserem heutigen Dafürhalten uns von allen Dingen das Bekannteste, ja nach Fichte das Alleinbekannte erscheint, gar keine Bezeichnung — es existirte mithin damals für das menschliche Denken, welches nur vermittelst der Worte operiren kann, noch nicht. Erst durch die Reflexion, d. i. durch die Rückstrahlung der Außenwelt und symbolische oder metaphorische Verwerthung derselben für das, was der Mensch im Verlaufe der Zeit in seinem Innern dunkel ahnte oder deutlicher empfand, begann auch dieses Gebiet für ihn allmählich sich zu erhellen und Gegenstand seines Nachdenkens zu werden. Das Empfindungsleben, das ihn drängte, seiner Freude oder seinem Schmerze durch Mittheilung Luft zu machen, war wohl die erste Veranlassung dazu, um so mehr da bei den einfachen heftigen Leidenschaften der frühesten Zeit seelisches und körperliches Empfinden noch vielfach in einander floß. Das arme Gretchen findet von selbst den Ausdruck für ihre Herzensqualen: „Wer fühlet, — Wie wühlet — Der Schmerz mir im Gebein", und das „Schwert im Herzen" des erhabenen Kirchenhymnus wird ihr doppelt verständlich. Das rein geistige Erwägen hat sich im Lateinischen an das secum volvere und volutare geheftet, in welchem wir das Hin- und Herwälzen eines Steines, um ihn von allen Seiten zu betrachten, deutlich erkennen. Selbst der Geist, die Seele, das Leben konnte sich nur durch die unzweideutigste körperliche Aeußerung derselben, den

Athem, begreifen lassen und so finden wir die Bezeichnungen ruach (Wind und Geist) im Hebräischen, animus, anima, spiritus im Lateinischen, ψυχή, Athem, Leben, Seele im Griechischen u. s. w. Mit einem Worte, alle inneren, rein geistigen Vorgänge werden dem Bewußtsein erst durch die Symbolik der Außenwelt erschlossen, alle hierher gehörigen Ausdrücke tragen das Gepräge rein sinnlicher Wahrnehmungen und verlieren dies für unser Denken erst allmählich, indem die vergeistigende Metapher ihre Wirkung äußert.

Aus dem Gesagten folgt aber, daß nicht nur das stetig fortgesetzte Beobachten und Nachsinnen über unsere Seelenvorgänge, sondern viel mehr noch das erweiterte Naturwissen, welches dem Geist immer mehr und neues Material zur symbolischen Verwerthung an die Hand gibt, um sein eigenes Thun und Wirken zu objectiviren, sehr zur fortschreitenden Erkenntniß und Aufhellung des Räthselhaftesten und Wissenswerthesten, was es auf der Welt gibt — unseres eigenen Selbst — beitragen muß. Wie der Taktiker seine Vorstellungen gereiht und gerottet auffaßt, wie der Mathematiker glaubt die größere oder geringere Kraft seiner Empfindungen als meßbare Größen durch Zahlen fixiren zu können, so findet der, dem das große Buch der Natur offen daliegt, überall neue und frappante Bilder, um analoge Vorgänge seines Innern auszusprechen, d. h. zu Ideen gestalten zu können. Das ist ein so fruchtbarer Gedanke, daß ich mich auf seine Andeutung beschränken muß, denn sonst fürchte ich, würde dieser Abschnitt zu einem Buche anwachsen; ich überlasse es dem denkenden Leser, ihn auszuführen und in seiner ganzen Tragweite zu verfolgen. Ich beschränke mich wieder auf ein Beispiel, das mir gerade in den Sinn kommt. Die Botanik lehrt, daß viele Pflanzen im Herbst und in der stillen Winterszeit in bestimmten Organen Stoffe ansammeln und verdichten, aus denen nachmals unter dem Einflusse der treibenden Kraft des Frühlings, des Sonnenscheins und der linden Lüfte die Pflanze in fröhlichem Wachsthum ihre Zweige, Blätter und Blüten gestaltet, der Baum sein grünes Zelt in den blauen Himmelsraum ausbreitet. Ist es nicht gerade so mit dem geistigen Leben des Menschen, des einzelnen, wie ganzer Völker? Sind da nicht auch Zeiten — Jahre oder Jahrhunderte — in denen die geistige Triebkraft entschlummert oder ganz erloschen zu sein scheint? Und doch sind dies nur Zeiten einer stillen, traumartigen Receptivität, in denen mächtige, umschaffende Eindrücke, die eine neue große Lehre, z. B. das Christenthum im Mittelalter, erweckte, angeeignet, verarbeitet, in Fleisch und Blut verwandelt werden. Kommt nun der geistige Frühling in die Lande, verspürt man das Wehen des Sturmwindes, der ihn ankündigt, wie treibt und knospt es da an allen Enden, zu wie herrlichen Gebilden gestaltet da die neuerwachte schöpferische Kraft in Dichtung und bildender Kunst, in Wissenschaft und Handwerk das aufgespeicherte Material! Das sind dann Zeiten des geistigen Drängens und Schaffens, die in unglaublich kurzer Frist die herrlichsten Blüten treiben, alle eigenartig in reicher Farbenpracht und doch alle das Gepräge der Zeit und des Ursprungs aus der vorangehenden Ruhezeit tragend. Man denke an den Liederfrühling im 12. Jahrhundert, die Renaissance und die große Zeit im 18. Jahrhundert!

Um nun kurz die Hauptgedanken dieser allerdings etwas aphoristischen Darstellung zu recapituliren: Das menschliche Erkennen ging von dem Bewußtwerden der den Menschen zunächst und vor allem interessirenden eigenen körperlichen Thätigkeiten aus, übertrug dieselben zuerst auf ähnliche, dann auf fernstehende Dinge der Außenwelt und erschloß sich erst zuletzt und am spätesten das eigene Seelenleben durch Uebertragung der in der Naturwelt erkannten Analogieen: alles dies mit Hilfe der Sprache, welche das vernünftige Denken erst ermöglichte und an welcher das Gepräge dieses dreifachen Processes in all ihren Bestandtheilen noch deutlich und unzweifelhaft wahrzunehmen ist.

Man hat früher die menschliche Vernunft als etwas Unbedingtes, auf dem Höhepunkt der Vollkommenheit Angelangtes und Abgeschlossenes aus sich selbst erklären wollen, ja sogar ihre zukünftige Entfaltung vorauszunehmen sich vermessen: das war ein eitles Beginnen. Wer da sagt, der Geist ist das Absolute, der kann gleich bei diesem ersten Satze stehen bleiben, denn etwas darauf zu bauen oder daraus herzuleiten ist unmöglich. Jetzt erst, da die historische Auffassung auch auf die Vernunft übertragen wird, da man sie als etwas aus ganz bestimmten Bedingungen Hervorgegangenes, einmal aus dunkeln Anfängen Entstandenes, in der Zeit Gewordenes und Entwickeltes betrachtet, beginnt es auch auf diesem schwierigsten Gebiete allmählich zu tagen. Es ist derselbe Gedanke, den Lyell auf die Geologie, Lamarck, Geoffroy St.-Hilaire, Goethe, Darwin und E. Häckel auf die organischen Wesen, W. v. Humboldt und Franz Bopp auf die Sprache, als äußeres Gebilde, angewandt haben, welchen zuerst L. Geiger für den geistigen Inhalt der Sprache, an welcher und durch welche die menschliche Vernunft sich entwickelt hat, wissenschaftlich begründet hat.

Und so darf ich denn hier zum Schlusse ernsthaft wiederholen, was ich im Eingange halb im Scherze angedeutet hatte, daß die Entwickelungsgeschichte der menschlichen Vernunft berufen ist, uns dermaleinst die tiefsten und überraschendsten Aufschlüsse über den Menschengeist, sowie die ihn umgebende und allseitig bedingende Naturwelt zu geben, und daß ihr dann auch die Pforten der Schule nicht verschlossen bleiben werden. Dann werden freilich Dialektik und Syllogistik mit all ihren Herrlichkeiten — wie: „Alle Menschen sind sterblich, Cajus ist ein Mensch, also ist er sterblich", sowie jene Metaphysik, die zu den denkwürdigen Resultaten führt, „daß, wer verbrennt, nicht friert, und daß das Helle leuchtet und daß das Nasse feuchtet" feierlich zu Grabe getragen werden. Dann werden aber auch Naturwissen und geistiges Wissen, die jetzt von ihren gesonderten Gebieten aus um den Alleinbesitz der höheren Geistesbildung den erbitterten Kampf führen, harmonisch sich durchdringend friedlich neben einander bestehen.

IX.

Schulmeister-Krankheiten.

Wenn aber das Salz dumm wird, womit soll man salzen?
Ev. Matth. 5, 13.

Es ist schon unglaublich viel Papier verschrieben und verdruckt worden über alle möglichen Gegenstände der Pädagogik, als z. B. über die Jugend und ihre Eigenheiten, die Methodik und alle die einzelnen Finessen und Schlauheiten, mit deren Hilfe man die bittere Pille des Lernens überzuckert und übergoldet oder den Schüler, den dummen und ahnungslosen Vogel, auf die Leimruthe des Unterrichts lockt, ihn dann festhält und allmählich kirre macht. Ich glaube, ein Aufbau dieser pädagogischen Literatur würde die respektable Höhe des Thurms von Babel nahezu erreichen, und wenn die Bücher reden könnten, würde dabei eine Sprachverwirrung entstehen, welche die in der heiligen Schrift erwähnte um ein Bedeutendes übertreffen dürfte.

Ueber einen Factor eines gedeihlichen Unterrichts dagegen wird meist stillschweigend hinweggegangen, nämlich über die Persönlichkeit des Lehrers selbst. Dieses Schweigen muß bei dem unbefangenen Leser das Vorurtheil erwecken, als ob dieser Factor entweder eine ganz untergeordnete Rolle spielte und Gott einem Jeden, dem er dies Amt gibt, auch den benöthigten Verstand verliehe oder daß, sowie die Jugend ein Ausbund von Verkehrtheiten, schlechten, durch die Erziehung zu bändigenden Trieben und lasterhaften Neigungen, ebenso ein jeder Lehrer der Inbegriff aller Vortrefflichkeiten, der Brunnen der Wissenschaft und der Quell der höchsten Weisheit wäre. Obwohl nun manche Pädagogen in Stadt und Land von der Ueberzeugung des letzteren durchdrungen sein mögen, so hat denn doch die Unfehlbarkeitstheorie in unsern Tagen so glänzendes Fiasco gemacht, daß es sich verlohnen dürfte, auch jene „Unfehlbaren“ etwas näher bei Lichte zu besehen, und es will mir scheinen, daß etwa bei dieser Prüfung sich herausstellende Schwächen, in ihrem Wesen erkannt und auf ihre Ursachen zurückgeführt, dadurch leichter zu heilen und zu beseitigen sein müßten und daß diese Erkenntniß und Heilung denn doch auch der Schule und dem Unterrichte einigermaßen wieder zu gute kommen dürften.

Von der idealen Seite aufgefaßt, gibt es wohl keinen schöneren Beruf als den des Lehrers. Jakob Grimm meint, wenn er nicht Sprachforscher geworden, hätte er auch können ein tüchtiger Botaniker werden: die Verwandtschaft beider Wissenschaften liegt nahe. So kann auch die praktische Thätigkeit des Lehrers mit der des Gärtners verglichen werden. Wer einen schönen Garten mit vielen Blumen, Sträuchern, Obstbäumen hat, welch reiches Feld für Genuß und frohe Thätigkeit findet der nicht in seiner Liebhaberei; welch reges Interesse, jeden Morgen nachzusehen, wie viel seine Lieblinge gewachsen sind, ihnen Licht und Luft zu gewähren, die traurig die Köpfchen hängen zu begießen, Mehlthau und Raupen von ihnen zu entfernen, auch dem kleinsten und unbedeutendsten Pflänzchen seine Fürsorge zuzuwenden! Und wie labt sich dann sein Auge an dem blumenreichen Beete, an dem farbenschimmernden Strauch, an den fruchtbeladenen Bäumen! Eine oder die andere Culturpflanze aber, eine von ihm veredelte Obstsorte, ein besonders schönes, von ihm lange Jahre gepflegtes und gehütetes Exemplar, die wären ihm für alles Geld nicht feil. Sollte nicht eigentlich der wahre Lehrer einen gleichen Eifer, eine gleiche Freude an seiner Schule und an seinen Pfleglingen haben? Was sage ich g l e i ch? Ihm, dem die hoffnungsreiche Saat der Jugend anvertraut ist, der davon durchdrungen ist, wie wichtig sein Wirken, ja jedes seiner Worte ist das in die weichen, empfänglichen Seelen der Kinder eindringt, der das Schönste, was es auf der Welt gibt, die frohe, reine, unschuldige Kindheit oder aufstrebende, begeisterungsfähige, von Idealen erfüllte Jünglinge tagtäglich um sich versammelt, müßte dem nicht von seliger Freude das Herz schwellen, wenn er eintritt in diesen stillen Frühlingsmorgen, in diesen tausendfältige Frucht versprechenden Blütenhain, müßte nicht jedes Kummers Falte von seiner Stirne schwinden, wenn er ihnen in die hellen

Augen sieht, die so ruhig und sorglos in das ungewisse, stürmische Leben blicken? Und von welch heiligem Stolz müßte er erfüllt werden, wenn er bedenkt, daß seinen Händen das Beste und Wichtigste, was es gibt, das Theuerste, was Familie, Gemeinde, Staat besitzen, die Hoffnung und das Unterpfand der Zukunft, anvertraut ist! In Schiller's Glocke erhebt und adelt der Meister die Arbeit und den Sinn seiner Gesellen, indem er ihnen vorstellt, daß ihr Werk noch in späten Tagen dauern und laut von ihnen zeugen werde. Was aber ist ein dauernderes, ein edleres Werk, als die heranreifende Generation zu rechten und tüchtigen Männern heranzubilden und so einen Einschlag in das lebendige Kleid der Zeit, ein Glied in der Kette des unendlichen Geisteslebens der Menschheit zu schaffen?

Das ist das Ideal. Von solchen Gedanken und Empfindungen war gewiß die Seele der Besten erfüllt, die aus freier Wahl und innerem Beruf diesem Stande sich widmeten. Wie ist nun die Wirklichkeit? Denn diese gilt es ins Auge zu fassen, wenn anders nicht mit Windmühlen gefochten und die bei jeder Schulfeierlichkeit sich wiederholende Phrasensammlung nur um einige neue vermehrt werden soll.

So viele Schulmänner sind mir auf meinen Lebenswegen begegnet, ich habe deren aus allen Theilen Deutschlands auf meinen Ferienreisen kennen lernen, mich auch wohl hier und da an manchen, der mich besonders interessirte, zu mehrtägigen Fußtouren angeschlossen: im Allgemeinen aber muß ich zu meiner Schande bekennen, daß ich — gar manche Ausnahme natürlich abgerechnet — nicht gerade mit Vorliebe meine Reisegesellschaft unter den Männern meines Zeichens aussuchte, daß ich vielmehr Künstler, Seefahrer, Aerzte, Oekonomen, ja selbst hier und da Kaufleute bei weitem vorzog, vielleicht weil ich fühlte, daß man bei diesen ganz anders ins frische, volle Menschenleben hineingreift, als bei den Selbstherrschern der vier Schulwände. Die eine Bemerkung aber kann ich nicht unterdrücken, daß ich bei vielen, ich will nicht sagen, den meisten der Volksschullehrer, denen ich begegnete, etwas in der Physiognomie wahrnahm, was auch nicht die mindeste Aehnlichkeit mit dem oben geschilderten Ideale hatte, was mir im Gegentheile geradezu abstoßend vorkam. Es war eine Mischung von starrer Härte und Herbigkeit mit süffisanter, abstoßender Trockenheit, gleichzeitig etwas Moroses und Menschenscheues, gemischt mit anspruch vollem Wesen, scharf accentuirte, unmelodische Stimme die rechthaberisch die plattesten Trivialitäten behauptete, dazu etwas Verbittertes, fast Menschenfeindliches, das wohlwollendem Verkehr und freundlicher Theilnahme ganz unzugänglich schien. Nebenher fand ich auch andere Varietäten der Species: submisse, devote Freundlichkeit, kriechende Höflichkeit, die sich an den schwarzen Talar des Herrn Pfarrers anheftete, oder majestätisch-feierliche Kopfhaltung und ehrfurchtgebietendes Einherschreiten; trübes, fast erloschenes Wesen, das unter des Lebens Sorge und dem tödlichen Einerlei der Stunden verkommen schien, oder kniffig-schlaues Augenblinzeln, das fuchsartig in jedem Begegnenden den Feind verspürte, dem man durch irgend eine Finte zuvorkommen mußte. O weh, dachte ich manchmal in mir, zu welcher Fahne hast du geschworen! Und ich muß zu meiner eigenen Beschämung bekennen, daß es mir unter der Wucht dieser Eindrücke ein paarmal begegnet ist, daß ich auf der Reise meinen Stand verleugnete. Nachmals aber beruhigte ich mich und wurde den widrigen Eindruck dadurch los, daß ich mir der Ursachen bewußt zu werden suchte, die in unserem Stande zu jenen Resultaten, die ja auch wohl schon bei andern wahrgenommen worden sind, führten, und ich gelangte zu dem Schlusse, daß, wie jeder andere Beruf, so der unsere vielleicht mehr, gewissen Krankheiten unterworfen ist, die, einmal eingerissen, schwer zu heilen sind, denen aber prophylaktisch zu begegnen die Aufgabe nicht der Medicin, sondern einer eigenen Kunst, die ich die Selbstpädagogik der Pädagogen nennen möchte, sein sollte, deren höchste Weisheit in dem Aufsuchen und Erkennen der Aetiologie oder Ursachen der Krankheiten bestehen müßte. Sie werden's nicht verübeln, die Herren, wenn ich mich in diesen Plaudereien auch damit befasse, und manchem jüngeren Collegen dürften vielleicht meine wohlgemeinten Rathschläge nicht unwillkommen und auch von Nutzen sein.

Zunächst also: jenes herbe, harte und verbitterte Wesen leite ich nur theilweise aus der Eigenart und der inneren Disposition des

Schulkranken her, die Hauptursache liegt in der gedrückten, gedemüthigten äußeren Stellung, dem kärglichen, schnöden Lohn, dem Uebermuth der Aemter, ob Pfarr- oder Kreisämter, die so oft eine kriechende Unterwürfigkeit verlangen, dem empörenden Hohn der dummdreisten Geldprotzen, seien es nun Edelbauern oder hausknechtliche Parvenus, deren hoffnungsvolle Rangen schon frühzeitig in der Schule piepen, was sie zu Hause pfeifen hören, dem entwürdigenden Meßner-, Glöckner- und Bürgermeistereischreiber-Dienst — wie schade, daß der Lehrer beim Orgelspielen nicht gleichzeitig gehalten werden kann, auch die Bälge zu treten! Dazu nehme man dann noch eine Rotte verwilderter, halbroher Kinder, denen er neben den Elementen des Wissens auch noch die Anfänge einer gesitteten Bildung beibringen soll, und man wird in eine ganz andere Verlegenheit kommen, als der Mediciner bei der Cholera, man wird nicht wissen, welcher von den zahlreichen, offenkundigen Ursachen man den Haupteinfluß bei Hervorbringung jener Krankheit zuschreiben soll. Erwägt man nun noch jeden Mangel geistiger Anregung, des Lebens schwere Sorgen, ein Haus voll Kinder, die Brod verlangen, und einen Gemeinderath, der für die flehentliche Bitte, ihm nicht ein anständiges Auskommen, sondern nur so viel zu gewähren, daß er mit den Seinen wenigstens vor Hunger geschützt sei, nur taube Ohren hat, so begreift sich leicht, an welchen Klippen jene Idealität, wenn sie vorhanden war, hat Schiffbruch leiden müssen, und man wird nur mit innigem Mitleid die verhärmten und abgearbeiteten Züge des Vielgeplagten anschauen, der in vollgestopften Schulzimmern bei einer wöchentlichen Zahl von 30 Lehrstunden alle Muße hat, über die Wahrheit des alten Spruches nachzudenken: Di quem oderunt, aut scribam aut ludimagistrum eum fecerunt. Daß das anders und besser werde, daran zu arbeiten ist die ernste Pflicht nicht nur der Regierungen, der einsichtsvollen unter den Behörden, sondern aller Gebildeten, denen das Wohl der Jugend am Herzen liegt. Hier mögen sie Papier verschreiben nach Herzenslust und immer und unaufhörlich wiederholen: Wenn ihr einen tüchtigen Kutscher oder Gärtner haben wollt, so müßt ihr sie ordentlich entlohnen, sonst werdet ihr nur unbrauchbare Subjecte finden. Wenn ihr die Stellung des Lehrers nicht zu einer würdigen und angemessen honorirten erhebt, so werden bald die Reihen der tüchtigen Kräfte sich lichten und fahnenflüchtig werden*) und eure Kinder werden dann die wichtigste Zeit ihres Lebens der Obhut der durch ihre Unfähigkeit und Unzuverlässigkeit an dieses Hungerbrod Geketteten anheimgegeben sein!

Nun aber auf die Gefahren, die, abgesehen von jener äußeren Misère, in dem Berufe selbst liegen, übergehend, möchte ich zuerst die herzliche Bitte an meine Collegen, namentlich in den Dorfschulen, richten: Hütet euch vor dem Stumpfwerden! Ich weiß es und es wissen es nur die Männer vom Fache, welch tödlich abstumpfende Wirkung in dem ununterbrochenen Einerlei desselben engbegrenzten Lehrstoffs liegt. Die Unvernünftigen, die euch mit Stunden und Schülern überlastet haben, bedenken nicht, wie sehr sie euch und damit zugleich ihren eigenen Interessen schaden. Ihr wirkt nur so viel, als Kraft in euch ist, reibt man diese frühzeitig auf**), so wird ein todter, leerer Mechanismus an

---

*) Ich übertreibe, wird Mancher finden. Der halte Umfrage, wie viele tüchtige Lehrer in den Eisenbahn-, Post-, oder kaufmännischen Dienst übergetreten sind, wie manche den Bakel an die Wand gehängt und einen erträglichen Kohlen- oder Weinhändel oder auch nur eine Weinschenke eröffnet haben. Natürlich, das Amt soll seinen Mann ernähren. Unvergessen bleibt es auch, wie die bairische Regierung Anfang der sechziger Jahre eine Verordnung oder wohlgemeinten Rathschlag im Lande herumgehen ließ des Inhalts, daß der Schulmeister auf seine kärgliche Stellung eigentlich nicht heirathen solle. Aber, beste, hohe, weisheitsvolle Regierung, der Schulmeister ist auch ein Mensch, so zu sagen! Wie weit ist diese huldvolle Gesinnung von der jenes hessischen Regierungsraths entfernt, der einem armen Schulmeister, welcher ihm „bei sothaner kärglichen Verpflegung" in sichere Aussicht stellte, daß er Hunger sterben müsse, lebhaft zurief: „Thun Sie das, das wird Sensation erregen!"

**) Wie ermüdend und aufreibend die bei einem lebendigen Unterricht nothwendig sich einstellende Nervenaufregung und die damit zusammenhängende Störung der Verdauung wirkt, davon wissen nur die, welche jahrelang in diesem Berufe thätig gewesen (vielleicht auch ihre Frauen?), zu erzählen! Ein Lehrer, der recht von Herzen seine Schuldigkeit thut, kann nach zweistündigem Unterricht todmüde nach

die Stelle lebendiger Lehrthätigkeit treten und die Gemeinde wird 20 bis 30 Jahre einen Lehrer bezahlen, der nichts leistet, während sie bei billigdenkender Rücksichtnahme einen tüchtigen, mit voller Kraft arbeitenden Erzieher sich erhalten hätte. Aber haltet aus und ergebt euch nicht, solange ihr Widerstand leisten könnt. Hegt und nährt die Liebe zu den Kindern, lebt euch in sie ein und denkt stets, wie ihr jedes einzelne nach euern besten Kräften fördern mögt. Das allein erhält und erfrischt und es erzwingt euch zugleich die Achtung und Anerkennung der Gleichgültigen und Uebelwollenden. Laßt ja den Gedanken niemals Wurzel fassen, daß es eure Bestimmung sei, wie die Leute sagen, ein vertrockneter Schulmeister zu werden. Glaubt mir, es lassen sich unserer Thätigkeit viel mehr anregende und neubelebende Seiten abgewinnen, als den andern Berufsarten, in denen „staubtrockene Actenmenschen, eingerostete Bureaukraten, eingefleischte Gesetzesparagraphen, herz- und seelenlose Procentemacher und Dividendenschlucker" ja keineswegs zu den Seltenheiten gehören. Der mächtigste Hebel aber, mit welchem ihr euch gegen jene Krankheitsform, den geistigen Marasmus, stemmen müßt, ist das unermüdliche Vorwärtsstreben, das Fortarbeiten an eurer eigenen Ausbildung. Und wenn es nur eine Stunde ist, die ihr täglich eurer angestrengten, ums tägliche Brod ringenden Berufsarbeit abgewinnen könnt, laßt sie nicht vorübergehen ungenutzt, sie wird reiche Frucht tragen! Wenn ihr aber hier euch sinken laßt, dann ergebt ihr euch willenlos der langsamen, aber unausbleiblichen Wirkung jener Krankheit!

Eine zweite, höheren wie niederen Schulmeistern eigene Schwäche, die durch den günstigen Boden manchmal zu hypertrophischer Ausbildung gelangt, ist die Pedanterie, eine Species, auf welche wir anerkanntermaßen ein ganz besonderes Anrecht haben. Ein wenig von dieser Sorte, oder was dem Draußenstehenden so erscheint, ist bei jedem

---

Hause kommen, während ein anderer acht Stunden hintereinander holzhackert und dann gemüthlich zu seinem Schoppen Wein und seiner Partie Sechsundsechzig ins Wirthshaus trollt.

Schulunterricht nothwendig. Das Nichtbeachten des sunt certi denique fines, das Ueberschreiten des Maßes bezeichnet auch hier, wie in allen Dingen, den Anfang des Uebels.

Insani sapiens nomen feret, aequus iniqui,
Ultra quam satis est virtutem si petat ipsam —

d. h. pädagogische Weisheit und scholastischer Tiefsinn läuft am allermeisten Gefahr, sich in diese häßliche Erscheinungsform der Schulmeisterkrankheit zu verpuppen. Wer der fröhlichen, unternehmungslustigen Jugend, wenn sie, ohne es bös zu meinen, einen Streich gespielt hat, nicht auch einmal durch die Finger sehen kann, wer ihre Pietät danach bemißt, wie tief sie das Mützchen abzieht, wer es ihr als todeswürdiges Verbrechen anrechnet, wenn sie bei einem Spaziergang einmal im Wirthshaus eingekehrt ist und ein lustig Liedlein angestimmt hat, wer sich über die Farbe, den Schnitt ihrer Kleidung, ihren unzeitgemäßen Bartwuchs, das Fehlen der Cravate entsetzt, der ist auf dem besten Wege, ein Opfer und vielleicht ein „recht interessanter Fall" jenes morbus pedanticus zu werden. Die Einzelformen dieser Krankheit sind unzählig, sie alle registriren zu wollen wäre ein verwegenes Unternehmen. Besonders lehrreich tritt sie zu Tage in der Ausdrucksweise der davon Befallenen. Die einen glauben nur dann vernünftig und sachgemäß zu reden, wenn sie die gewöhnlichsten Dinge in griechisch-lateinischem Gewand einherstolziren lassen, als z. B. daß mit Frage und Antwort am besten unterrichtet werde, lautet in ihrem Munde: daß sie eine den jetzigen Principien der fortgeschrittenen Didaktik adäquate Methode eingeführt, die praktische Katechetik, und daß sie ihrer Praxis einen Katechismus zu Grunde legen, der pädagogisch in seiner Structur, methodisch in seiner Katechisirbarkeit sich darstelle. Eine entgegengesetzte Form ist der Purismus, der dem Unterrichtszögling befiehlt, ein Buch aus seiner Bücherei herabzuholen, damit sie die Leserei der „Grundlegung des Schriftenthums der Weltweisheit" beginnen können. An derartige Ueberweise hat Schiller die noch immer offene Frage gerichtet: „Sage mir doch, mein Freund, wie man Pedant uns verdeutscht?"

Eine dritte Krankheit, welcher so manche Vertreter der Jugendbildung gar leicht zu verfallen pflegen, ist jene von Eitelkeit und hochmüthigem Dünkel aufgeblähte Wissensgeschwulst, der tumor scholasticus, eigentlich nur eine Varietät des in unsern Tagen leider in allen Ständen so verbreiteten Größenwahns. Die ersten Symptome dieses Uebels äußern sich gewöhnlich, wenn der oft unter knechtischem Druck und pietistischer Kopfhängerei „herangebildete“ Seminarist zum erstenmale als unbeschränkter Selbstherrscher unter die Schaar der maulaufsperrenden Jungen tritt oder des Abends am Wirthstische den dummen Bauern seine frischeingesogene hohe Weisheit darlegt. Es ist unglaublich, in wie kurzer Zeit diese Geschwulst sich entwickelt und schließlich solche Dimensionen annimmt, daß sie eigentlich den ganzen Menschen ausmacht. Es ist aber auch ein wirklich ekelhafter Gegenstand, dieses pathologische Object. Krähende Rechthaberei, Aburtheilen über alle bekannten und unbekannten Dinge, Alles besser wissen wollen, hochfahrendes Ignoriren des gesunden Menschenverstandes, das sind die herrlichen Krankheitsprodukte, die in obenerwähntem Schul- und Wirthshauszimmer sehr bald zu regelmäßiger Absonderung sich entwickeln. Von dem Ausspruche solcher Weisheit gibt es keine Appellation. Ich glaube, die schönen Wörter sintemalen (so viel als: da ja anerkanntermaßen) und hinfüro hat dieser Schulmeister in solchen Mißcredit gebracht, daß sie Niemand mehr anwendet, denn mit ersterem leitete er alle seine Gründe, mit letzterem alle seine Befehle ein. Der Cäsarenwahnsinn gilt heute als eine Ausgeburt der unumschränkten Macht, die keinen Widerspruch fand und das Gehirn der Gewaltigen so benebelte, daß sie sich für Götter hielten und ihren tollsten und grausamsten Launen freien Lauf ließen; in ihrer beschränkten Sphäre sind diese Schulmonarchen kleine Cäsaren, ihre Tollheiten und Absurditäten wirken hier natürlich nur komisch. Jeremias Gotthelf hat sie prächtig gezeichnet und auf den Genrebildern spielen sie meistens die lustige Figur. Hat eine der reicheren Töchter des Landes Gnade vor eines solchen Augen gefunden und hat er sich herabgelassen, die dumme Bauerntrine zu seinem ehelichen Gespons zu erhöhen, so vermag er seine Rolle bis an sein seliges Ende fortzuspielen; kommt aber zu dieser Krankheit noch Elend und Hungerleiderei, so vereinigt sich mit derselben eine verbissene Unzufriedenheit mit Gott und der Welt, ein giftiger Neid und Schelsucht gegen die tief unter ihm stehenden Bauern und Bürger, denen das Glück reiche Gaben spendete, während dem wahren Verdienste der Lohn so kärglich zugemessen wurde. Dann spielt er oft den Intriganten und schürt die Feindseligkeiten und Gehässigkeiten zwischen den Familien, wird zum Ohrenbläser, zum Zwischenträger, schreibt anonyme Zeitungsartikel, hetzt die Mitglieder eines Vereins oder des Gemeinderaths gegen einander, bis er endlich in seiner Niedertracht erkannt und entlarvt wird. Das Ende vom Liede ist dann, daß er, der anfänglich den Liberalen affichirt hatte, mit Sack und Pack zu den Lichtfeinden übergeht, bei denen er den Groll seines unbefriedigten Ehrgeizes durch erfolgreiches Wühlen gegen die anständigen Leute und den Fortschritt der Menschheit auszutoben Gelegenheit findet.

Ein viel freundlicheres Bild bietet die vierte Krankheitsform, welche ein Resultat zu sein pflegt mangelnder, äußerer Ernährung des Geisteslebens, des engen Gesichtskreises und der steten Bewegung in demselben Kreise. Imbecillitas scholastica heißt dieselbe, ihre Symptome sind ein allmähliches Einschrumpfen der Sinnes- und Bewegungsorgane zu Kurzsichtigkeit und wadenloser Dürre. Wie bei den Webern die Füße, bei den Sackträgern der Nacken sich auf Kosten der übrigen Organe ausbildet, so entwickelt sich bei unserem Patienten das Organ des Schulehaltens zu ungewöhnlicher Stärke und absorbirt dabei alle die Säfte, welche den übrigen Organismus ernähren und in seiner Harmonie erhalten sollten. Der zerstreute, der eckige, der curiose, der einfältige Schulmeister, sie alle gehören unter diese Kategorie. Können dabei herzensgut sein und ich habe oft einen rechten Zorn empfunden gegen die, welche sie lächerlich finden oder sich über sie lustig machen. Aber es ist diese Einseitigkeit eine fast nothwendige Wirkung der Berufsthätigkeit. Ein berühmter Professor der Psychiatrie, den ich in Paris hörte, gab folgende — für mich sehr bedenkliche, daher mir unvergeßliche — Definition gewisser Seelenstörungen: „Was unsere

Sinne blendet, verwirrt, zu ruheloser Irrung veranlaßt, das ist auf geistigem Gebiete auch im Stande, unser Seelenvermögen zu verwirren. Nun gibt es für unser Auge nichts Beunruhigenderes und Aufregenderes als ein zu enger oder zu weiter Gesichtskreis. Im engen Stubenkerker verzweifeln wir, im ungeheuern Aether suchen wir angstvoll und schwindelnd einen Ruhepunkt. Geistig trifft das Eine bei dem Schulmanne, das Andere bei dem Philologen zu, der auch auf seinem weiten Wissensgebiete, wie die Taube Noah's, oft nicht findet, wo er seinen Fuß niedersetzen könne. Darum, meine Herren", so schloß er, „ist es nicht zu verwundern, daß es unter den Schulmännern und Philologen die meisten Narren gibt." Ohne nun vorläufig Veranlassung zu finden, von dem mir in dieser Definition eingeräumten doppelten Anspruch und Rechtstitel Gebrauch zu machen, kann ich nicht leugnen, daß darin etwas Wahres liegt. Die Langeweile, lieber Leser, wenn du schon so glücklich warst, dieselbe zu empfinden, was ist sie Anderes als das unruhige Bestreben unserer Geisteskraft, sich zu bethätigen, während das monotone Tick — Tack, Tick — Tack der Schwarzwälder Wanduhr unser Sinnenorgan gefangen hält und uns nicht erlaubt, einen vernünftigen Gedankengang zu verfolgen. Nun denke dir den armen Schulmann, der dieses Tick — Tack jahrein jahraus vom Morgen bis zum Abend vernehmen muß und wundere dich dann noch, daß ihm in dem kurz zusammengebundenen Material seiner geistigen Operationen manchmal Verwechslungen unterlaufen, wie ich sie selber mit anhörte, als: „Den Darius stecken wir zwei Stunden in den Carcer!" oder wie der selige Galletti in Gotha sie zu Tage förderte, als: „Gotha ist nicht viel weiter von Erfurt entfernt als Erfurt von Gotha. Aus England werden jährlich wohl 20 Ellen Leinwand ausgeführt. Die Engländer würden nicht soviel Leder machen, wenn sie blos ihre eigenen Felle gerbten. Die besten astronomischen Uhren gehen alle Tage nur 3 bis 4 Stunden vor. In Rußland hat man Fenster von getränktem Oel. Dieser Vogel heißt Entenstößer, aber nur in der Noth, wenn er nichts Anderes zu fressen findet. Tacitus sagt schon, die alten Deutschen seien so groß gewesen als unsere Gardes du Corps. In Berchtesgaden wird aus Knochen Holz geschnitzt" u. s. w. Daß er dann auch in der großen, weiten Welt, die der beständige Corrector und Regulator unseres Denkens ist, nicht so zu Hause ist, wie wir wohl in seinem Interesse wünschen möchten, daß demnach gar manche Ecken und Kanten an ihm durch den Verkehr mit seinesgleichen oder vielmehr mit Anderen als seinesgleichen nicht abgeschliffen werden, daß sein ganzes Wesen dadurch etwas Unsicheres und Täppisches bekommt, was ihm seine bestimmte Signatur verleiht und ihn unter Hunderten mit Sicherheit herausfinden läßt, das ist wohl auch leicht zu begreifen, sowie auch daß er dem stillen Frieden seines Schulzimmers, wo die Milch der frommen Denkart noch nicht durch das demokratische Gift der Kritik und des Widerspruchs verunreinigt ist, seine Privatschrullen und Marotten in der mütterlichen Wärme seines ungestörten Denkprocesses zur Geburt reifen kann, wie der bereits von mir erwähnte königl. preuß. Schulrath Bormann Schiller's „Mädchen aus der Fremde" folgendermaßen interpretirte: „In einem Thal bei armen Hirten, d. h. zu Mecklenburg-Strelitz, erschien mit jedem jungen Jahr, d. i. zur Ostermesse, sobald die ersten Lerchen schwirrten, ein Mädchen hold und wunderbar, d. i. ein poetischer Almanach in eleganter Ausstattung." Es ist aber wirklich manchmal unglaublich, zu welchen Irrgängen sich die uncontrolirte Phantasie des Schulmannes fortreißen läßt und wie sie da — stark durch Gewöhnung — in den barsten Unsinn Methode zu bringen vermag. Als frappantes Beispiel diene noch folgendes bei einem Assisenprocesse producirte Zeugniß eines Gymnasialdirectors: „Daß NN., früher Gymnasiast, noch in seiner Jugend sich zu einer schauerlichen Greuelthat (Mord) hinreißen lassen konnte, erkläre ich mir psychologisch theils daher, daß er seine begonnene höhere Bildung abzubrechen genöthigt war (er trat in Quarta aus), wodurch er seine Naivetät verlor, ohne eine höhere Veredlung zu gewinnen, theils daher, daß er der sitzenden Lebensweise eines Scribenten sich widmete, welche zu wenig seine exuberante physische Kraft absorbirte, theils auch daher, daß derselbe der verderblichen Lectüre der sogenannten Ritter- und Räuberromane ergeben gewesen sein soll." Und darum

Räuber und Mörder! So schließt sie denn, die Brutstätten des Verbrechens, die Leihbibliotheken und Gymnasien, oder stellt wenigstens unter polizeiliche Aufsicht die Elenden, die mit verlorener Naivetät aus den mittleren Klassen auszutreten wagten! Ins Loch mit den Post-, Kreisamts-, Notariats- und anderen Schreibern, denn wer ist seines Lebens noch sicher, wo derartiges Gesindel sich tagtäglich vermehrt und in allen ehrlichen Häusern unheimlich wimmelt und straflos Zutritt hat! — Um nun aber den Unwillen meiner Herren Collegen nicht zu sehr zu reizen, will ich hier schließlich noch bemerken, daß derartige Irrgänge der Phantasie keineswegs ausschließliches Erbtheil der Philologen sind (trotz des Spruches: Nihil tam ineptum etc.), sondern daß andere Berufsarten ebenfalls ihren begründeten Anspruch darauf haben, wie denn die satanische Casuistik und das wollüstige Henkerraffinement der Hexenprocesse notorisch dem Gehirne der Juristen entsprangen, während es das unbestreitbare Verdienst der Philologie ist — gepriesen sei sie darum immerdar! — von diesem und anderem scheußlichen Aberglauben die Welt gereinigt zu haben!

Nach dieser Synopsis der gewöhnlichsten Schulmeisterkrankheiten, welche natürlich auf wissenschaftliche Vollständigkeit so wenig als auf genaue Darstellung der Symptomatik, Pathologie ꝛc. Anspruch machen kann — es kam mir nur darauf an, die allgemeinsten Erscheinungsformen kurz zu charakterisiren, und empfehle ich denen, welche bei der Lectüre bedenklich geworden sind, eine Methode, die ich auch bei mir anwende, nämlich „Der Selbstarzt in zweifelhaften Fällen" von dem berühmten Professor Anonymus Autodidactus, mit dem Motto: „Sapere aude!" — möchte ich nun eine Reihe von „pathologischen Studienköpfen" oder „Charakterköpfen aus der Schule" folgen lassen. Sie sind meist der höheren Klasse der Pädagogen entnommen, gehören also schon den „interessanteren Ständen" an und bieten insofern auch den gewöhnlicheren Kranken aus dem Volke Trost und Satisfaction, da diese sich dabei sagen können, daß sie von den „Krankheiten der vornehmen Leute" Gott Lob! verschont bleiben. Zu Modeleiden, wie Migräne, nervöse Abspannung, Hypochondrie 2c., haben sie keine Zeit und zu viel Appetit.

Dr. Orbilius, wohl ein Abkömmling des von Horaz mit dem epitheton ornans „plagosus," der Prügelfrohe, bezeichneten, ist durch die Beschränktheit der Vermögensverhältnisse seiner Eltern bestimmt worden, Philologie zu studiren. Es ist die ewige Klage seines Lebens, daß er nicht einen andern Stand ergriffen hat, der ihm ein viel einträglicheres Auskommen verschafft hätte. „Da sind die Kaufleute", sagt er, „die sehen mitleidig auf uns herab, denn sie verdienen an einem Tage so viel, als unser ganzer Jahresgehalt beträgt. Und auch in der Beamtenwelt sind wir die eigentlichen Parias, Niemand kümmert sich um uns, ob wir etwas leisten oder nicht; von Seiten der Regierung keine Anerkennung, keine Auszeichnung für den tüchtigen Lehrer! Wäre ich Jurist geworden, so nähme ich jetzt eine ganz andere Stellung ein. Da ist der Dr. C., der ist jetzt schon Ministerialrath und ein höchst einflußreicher Mann, er war mein Mitschüler und galt für ein mittelmäßiges Talent, saß bei den Locationen stets weit unter mir!" Und in der That, Orbilius hat seinen Beruf verfehlt, er hätte sollen Untersuchungsrichter oder eigentlich, wenn er in Südamerika geboren wäre, Sklavenhalter werden. Keine größere Lust für ihn, als wenn irgend ein Verbrechen bei ihm zur Anzeige gelangt — ein geheimes Tabakscollegium, eine unter den Schülern circulirende selbstredigirte Schulzeitung oder gar ein Wirthshausbesuch — da erscheint er des Morgens mit drohender Miene und citirt einen der Schüler aus dem Klassenzimmer auf den Gang. Die übrigen Schüler verharren in Todesschweigen und bald vernimmt man draußen das Klatschen der Ohrfeigen, mit denen der Inquisitor dem armen Inculpaten Geständnisse abzwingt. Bald wird die Thür aufgerissen und Orbilius mit zornglühendem Antlitz ruft einen andern Namen, den der ersterwähnte in der Todesangst denuncirt hat; zitternd und todtenbleich geht auch dieses Opfer dem erwarteten Schicksal entgegen. So geht es eine Weile, bis alle Theilnehmer an dem Verbrechen durch die angewandte Folter eruirt sind; dann tritt er mit den armen Sündern ein und hält nun eine donnernde

Philippika, worauf das Urtheil „den Bösewichtern, der tief verdorbenen Rotte Korah", verkündet wird. Damit ist nun die Stunde vorüber und in der nächsten wird an den Thatbestand anknüpfend gegen den modernen Zeitgeist, das Humanitätsgefasel, welches die Ursache alles Uebels ist, losgewettert und so der überschüssigen Galle Luft gemacht, indem gleichzeitig ein williges Auditorium gefunden ist, welches gegen die reactionären Declamationen des Herrn Professors keinerlei Opposition zu erheben geneigt ist. Seine Nähe verbreitet Furcht und Zittern; sklavische Unterwürfigkeit und niedrige Augendienerei vermag allein seine Gunst zu erwerben. Ein falsch gesetzter griechischer Accent, ein ut mit dem Indicativ versetzt ihn in solche Aufregung, daß er wie ein Tiger auf den Missethäter losstürzt und nun in unbeschreiblicher Wuth von dem Fluch, der auf der Klasse ruht, der schlechtesten, die er jemals gehabt, ausgehend zu der furchtbaren, nur zu sehr geglaubten Drohung sich erhebt: „Ich werde euch aber auch als ein schrecklicher Tyrann auf dem Katheder sitzen!" Bei den Schülern bildet sich so allmählich das Gefühl, daß seinen Vater zu ermorden, seinen Bruder zu verrathen läßliche Sünden sind, daß aber ein ut mit dem Indicativ nur der schwärzesten Verbrecherseele entsteigen kann. Du fragst, wer ist der entsetzliche Mensch und wie heißt die Anstalt, an welcher er wirkt, damit ich meine Kinder davor bewahren kann? So wisse denn, o Leser, er kann wohl nicht mehr schaden, denn er ist schon lange todt, und seinesgleichen werden — ich hoffe es zu Gott! — wohl immer seltener. Sein Geist wirkt aber noch über das Grab hinaus, denn mancher seiner Zöglinge, gereifte Männer, denen schon mit Silberglanz das dunkle Haar sich mischt, versichern, daß sie auch heute noch von Zeit zu Zeit träumen, wieder bei Orbilius in der Klasse zu sitzen, und daß sie dann von Todesangst geschüttelt und in Schweiß gebadet erwachen! Diese ganze Darstellung aber ist keine Dichtung, sondern eine buchstäbliche Wahrheit.

Herr Professor Salmasius, Ritter des grauen Bären I. Classe, ist eine freundlichere, zum wenigsten ergötzlichere Erscheinung. Er ist ein anerkannter Gelehrter, denn er hat eine römische Literaturgeschichte geschrieben, ein Werk von stupender Gelehrsamkeit und großer Akribie, das freilich, wie die Andachten der chinesischen Gebetsmaschinen, auf eine etwas mechanische Weise entstanden ist. Nämlich so: Er erhält alle neu erscheinenden Specialschriften — er ist auch Bibliothekar — über jeden Autor und macht sich nun aus denselben Excerpta, die er chronologisch geordnet in specielle Fächer säuberlich auf einander legt; kommt er nun in seiner Schrift an den betreffenden Autor, so beginnt er mit dem untersten Blättchen und setzt seine Periode aus so vielen Nebensätzen zusammen, als Blättchen da sind, etwa in folgender Weise: „Dieser Schriftsteller lebte um 340 vor Chr. — ob zwar die Ansicht des Scriverius, der ihn ins 4. nachchristliche Jahrh. versetzt, Manches für sich hat — wogegen mit Recht Perotti u. s. w. — obschon auch diese Behauptung durch den gelehrten Axt — während in allerneuester Zeit Dindorf" — und somit sind wir am obersten Blättchen angelangt. In der Klasse steht er in monumentaler Haltung vor seinen Schülern, jede seiner Bewegungen ist abgemessen und wirkungsvoll; wie er die Dose erfaßt, wie er die Prise nimmt, so müßte Apollo gethan haben, wenn die Götter das Schnupfen schon gekannt hätten. Die Worte os humerosque deo similis begleitet er mit graziös-significativem Hindeuten auf sein eigenes Angesicht und Schultern. In den gewähltesten griechisch-lateinischen Ausdrücken rollen seine langathmigen Perioden; wenn sie abzureißen drohen, stets wieder durch ein bedeutendes „sag' ich" angeknüpft. Bei seinen Schülern hält er ungemein viel auf das „erziehliche Moment"; er ist so „genaturt", daß ihm jeglicher Verstoß gegen die „feinere Sitte" — was sag' ich? ein schlechter Ausdruck! — „Urbanität" ist besser, doch auch das trifft noch nicht die Spitze, die Akme meiner Vorstellung — „Kalokagathie", das ist es, das wahre Wort — ein Greuel ist. Ihr schaut mich an, das Wort ist euch fremd, ich kann euch den Sinn nicht deuten, unsere Sprache ist zu arm, ich besinne mich, doch ja — der Franzose hat den Begriff, also Commeilfautie, das wäre also die passendste Uebersetzung. Du lachst! Wisse denn, der wahrhaft Gebildete, der von der Milch der Humanität Getränkte, mit einem Worte, der vom Geiste der Atticität Erfüllte lacht niemals, er lächelt nur. Auch dieses rohe, ungeschlachte Fingerstrecken ist gegen den

Geist des Alterthums. Dann verlange ich auch, daß der Blick nicht immer in das Buch versenkt sei, ebenso wenig soll er starr auf den Docenten gerichtet sein, ein angenehmes Abwechseln, ein anmuthiges Mienenspiel, das ist das allein Wahre. Und wie ist deine Cravate gebunden; du hast wohl keine Ahnung von der Schönheitslinie, die in der griechischen Plastik vorherrscht und die für Jeden die goldene Regel seiner Bewegungen sein sollte? (Er wiegt sich auf den Beinen und bewegt die Arme, als wollte er Flugversuche machen). Gehen wir nun auf unsere heutige Lection über. In der letzten Stunde sind wir nicht über den einen Satz hinausgekommen, der auch heute noch wegen der verschiedenen Lesart unsere ganze Zeit beanspruchen wird. Der Codex Mediceus hat nämlich et, die übrigen Handschriften lesen at. Ich bemerkte aber schon: Codices non numerandi, sed ponderandi. Von wem ist diese Maxime? — Ei, ei, Niemand weiß es! Nun, wir können uns dabei nicht aufhalten, die Zeit ist kostbar. Latine igitur loquamur. Haec mihi optima lectio videtur sive esse videatur. Dieses esse videatur ist echt ciceronianische Latinität. Das ist der Geist der wahren Urbanität, der niemals etwas kategorisch ponirt, supponirt oder affirmirt, sondern stets in ethischer Fühlung mit dem Interlocutor — merkt euch die classische Wendung — einen leisen Zweifel oder vielmehr eine „Anzweifelbarkeit" concedirt! So ist er in der Klasse. Daß dieses Phänomen der Urbanität, Atticität oder Commeilfautie auch im gesellschaftlichen Leben ein wahrer Löwe ist, der stets in Cravate, weißen Glacés, eleganter Fracklinie und der goldenen Regel in jedes Körpertheils anmuthiger Bewegung bis zu dem, den die Frackzipfel zudecken, die Bewunderung und ein angenehmes „Ah" bei jüngeren und auch älteren Damen erweckt, versteht sich von selbst. Auch von jenem esse videatur ist er niemals auch nur haarbreit abgewichen, obschon es einmal auf eine harte Probe gestellt wurde. Eines Abends — es war auf dem Casinoballe und Herr Salmasius hatte so eben mit unbeschreiblicher Grazie die bereits bejahrte Tochter des Oberbürgermeisters zu ihrem Sitze zurückgeführt — beschlossen seine Tischgenossen, ihm anstatt Wein ein Glas Essig einzuschenken, um zu erproben, ob denn nicht einmal ein bestimmter Ausspruch aus seinem attischen Munde entströmen werde. Salmasius trank und auf die Frage, wie ihm der Wein schmecke, antwortete er, diesmal mit etwas säuerlich lächelnder Miene: „Es wolle mich bedünken, als ob dieser — sonst gewiß sehr vortreffliche — Wein in nicht allzu entfernter Zeit einen leisen Anflug von Säuerlichkeit bekommen zu dürfen scheinen möchte.“ Die Ehre war gerettet! Undank ist der Welt Lohn; seine Schüler behaupten, sein Unterricht sei tödlich langweilig, er füttere sie mit Phrasen, in denen kein vernünftiger Mensch einen Sinn finden könne, die Anleitung zum attischen Dasitzen, Augenverdrehen, Handbewegen, Räuspern, Nasenputzen sei ihnen geradezu unerträglich. Wir aber sind andrer Ansicht und hoffen, daß dem vortrefflichen Pädagogen für seine erziehliche Wirksamkeit der von ihm schon längst ambitionirte Orden eines Comthurs vom grauen Bären bald möge verliehen werden. Suum cuique!

Präceptor Petulans ist ein durchaus anderer Mensch. Von Fulda gebürtig, trägt er sein echtes Fuldaer Deutsch auch in die Klasse. Es ist in ihm etwas von der „affenartigen Geschwindigkeit“, mit der die „Preiße“ den großen Feldzug 66 in Süddeutschland ausführten. Von seinem Katheder herab wirft er die Schüler mit Stückchen Kreide, wenn er sie moniren will, oder wenn sie ihre Lection aufsagen sollen. Die Classiker verhudelt er, indem er sie auf möglichst ordinäre Weise in das gemeine Leben durch triviale Vergleichungen herabzieht. Dabei ist er nicht ohne Humor und hält die Klasse oft in hellem Lachen durch seine Fuldaer Witze. Er ist großer Alterthumsfreund und kennt die mittelalterigen hebräischen Steine in allen Gemarkungen des Landes. Ebenso hat er seine Specialliebhaberei an Schiller's persönlichen Beziehungen; er kennt jedes Datum seines Lebens aufs genaueste, er hat die Stammtafeln der Schiller'schen und der Familie seiner Frau. Schiller's Haushaltungs-Kalender hat er den Schülern dictirt und diese haben ihn theilweise memorirt. Dabei ist er ein „Stadtlicht“ und hält öfters Vorträge im Kaufmännischen Verein und im Museum, die in der Form nicht gerade excelliren, aber durch ihre populäre Diction oft Lachen erwecken. Uebrigens ist er bei seinen Schülern beliebt, weil er ihnen freie

Bewegung gönnt, was sie indessen nicht abhält, ihn in jeder Geste, im Ton der Stimme, in der Wahl der Worte, die auf sie in drastischer Komik wirken, zu copiren.

Conrector Miser steht an der Spitze einer zahlreichen Familie; er hat zu Hause, wie er oft in weinerlichem Tone sagt, sieben lebendige Würmchen, die Brod haben wollen. In der Schule ist sein Auftreten unwirsch und finster: im Sommer, wenn die Klassenfenster offen stehen, hört die Nachbarschaft des Pädagogiums oft seine krähende Stimme häuserweit. Nur an gewissen Tagen erheitert sich seine hypochondrische Stimmung einigermaßen und vermag selbst ein trübes Lächeln, wie der Blick der Herbstsonne auf einer Sumpflandschaft, auf seinem Gesichte zu erscheinen: es sind dies der Neujahrstag, sowie sein eigener Geburts- und Namenstag, deren Data jeder neuen Klasse sorgfältig bekannt gegeben werden, sodaß sie in dem chronologischen Memorial der fleißigsten Schüler neben andern geschichtlichen Ereignissen figuriren: 15. März, Cäsars Ermordung; 16. März, Herrn Miser's Geburtstag. Die hohe Wichtigkeit dieser Tage besteht nämlich darin, daß an ihnen das freudige Dankgefühl der Schüler in der Ueberreichung eines Geschenkes seinen Ausdruck findet, zu welchem Zwecke der Primus der Klasse schon mehrere Wochen vorher zu Beiträgen auffordert und eine Liste zur Einzeichnung circuliren läßt. Unter den Schülern geht die Sage, daß die Liste dem Herrn Conrector selber vorgelegt werde und daß er nach den gezeichneten Summen den Grad der Pietät der einzelnen Schüler ermesse und nach diesem sicheren Kriterium seine Censurnummern abwäge, weshalb denn nun die Söhne unbemittelter Eltern diese oft bis aufs Blut quälen, ihrem Pietätsausdruck doch noch einige Kreuzer zulegen zu wollen. Wehe, wenn nun an einem solchen Festtage das Geschenk zu klein oder unter Herrn Miser's Erwartung ausgefallen ist! Für die ganze nächste Zeit ist seine Laune verdorben und mit nergelnder, krittlichster Quälerei lastet er auf seinen Zöglingen, am meisten auf den besseren. Keine Veranlassung wird übergangen. — Philippus und Aristoteles — ohne von dem schweren Beruf des Lehrers und der Pflicht der Dankbarkeit zu reden, die aber heutzutage immer seltener wird. Da müsse man schon ins Alterthum zurückgehen, um die richtige Schätzung des Lehrers zu finden. Früher, ja früher, da war es auch besser; Herr Miser erinnert sich noch aus seinen jüngeren Jahren, da standen des Morgens die Landleute mit Butter, Eiern, Körben voll Obst, auch jungen Hähnchen vor seiner Thür. Das ist freilich jetzt anders geworden. So geht es denn fort bis zum nächsten Festtage, an welchem den Schülern Gelegenheit geboten ist, ihre Doppelschuld zu sühnen. Für die sieben Würmchen muß er auch noch mit Privatunterricht sich abquälen und es ist für Eltern und Schüler überraschend, mit welch trefflichem Erfolge dieser Unterricht ertheilt wird; denn kaum ist ein gering begabter Schüler eingetreten, so kommt er schon auffallend schnell in der Klasse voran, wogegen der Austritt aus der Privatstunde durch unmittelbaren Rückgang sich documentirt. Auch ein Muster von Fleiß ist Herr Miser; denn er vermag an einem Tage 8 bis 10 Stunden zu geben; ja man erzählt, er arbeite so intensiv, daß er zwei Stunden in einer zu geben vermöge, wobei er auch seinen Zöglingen außer Latein und Französisch noch allerlei praktisch nützliche Kenntnisse, als Feueranzünden, Holzherzutragen beibringt, ja sie sogar in den ersten Anfangsgründen der Haushaltungskunst — durch Probegänge zum Bäcker, Metzger u. s. f. — initiirt. Bei seiner Behörde ist er sehr gut angeschrieben, denn er ist ein guter Unterthan, er hat für alle Amtstitel und Respektspersonen eine ungeheure Ehrfurcht, da verwandelt sich sein unwirsches, düsteres Wesen in strahlende Freundlichkeit. Er wird deshalb auch mit ehrenden Missionen betraut — Inspectionsreisen in die Provinz — wobei er außer guter Verpflegung seitens der zu Inspicirenden auch darin seine Rechnung findet, daß er hohe Diäten machen kann. Neulich machte er eine solche Reise nach A., einem kleinen Landstädtchen am Rhein, um die dortige Realschule einer Visitation zu unterwerfen. War das Mittagessen unter seinen Erwartungen geblieben oder hatte ihm der Rector statt edlen Rheinweins Pfälzer vorgesetzt; ich weiß es nicht, aber Herr Miser war bei der Nachmittagsprüfung in der übelsten Laune und gab sich alle erdenkliche Mühe, zu constatiren, was die Schüler nicht wüßten, statt sich zu überzeugen, was sie gelernt hätten. Natürlich wurden diese so eingeschüchtert, daß sie ihm die verkehrtesten Antworten gaben, einer sogar ganz verstummte. Letzteres erweckte, da er es für Trotz hielt, seinen Zorn und er sah sich ausnahmsweise veranlaßt, von der Höhe seines Inspectionsamtes herabzusteigen und dem Verstockten höchstselbst eine schwere Strafe zu dictiren. Nach einer Viertelstunde begannen allerhand Bedenken sich in seiner Seele zu regen, namentlich aber wurmte ihn die Ungewißheit, welcher Herkunft eigentlich der Schüler sei, den er gestraft. Er ließ nun die Lehrer examiniren und begann unbemerkt mit seinem Sträfling ein Privatgespräch. „Wie heißest du?“ — „Herzog!“ — „Herzog!“ Der Name machte auf Herrn Miser einen sichtlichen Eindruck. „Was ist denn dein Vater?“ — „Kammerjäger.“ — „Kammerjäger!!“ Der Herr Inspector erstarrte, er hielt sich an der Bank fest, denn sonst wäre er in sich zusammengesunken. „Ich bin ein verlorener Mann! Einen solchen Fauxpas gemacht zu haben, den Sohn eines Kammerjägers, einer so hochstehenden Person, die bei Hofe Zutritt hat, beleidigt, bestraft zu haben, es ist nicht zu entschuldigen!“ Das durchbohrende Gefühl seines eigenen Nichts erfaßte sein Gemüth und es dunkelte vor seinen Augen. „Du wirst entschuldigen“, begann er in süßlichst-weinerlichem Tone, „daß ich so eben in leidenschaftlicher Aufregung dir eine ungerechtfertigte Strafe dictirt habe. Es versteht sich von selbst, daß du sie nicht zu verbüßen hast. Meine gehorsamsten Empfehlungen an Deinen Herrn Vater!“ Und damit hob er das Examen auf und erklärte sich, zur größten Ueberraschung der Lehrer, ungemein befriedigt durch die vortrefflichen Leistungen und die wissenschaftliche Höhe der Anstalt. Der alte Herr Herzog aber ist, wie ich nachmals erfuhr, nichts Geringeres als — Rattenfänger, für welche edle Kunst sie in jener Gegend obbemeldeten classischen Ausdruck gebrauchen.

Herr Dr. Sublimis ist die Zierde der Stadt und der Schule, welche diesen Schatz zu besitzen die Ehre hat. Von gewöhnlicher Schulmeisterei ist bei diesem Manne auch keine Ahnung, auch nicht der leiseste Anflug zu verspüren. An ihm ist Alles Ideal, Alles blüht, von der rosigen Farbe seines fein geschnittenen Gesichts bis zu den Worten, die in beneidenswerthem Redefluß, süß wie Musik, seinen Lippen entströmen, ja bis zu der nachlässig geknüpften weißen Halsbinde, welche, wie sein ganzes Exterieur, das Gepräge der Genialität trägt. Er ist Dichter und es gibt in seiner Vaterstadt keine festliche Veranlassung, bei welcher man nicht an seine Muse recurrirt: gerechtes Aufsehen erregte namentlich seine Ode auf das fünfundzwanzigjährige Jubiläum des Landesfürsten, für welche er mit einer silbernen Dose begnadet wurde. Das weite Gebiet der Aesthetik ist seine Domäne, sein „Grundriß der bildenden Künste", von Lübke absichtlich todtgeschwiegen, ist bereits in mehreren höheren Töchterschulen eingeführt. Seine Vorträge im Literaturverein über „Schiller, Phidias, Laokoon, Tanhäuser, Hamerling, Michel Angelo", sowie über die „Phänomenologie der künstlerischen Idee in den Culturepochen aller Zeiten" haben stets ein auserwähltes Publikum versammelt, das mit der gespanntesten Aufmerksamkeit den geistreichen Deductionen des geehrten Redners folgt. Besonders zahlreich vertreten ist dabei das schöne Geschlecht, das überhaupt für Dr. Sublimis schwärmt, und manche Damen gerathen wahrhaft in Extase über die kühne Art, mit welcher er in der Erregung des Moments den weißen Glacéhandschuh auf das Katheder wirft oder die geradezu unnachahmliche Grazie, mit der er am Zuckerwasser nippt. Jeder solche Vortrag ist ein Ereigniß und beschäftigt wochenlang die ästhetischen Thés und Kränzchen namentlich der jüngeren Damenwelt. Denn es gibt unter den letzteren kaum eine, die nicht von einem Hauche seines Geistes angeweht ist, da der geschätzte und vielgesuchte Lehrer Unterricht an allen höheren Töchterschulen der Stadt ertheilt. Seine Schülerinnen sind zugleich seine leidenschaftlichen Verehrerinnen und eine der Vorsteherinnen hat einmal ein elegisches Gedicht auf Rosapapier entdeckt, in welchem die fünfzehnjährige Fräulein Backfisch den unklaren Regungen eines Mädchenherzens während der Literaturstunde einen poetischen Ausdruck verlieh. Heftiger Streit entstand einst in einer Mädchenschule über die Frage, worin das eigentlich Bezaubernde des Herrn Doctor bestehe. Emma Z. versicherte, es liege hauptsächlich in dem schwarzen Schnurrbart, während Eveline L. den schwärmerischen Blick während des Aufsagens der Lection hervorhob, Zoe v. C. dagegen für das ganze Ensemble von Costüm und Manieren ein undefinirbares Faible documentirte. Weniger allgemein, aber desto intensiver ist die Verehrung, welche dem hochbegabten Mann unter der Schaar seiner Schüler gezollt wird. Da fehlt natürlich das feine, geistige Tastvermögen des weiblichen Zartsinns und manche rohe Gesellen stören die Fülle der Gesichte, welche Herr Dr. Sublimis entfaltet, durch Eselbohren, Räuspern, Schneuzen oder sonstigen Unfug, weshalb verschiedene banausische Eltern die unbegründete Beschwerde erhoben, er verstehe keine Disciplin zu handhaben und die Kinder lernten bei ihm nichts. Lernten bei ihm nichts! Da hört einmal die Auserwählten! Wenn Fräulein Karoline D., jetzt Frau Dr. X., ihrem erstaunten Gatten enthusiastisch versichert: „Alles, was ich bin, verdanke ich Herrn Dr. Sublimis!" so will das noch wenig heißen gegen alle die jungen Männer, die er auf die Bahn des Parnasses geleitet, indem er ihre poetischen Erstlingsversuche ermuthigte, das geniale Wesen in ihnen erkannte und ihnen offenbarte; die er als künftige Schiller und Goethe begrüßte und die dann später, von der Welt unerkannt und unverstanden, in einsamer Schwärmerei die süße Trauer ihrer Jugendträume aushauchten, indem sie ihre Geistesverwandtschaft mit dem innig verehrten Lehrer und großen Vorbild auch durch den lyrischen Schwung des unordentlich geknüpften Halstuchs, das Wertherartige ihres ganzen Auftretens und den unnachahmlichen Blick auszudrücken sich bemühten. Daß ein solcher Mann seine Neider und Feinde hat, ist natürlich. Unter letzteren ist auch Herr Kanzleirath Sonderling — man kennt die Ursache seines Zorns, er steht unter dem Pantoffel seiner hausbackenen Frau und hat eine höchst prosaische Tochter, welche lieber an der Waschbütte steht und ihre kleinen Geschwisterchen an- und auszieht, als des Dr. Sublimis „Grundriß der bildenden Künste" zu studiren oder die „Phänomenologie der künstlerischen Idee" in den neuesten Dichtungen Hamerling's und O. v. Redwitz' zu ergründen. Dieser Pantoffelheld behauptet nämlich, daß der Herr Doctor nichts weiter als ein durchaus verschrobenes Genie sei, daß seine geistreichen Vorträge nur eine Reihe von lauter blühenden Phrasen und bombastischen Tiraden enthielten, in denen auch nicht ein einziger Gedanke vorkomme, daß er höchst verderblich auf die Jugend wirke, indem er ihnen übertriebenes, überspanntes Zeug in den Kopf setze, sodaß sie sich für Genies hielten, während sie doch nur unreife Jungen seien, die etwas Tüchtiges lernen sollten und daß sie dann in ihrem späteren Leben sich höchst unglücklich fühlten und die mangelnde Anerkennung nur der Kälte und Verständnißlosigkeit der Welt zuschrieben, während sie dieselbe nur in ihrer eigenen Hohlheit und Ungesundheit zu suchen hätten. „Und ich sage Ihnen", rief er neulich bei einem Tarokkränzchen seinen entsetzten Mitspielern zu, „wenn ich Unterrichtsminister wäre, das Erste, was ich thäte, ich pensionirte den Mann; der sollte mir nicht mehr armen Jungens und Mädchen die Köpfe verrückt machen, daß die einen sich für verkannte Genies halten und schließlich Candidaten des Irrenhauses werden und die andern, statt einen ehrlichen, braven Mann zu nehmen und in einem tüchtigen Hauswesen ihr Glück zu finden, in mondscheinsüchtiger Gefühlsduselei auf den Rechten warten, der all das stille Sehnen zu stillen, das himmelaufjauchzende Glück zu bringen, kommen muß, und schließlich als alte Jungfern ein ödes und verbittertes Leben führen, sich und der Welt zur Last!" So sprach der Kanzleirath mit erregter, zorniger Miene, die Andern aber sahen sich schaudernd um, ob nicht etwa ein Lauscher das gefährliche Mitanhören solcher Blasphemieen dem Dr. Sublimis und seinen Anhängern hinterbringen könnte, und spielten dann erst hierüber beruhigt ihren Tarok weiter.

X.

Die Kunst und der Meister.

Und eine Lust ist's, wie er Alles weckt
Und stärkt und neu belebt um sich herum,
Wie jede Kraft sich ausspricht, jede Gabe
Gleich deutlicher sich wird in seiner Nähe.
Jedwedem zieht er seine Kraft hervor,
Die eigenthümliche, und zieht sie groß.

Schiller.

Es ist mir stets merkwürdig vorgekommen, wie viele Leute über Schule und Pädagogik mitreden. Dem Mediciner, dem Juristen, auch dem Drechsler und Bekleidungskünstler pfuschen nur sehr Wenige ins Handwerk, und kommt ihnen ja einmal ein Alleswisser und Allesversteher in die Quere, so wird er meist mit der ganzen Würde des Zunftstolzes in die Schranken verwiesen. Ueber Schulwesen haben dagegen die verschiedensten Leute ein competentes Urtheil. Verwaltungsbeamte, Pfarrer, Kreisdirectoren und Consistorialräthe, Bäckermeister und Handschuhmacher, sie alle verstehen was davon, ganz zu geschweigen des würdigen Landmanns, der das Schulehalten für eine so kinderleichte Mühe hält, daß er, wenn er mit Karst oder Sense behaftet den Schulmeister des Dorfes daherwandeln sieht, im Stillen brummt: „Da geht er wieder, der Faulenzer!“ wofern er nicht etwa eine ähnliche Liebenswürdigkeit ihm geradezu ins Gesicht wirft. Kopfarbeit wissen die biederen Landbewohner gar häufig nur bei ihren Ochsen und Kühen zu würdigen.

Freilich, Schulmeistern liegt in der menschlichen Natur und oft genug habe ich mich verwundert, wie ein fünf- oder sechsjähriger Knabe mit Ernst und Gravität sein klein Schwesterchen oder Brüderchen hofmeisterte und ihm Lehren der Weisheit und Tugend gab, daß ich meinen Ohren nicht traute. Absonderlich in uns Deutschen, denen die wohlwollenden Nachbarvölker so lange die Rolle der alten Griechen, des Chors in der Tragödie &c. zugedacht hatten, scheint der Schultrieb vornehmlich ausgebildet zu sein, und mehrere unserer tieffinnigsten Philosophen hatten schon, durch jene wohlwollenden Reden bestimmt, die hohe Weisheit ausgesprochen, es liege in dem Urgrund der Dinge, daß wir die „Schulmeister des Universums" werden müßten, als sich das deutsche Volk zum Glück eines Besseren besann, seinen Idealismus an den Nagel hing und durch einige nicht mehr anzuzweifelnde Thaten kundgab, daß wenn denn durchaus gelehrt werden solle, es zuvörderst seine übermüthigen Nachbarn, die sich in sein Hauswesen und seine inneren Angelegenheiten aufdringlich mengten, Mores lehren wolle. Seit der Zeit haben sich denn die Rollen etwas umgekehrt und die Franzosen fangen an auf ihre Wunde das Pflaster der philosophischen Betrachtung zu legen, Frankreich sei das blutende Herz Europas, die Franzosen die Träger des Idealismus, bestimmt von der Vorsehung, die Schlachten der Menschheit zu schlagen, ihre Leiden auf sich zu nehmen, wie einst das auserwählte Volk, die Juden. Daß den Siegern von Saarbrücken dieser Gedanke erst nachträglich aufgegangen ist und daß sie ihren weltbeglückenden Idealismus durch die schmähliche Austreibung friedlicher Deutschen zuerst bethätigten, das bedenken sie freilich nicht.

Ist denn nun wirklich das Schulmeistern eine so leichte Sache, daß man getrost eine jede Schulstelle einem ausrangirten Unteroffizier, verdorbenen Literaten oder aus der Kutte gesprungenen Seminaristen anvertrauen kann, unter der Voraussetzung natürlich, daß er den weisen Rathschlägen obgemeldeter Sachverständigen, als Pfarrer, Kreisrath und Bäckermeister, strenge Folge leiste und sein Thun und Lassen danach einrichte? Darauf antworte ich: Weit entfernt, daß es eine leichte Sache ist, halte ich es vielmehr für eine große und schwere Kunst, die erlernt sein will wie jede andere Kunst und dabei noch den rechten, ganz besonders geeigneten Mann verlangt, denn es gibt Lehrer von reichem Wissen, vom besten Willen beseelt, die trotz aller Anstrengungen in ihrem Unterrichte keine Resultate erzielen, weil ihnen der pädagogische Takt abgeht.

Freilich das Drillen und Abrichten, das Eintrichtern eines bestimmten Maßes von Kenntnissen nnd Uebungen, sowie etwa noch der benöthigten Furcht des Herrn und der Obrigkeit, das ließe sich zur

Noth mit der Haselruthe und einem imponirenden Auftreten, was ja die starke Seite vieler Dorfschulmeister sein soll, erreichen. Auch will ich nicht in Abrede stellen, daß mancher „ausgezeichnete Pädagog“ die Dressur zu solcher Vollkommenheit gebracht hat, daß die Erinnerung des Hasels auch in seiner Abwesenheit als ein feuriges Mene Tekel fortwirkt und die Schüler bolzensteif und mäuschenstill auf ihren Subsellien erhält. Welche lobpreisende Berichte die „Sachverständigen“ über ein solches Phänomen der Erziehungskunst an die maßgebende Stelle einsenden werden, läßt sich denken, und nur ein wohlverdienter Lohn seiner trefflichen Leistungen ist es, wenn bei seinem Jubiläum der Gemeinderath einstimmig eine Besoldungserhöhung von 25 fl. decretirt und der Landesfürst als Zeichen Allerhöchster Anerkennung seine Brust mit dem „allgemeinen Ehrenzeichen“ schmückt. Mögen sie blühen und gedeihen, diese Phänomene, und die Rücken der hoffnungsvollen Jugend unermüdlich bearbeiten in jenen Gegenden, wo man die Würde des Feldhüters und des Schweinehirten etwa gleichstellt mit der des Jugendlehrers und wo dem hungernden Pädagogen von obenher der freundschaftliche Rath zu Theil wird, er könne ja das Lückenhafte und Unzureichende seines Gehalts durch Schuhflicken, Ofenputzen und sonstigen ehrenvollen Nebenverdienst in seinen Mußestunden ersetzen. Sie sind einander werth, Obrigkeit, Gemeinde und Pädagog!

Meine Aufgabe kann es natürlich hier nicht sein, den echten und wahren Jugendbildner nach allen den Eigenschaften, die ihm vermöge seines hohen und wichtigen Amtes zukommen sollten, zu schildern: auch würde diese Schilderung, da gerade der Lehrer nothwendig mit seiner ganzen Persönlichkeit wirkt, das Bild des vortrefflichen Menschen überhaupt entwerfen müssen und es könnte mir ergehen wie jener Dame, welche einen Erzieher für ihre Kinder suchte und sich deshalb brieflich an eine Freundin mit der Bitte wandte, nach einem solchen Umschau zu halten. Das Schreiben enthielt das genaue geistige Signalement des Gesuchten und gab alle die Eigenschaften an, die sie bei ihm voraussetzte. Nach einigen Monaten vergeblichen Harrens erhielt sie endlich ein Antwortschreiben von der Freundin, dessen Inhalt etwa folgendermaßen lautete: „Noch habe ich einen solchen Mann, wie Du ihn schilderst, nicht auftreiben können; sollte ich ihn aber finden, so kannst Du fest überzeugt sein, daß ich - ihn heirathe.“ Demnach würden ja auch, da es nicht immer gerade thunlich wäre, eine genügend große Anzahl solcher Ideale für die vielen Tausende von Lehrstellen in Deutschland aufzutreiben, gar viele Schulen zeitweilig verwaist sein, wenn man die Anforderungen so hoch spannte. Es erscheint daher gerathen, bei der Unvollkommenheit aller menschlichen Dinge sich zu bescheiden und damit zu begnügen, daß der Lehrer seine beste Eigenschaft in seinem Amte verwerthe und wirken lasse, wie denn bekanntlich Gellert durch seine Milde und Sanftmuth den wilden Trotz der deutschen Jünglinge bändigte, während ein Anderer durch seine strenge Gerechtigkeitsliebe, ein Dritter durch unnachsichtliches Vorgehen gegen die schlechten Elemente, ein Vierter durch sein einfach gutes und treuherziges Wesen die Achtung und Zuneigung seiner Schüler gewinnen wird. Hier gilt das „Eines schickt sich nicht für alle“ und „Sehe Jeder, wie er's treibe“ in vollstem Maße. Eins aber ist nothwendig: Wohlwollen und Liebe zur Jugend und Freudigkeit in dem Berufe; wer dieses nicht besitzt, der möge ja diese Laufbahn nicht erwählen, sie wird ihm nur Dornen und Disteln bringen und er wird dermaleinst finster und verdrossen den Tag verwünschen, an welchem er sich zu dieser unlohnenden, mit Aerger, Verdruß und saurer Mühe erfüllten Thätigkeit, für die er nur den Tagelöhnermaßstab hat, entschloß.

Wohlwollen und Liebe, das ist das heilige Feuer, das nicht erlöschen darf auf dem Herde der Schule, das die Mühen des Lehrers für ihn selbst erträglich und fruchtbringend für die Jugend macht, wofür aber auch die warmblütige Jugend ein so rasches Verständniß hat, daß sie dem Sonnenschein des freundlichen Entgegenkommens unmittelbar ihre Seele erschließt und tausend Keime da sich von selber entfalten, die unter dem Drucke des finsteren Wesens, der knechtischen Furcht erstarren und zu Grunde gehen. Ja, diese scheinbar so unbändige, störrische Jugend, die des Menschenherzen Eigenart, das bekanntlich ein „trotzig und verzagtes Ding“ ist, noch unverhüllt und durch keine gesellschaftliche Bildung überkleistert zur Schau trägt, sie hat einen ordentlichen Heißhunger nach Wohlwollen und väterlicher Zuneigung, sie empfindet eine unverdiente Zurücksetzung, eine lieblose, harte Zurechtweisung tief in der Seele mit schmerzlichem Gefühl.*) Ich werde nie die Lection vergessen, die ich in den ersten Jahren meiner Lehrthätigkeit durch einen meiner Schüler erhielt. Diesen, einen talentvollen aber trägen Knaben, suchte ich dadurch, daß ich seine Faulheit vor den übrigen lächerlich machte, durch öfteres Ironisiren anzuspornen. Es half nichts. Endlich ließ ich ihn zu mir kommen und machte ihm ernsthafte Vorstellungen, daß er durch seine consequente Trägheit sich der Gefahr aussetze, aus der Anstalt verwiesen zu werden. Da sagte er mir freimüthig: „Wenn Sie mir, statt mich immer zu verhöhnen, manchmal ein gutes und freundliches Wort gesagt hätten, so wäre es nicht so weit mit mir gekommen." Ich nahm ihm seinen Freimuth nicht übel, er versprach mir ernstlich, sich zu bessern, und ich gelobte mir innerlich — mich auch zu bessern.

Wie mancher verstockte, von Eltern und Lehrern mit Strafen und Vorwürfen überhäufte und endlich als unverbesserlich aufgegebene Knabe ist nicht durch liebevolle Behandlung und freundliche Theilnahme eines Lehrers, der sich seiner annahm und die bessere Seite in ihm herauszufinden wußte, zur Umkehr auf seinem Lebenswege gebracht worden und hat nachmals als ehrbarer und geachteter Mann dankbar und laut den väterlichen Freund gepriesen, der in dem guten Worte den Schlüssel zu seinem Herzen gefunden hatte. Seelenkunde ist ein unerläßliches Studium für den Lehrer, seine ganze Thätigkeit ist eine auf stetes Beobachten gegründete angewandte Psychologie. Einer der berühmtesten und ausgezeichnetsten Untersuchungsrichter berichtet, daß er von den schwersten Verbrechern niemals durch Drohungen oder Einschüchterungen ein Geständniß erzwingen konnte; sie wurden dadurch nur halsstarriger und verstockter; wußte er dagegen irgend eine zarte Regung in

---

*) Who amongst us is there that does not recollect similar hours of bitter, bitter childish grief? Who feels injustice, who shrinks before a slight, who has a sense of wrong so acute and so glowing a gratitude for kindness, as a generous boy? and how many of those gentle souls do you degrade, estrange, torture, for the sake of a little loose arithmetic and miserable dog-latin! Thackeray, Vanity Fair.

ihrem Herzen zu erwecken — und es gab fast Keinen, bei dem nicht eine solche Saite anzuschlagen war, der Gedanke an eine alte Mutter, ein verlassenes Weib, ein armes Kind — so weinten sie oft wie die Kinder, gestatteten dem Richter einen vollständigen Einblick in ihr Inneres und legten freiwillig die umfassendsten Bekenntnisse ab. Wenn das von hartgesottenen Verbrechern gilt, um wie viel mehr ist es Pflicht, den Weg zu den noch weichen und biegsamen Knabenseelen zu finden, wenn auch wildes Gestrüpp und häßliche Dornen den Eingang verwehren, und den Eingeschüchterten, an sich selbst Verzagenden*) und in trotzigem Lügen Verharrenden die schönen Worte des Dichters zuzurufen:

O Herz, versuch' es nur, so leicht ist, gut zu sein,
Und gut zu scheinen nur so eine schwere Pein!

Hier beginnt die Kunst des Lehrers. Von dieser Kunst aber will ich nicht reden; sie ist so mannichfaltig und so reich wie die Seele des Menschen. Sie kann auch nicht erlernt werden, sie muß angeboren sein. Heil der Schule, Heil der Gemeinde, die einen solchen Meister gefunden hat, der zugleich der väterliche Freund seiner Pflegebefohlenen ist! Ein unschätzbares Gut ist ihr zu Theil geworden. Sein Andenken lebt fort bei Kindern und Kindeskindern, und wenn kein prunkender Grabstein die Stätte bezeichnet, wo der treue Arbeiter endlich Ruhe gefunden, so ist in seinem segensreichen Wirken ihm ein lebendiges Denkmal geworden, das nimmer vergehen wird; denn das ist die Kraft des Guten, daß stets das Gute sich an ihm entzündet, und wer kann sich rühmen, mehr Saatkörner des Guten ausgestreut zu haben, als der wohlwollende, pflichttreue Lehrer?

Ich wollte nur von jener Kunst reden, über die schon so viele Bücher geschrieben worden sind, die man mit einem vornehm klingenden Worte Didaktik nennt und deren höchstes Erzeugniß die alleinheilbringende „Methode“ ist. Shakespeare scheint von der letzteren wenig gehalten zu haben, denn er läßt den alten Polonius über die excentrischen

*) „Und sollte sich meiner“, so schrieb mir einst ein unglücklicher, aber sehr talentvoller Schüler, „der ich den besten Willen habe, denn Niemand annehmen, da doch so viel für solche geschieht, denen nicht mehr zu helfen ist, die nicht mehr wollen können?“

Einfälle des Dänenprinzen sich äußern: „Ist dies schon Unsinn, hat es doch Methode!“ Freilich der große Dramatiker, der durch seine Neigung zum Wildern und sein geniales Dichten nicht nur die Waldhüter, sondern auch die Grenzwächter wohlgeordneter, classificirbarer literarischer Gehege zur Verzweiflung brachte, scherte sich den Teufel um die aristotelischen Regeln und die Methode, wofür ihn denn die letztere auch durch eine mehr als hundertjährige Vergessenheit und Geringschätzung hat büßen lassen. Dafür hat sie ihn denn später anerkennen, ja sogar seine Dichtungen mit seinem eigenen Namen als Shakespeare'sche Tragödie — für die keine ihrer geheiligten Maßstäbe und Umzäunungen passen wollten — rubriciren und ihn, den Wilden — o schreckliche Strafe! — selbst zu einer Art von „Methode“ erheben müssen. Möglich wäre es nun allerdings, daß hier und da auch ein solcher pädagogischer Wilderer und Out-law, unbekümmert um alle die hohen Lehren und Heilswahrheiten der einzelnen Methoden, nur von seiner gesunden Vernunft geleitet, schöne und unanzweifelbare Resultate in seinem Unterrichte erzielte. Von solchem Gebaren muß aber der „gewiegte Schulmann“ sich mit einem natürlichen Unwillen abwenden und Zeter darüber rufen, denn wohin sollte es führen, wenn der feierliche Eid, mit welchem die Doctoren Diafoirus sich verpflichteten, nur nach den Regeln der Facultät die Krankheiten zu heilen, keine Geltung mehr hätte? Da wäre ja der Willkür Thür und Thor geöffnet und die sittliche Gefahr, die ein solches Beispiel der Mißachtung traditioneller Vorschriften, des durch langjährigen Gebrauch Geheiligten und Erprobten, der untrüglichen Weisheit des im Schulstaube ergrauten Alters für die zarten Seelen der Jugend haben müßte, wäre ja augenscheinlich. Darum Zeter über Gog, Magog und Demagog!

Weit entfernt also, einer solchen frevelhaften und, wie bemerkt, in letzter Instanz sogar staatsgefährlichen Verirrung das Wort zu reden, wollte ich mir nur in aller Bescheidenheit einige Bemerkungen über die Methode im Allgemeinen erlauben und dabei gewisse Eigenthümlichkeiten, die bei aller Verschiedenheit im Einzelnen von ihr zu einer erfolgreichen Wirksamkeit verlangt werden dürften, kurz berühren. Denn dieselbe Methode kann für den Einen vortrefflich, für den Andern ganz unanwendbar sein; eine Axt, ein Schwert, die der kräftige Mann mit Leichtigkeit handhabt, sind für den Schwächling eine nutzlose Last; eine complicirte Maschine, mit welcher der Sachkenner erstaunliche Wirkungen hervorbringt, kann den Uneingeweihten, der nichts damit anzufangen versteht, zur Verzweiflung bringen. Es wird also bei jeder frei erwählten oder durch höhere Weisheit dictirten Methode der einzelne Lehrer so lange tasten und probiren, dehnen oder zurechtschneiden, bis sie ihm wie ein Kleid richtig zu Leibe sitzt und er nicht mehr wie in einer Zwangsjacke eingestremmt oder durch die bauschigen Falten und Aermel in jeder freien Bewegung gehemmt ist. So erfindet sich schließlich jeder tüchtige Lehrer seine eigene Methode nach seiner Persönlichkeit und nach der Eigenthümlichkeit seiner Schüler; die geistreichste Methode dagegen wird in der Hand des Unfähigen verknöchern und zum todten Mechanismus herabsinken. Die Unfehlbarkeit der Methode preisen, ist dieselbe Charlatanerie, wie in den Zeitungen angerühmte Universalheilmittel gegen alle möglichen Krankheiten. Nach den Niederlagen von 1866 erfloß von dem kaiserlich österreichischen Kriegsministerium eine Verordnung, daß von nun an in den k. k. Kriegs- und Vorbereitungsschulen zum Offiziersstand das mechanische Lernen aufzuhören habe und daß man mehr denken lehren solle: das ist nun allerdings auch eine Methode, sie konnte aber vermöge dieser Verordnung schwerlich eine erfolgreichere Wirkung haben als der einige Jahre vorher erlassene Ukas, daß das Deficit im Staatsbudget aufzuhören habe. Vielleicht aber lag auch in jener Verordnung das verschämte Eingeständniß, daß man mit allen bisherigen, an höchster Stelle sanctionirten und k. k. approbirten Methoden nichts ausgerichtet und nun an die freie, selbstthätige Kraft der Lehrer appellire; dann hatte sie einen vernünftigen Sinn, der hoffentlich auch seine Früchte trägt.

Jede Methode ist gut, wenn sie Hand in Hand geht mit der Lehrkunst, von dieser inspirirt und angewandt wird. Jede Methode ist gut, wenn sie anregt, die Aufmerksamkeit und das freudige Mitthun des Schülers erweckt und erhält, jede Methode ist schlecht, wenn sie abspannt und erdrückt. Da ist es nun die erste und wichtigste Eigenschaft des pädagogischen Taktes, jener hohen Kunst, von welcher ich reden will, daß sie die Tragfähigkeit kindlicher Schultern ermesse, ernstlich bedenke, wie viel man einem armen Kinderkopfe zumuthen darf. Und wenn der Lehrer kein Mitleiden mit den todmüden, bis in die Stunden der Nacht an ihren französischen, lateinischen, deutschen Scriptis sich abarbeitenden Kleinen hat, so möge ihn doch die Erfolglosigkeit seiner Zumuthungen eines Bessern belehren. Sincerum est nisi vas, quidquid infundis acescit, wenn die geistige Frische und Elasticität durch das Uebermaß gebrochen und zerstört ist, so wird Alles, was du weiter hinein redest, eitel todter Stoff, verwirrender Ballast; deine Worte gleiten an tauben Ohren ab. Wie oft habe ich nicht gesehen, daß ein armer Knabe äußerlich durch ängstliche Geberden zu erkennen gab, er wolle ernstlich, er verlange von seinem Geiste, daß er aufmerke und fasse, aber die innerliche Ermüdung weigerte dem guten Willen den Dienst. Könnte ich's durchsetzen, so sollten die Kinder nicht eine Pause im Morgenunterrichte haben, sondern zwischen jeder Lehrstunde zehn Minuten freigelassen werden, um sich herum zu tummeln, Luft zu schnappen und den vom Sitzen ermüdeten Gliedern frohe Bewegung zu gönnen. Ich bin überzeugt, sie würden in den übrigen dreiviertel Stunden mehr lernen, frischer aufnehmen und sicherer behalten als jetzt in der ganzen. Mens sana in corpore sano, die Spatzen pfeifen's von den Dächern, in den Versammlungen der Schulmänner, der Naturforscher und Aerzte werden schöne Reden gehalten, in Programmen und pädagogischen Streitschriften tiefsinnige Abhandlungen über dies Thema geschrieben und doch mehrt sich die Zahl der Unterrichtsstunden von Jahr zu Jahr, wird den armen Köpfen immer mehr zugemuthet, um den „Anforderungen der Zeit" zu genügen! Zum allermindesten sollten denn doch eine tägliche Turnstunde und zwei Stunden freie Zeit zum Spielen und Spazierengehen das gestörte Gleichgewicht einigermaßen wiederherstellen. Harmonische Bildung von Leib und Seele, das war die Aufgabe, die klar erkannte, der griechischen Erziehung, bei uns aber haben auch heute noch ihre bittere Wahrheit die Worte Goethe's:

Wie? Gymnasien nennen die jetzigen Menschen die Stätte,
Wo die Jugend versitzt, ach, wo der Körper verdirbt.
Den Ort, wo er wurde geübt, bezeichnet der Name,
Bei den Hellenen war That, aber wir reden davon!

Und nicht nur die Gymnasien sündigen nach dieser Richtung, bei ihnen ist die notorische Ueberbürdung — zu entschuldigen gewiß nicht, aber doch zu erklären dadurch, daß der alte geschlossene Lehrplan aus dem Gebiete des Naturwissens und der modernen Literaturen das für den Gebildeten unumgänglich Nothwendige hat aufnehmen müssen; daß aber die Vorbereitungsanstalten und Privatinstitute der fratzenhaften Eitelkeit thörichter Eltern und der stupidesten und gewissenlosesten Reclame zu Liebe achtjährige Knaben neben dem „bischen Französisch und Englisch" auch noch mit chemischen und physikalischen Kenntnissen, respective sinnverwirrenden Spielereien überfüttern, das übersteigt denn doch alle Grenzen. Blasirte, d. h. jeder gesunden klaren Vorstellung unfähige Geister und kachektische, bleichsüchtige Körper gehen aus solchen Treibhäusern hervor. Man verzeihe die Digression; ich bin aber der Ansicht, daß dieser Ruf nach Entlastung und pflichtgebotener Rücksichtnahme auf die Entwickelung der Kinder das stets wiederkehrende ceterum censeo vernünftiger Eltern, Lehrer und aller derer, die es wohl meinen mit der Jugend, sein muß und nicht von der Tagesordnung verschwinden darf, bis es besser geworden ist.

Jenes Vielerlei aber, welches den kindlichen Geistern zur Unzeit aufgebürdet wird, wirkt nicht allein als verwirrender und unverarbeiteter Ballast, sondern ich möchte es mit jenen Stoffen vergleichen, die nach Liebig — als Reizmittel der Fruchtbarkeit — den Boden zu ein paar künstlichen Erträgen zwingen, ihn hernach aber desto sicherer erschöpfen und unfruchtbar machen. Einfache, gesunde Nahrung, womit ihr die Leiber eurer Kinder aufzieht, die paßt auch ganz allein für ihre geistige Entwickelung. Gewürzte Speisen, aufregende Getränke und das Allerlei der gastronomischen Tafel sind ihnen geradezu verderblich. Weil ich denn doch von Reizmitteln rede, so muß ich auch jener mattherzigen Methode gedenken, der fratzenhaften Ausgeburt falschverstandener Humanität und Pädagogik, welche den Kindern alle jene Herrlichkeiten spielend und gleichsam im Säftchen eingeben möchte, die auf die Neugierde, die Naschhaftigkeit dieses Alters speculirend, ihnen zuerst den Honig und damit unversehens und ohne daß sie's merken und schmecken, auch die bittere Pille in den Mund stopft. „Alles hat seine Zeit, Spielen hat seine Zeit, Arbeiten hat seine Zeit", so sagt der Prediger, dessen tausendjährige Weisheit noch nicht in die Tiefen jener Pädagogik gelangt ist, die beides vermengt und beides verdirbt; denn dem Spiele gibt sie den eklen Beigeschmack der Schulsorge und Schulqualen und der Arbeit benimmt sie ihren hohen und sittlichen Werth, der in dem Zusammenfassen der Geisteskräfte und der freiwilligen Uebernahme des Unangenehmen, der wahren Schule des Pflichtgefühls, beruht. Könnten doch die goldenen Worte des vortrefflichen Justus Möser mit feuriger Schrift in jenen Anstalten der breiweichen Sentimentalitätsphrase hineinleuchten: „Wenn einer das Laufen lernen will, so läßt man ihn in schweren Schuhen und im gepflügten Lande laufen; dagegen aber sollen Kinder, woraus man große Männer ziehen will, Alles spielend fassen. Was kommt aber bei diesem unsern spielenden Lernen heraus? Süßes Gewäsche, leichte Phantasien und ein leerer Dunst. Der Geist bleibt schwach, der Kopf hat weder Macht noch Dauer und Alles sieht so hungrig aus wie die heiße Liebe eines verlebten Greises." Daß diese Methode gerade den glänzendsten Begabungen, denen sie „des Lebens ernstes Führen" unter den Füßen wegzieht, am verderblichsten sein muß, spricht Walter Scott in folgenden beherzigenswerthen Worten aus: „A propensity too often united with brilliancy of fancy and vivacity of talent, is that indolence of disposition which can only be stirred by some strong motive of gratification and which renounces study as soon as curiosity is satisfied, the pleasure of conquering the first difficulties exhausted, and the novelty of pursuit at an end. Alas, while they are permitted to read for their own amusement, they foresee not that they are losing for ever the opportunity of acquiring habits of firm and incumbent application, of gaining the art of controuling, directing and concentrating the powers of their own mind for earnest investigation – an art far more essential than even that learning, which is the primary object of studying."

Hierher gehört auch die große Mehrzahl jener sogenannten „moralischen Erzählungen" in welchen die Tugend durch dieselbe Methode in „Säftchen" eingegeben werden soll und die ich geradezu „unmoralische" Erzählungen nennen möchte, denn sie erwecken bei den Kindern das selbstische Gefühl, daß man das Gute nur um des ganz gewiß erfolgenden Lohnes — der läppisch genug gewöhnlich in der Gestalt eines reichen Onkels oder einer gütigen Fee erscheint — thun solle, statt in eindringlicher Weise dasselbe als das allein Schöne und Menschliche darzustellen, das man um seiner selbst willen liebt.

Habe ich nun im Vorausgehenden die beiden Extreme, die sich keineswegs ausschließen, sondern oft vereinigt vorkommen, vor welchen der pädagogische Takt den Lehrer bewahren muß, kurz angedeutet, so möchte ich nun als zweiten hochwichtigen Factor eines gedeihlichen Wirkens das überlegene, reiche Wissen des Lehrers anführen. Ich habe mich zwar selber einmal der gewöhnlichen Methode Docendo discimus anschließen müssen, da mir der Unterricht im Hebräischen übertragen wurde, gegen welche Auszeichnung ich vergeblich unter Anführung meiner absoluten Unkenntniß dieser Sprache remonstrirte. Da nun aber der Unterthan Alles können muß, was die vorgesetzte Behörde von ihm verlangt, so schloß ich mich dem „Cötus" meiner Schüler an und wir lernten gemeinsam auf jede Stunde unser Pensum. Ein Glück, daß kein Native unter uns war, er hätte den Herrn Professor weidlich auf den Sand setzen können, wofern dieser nicht etwa in dunkeln oder zweifelhaften Fällen mit weisheitsvoller Miene die Frage an jenen gerichtet und auf dessen Antwort mit huldvoller Anerkennung das Haupt geneigt hätte. Scherz bei Seite, unsere Schüler sind gar gute Jungen, und da ich ihnen aus meiner Unwissenheit kein Geheimniß machte — ich sagte öfter in buchstäblichem Sinne: „Jetzt werden wir bald das regelmäßige Zeitwort inne haben" — so arbeiteten wir mit doppeltem Eifer munter drauf los, indem einer den andern zu überflügeln suchte. Diese Methode, so anregend sie für beide Theile auch sein mag, hat aber doch ihr Mißliches und bleibt immer ein gewagtes Experiment, wie sie denn auch schon in den Xenien ihr Verdammungsurtheil gefunden:

Was sie heute gelernt, das wollen sie morgen schon lehren.
O was haben die Herrn doch für ein kurzes Gedärm!

Denn abgesehen davon, daß es eine schöne Sache ist um einen Lehrer, der durch keine naseweise Frage irgend eines vorwitzigen Schülers in Verlegenheit gebracht werden kann — aus dieser könnte er sich allenfalls noch helfen durch die altersgraue Weisheit: „Ein Narr kann mehr fragen, als zehn Weise beantworten können", oder auch durch das unwirsche: „Das gehört nicht hierher!" — ist der große Ausblick über das Gesammtgebiet seines Lehrstoffs das alleinige Mittel, diesen Stoff seinen Schülern mundgerecht, faßlich und interessant zu machen. Daß er im Detail sich manchmal irrt, daß ihm diese oder jene Jahreszahl nicht gegenwärtig ist, daß ihm das eine oder das andere Wort entgeht, das verzeiht ihm der Schüler leicht, nicht aber, wenn er merkt, daß der Herr Professor sich selber zu jeder Lection mühsam präparirt hat, daß er pedantisch an einer bestimmten Uebersetzung klebt, deren Original der Scholar sich vielleicht aus seinen Sparpfennigen angeschafft hat, oder daß er alle seine Weisheit aus einem einzigen Geschichtswerke geschöpft hat, welches den Schülern ebenfalls zugänglich ist. „Wo kann man das lesen?" fragte uns unser Geschichtsprofessor häufig, indem er nach den Quellen forschte. „Im Rotteck!" war die unwandelbare Antwort, über die er jedesmal höchlich ergrimmte. Da ist es aus mit der Anregung, da legt sich die Langeweile mit bleiernen Gewichten auf die Seelen der Jugend. Mache man mir nicht den Einwand, daß ein Gymnasiallehrer kein Gelehrter zu sein brauche, daß es genüge, wenn er die elementaren Kenntnisse besitze und mittheilen könne. In jeder Wissenschaft sind gerade die Elemente das Schwierigste, am meisten der Controverse Unterliegende; dagegen grünt und blüht die einzelne Erscheinung in frischem Leben und die Aufgabe ist es, die Gesetze dieses Lebens, d. h. die allgemeinen Principien an dieser Erscheinung nachzuweisen, sie den Schüler selbst durch eigene Kraft an ihr auffinden oder nachweisen zu lassen. Das vermag der Lehrer aber nur dann, wenn er auf dem ganzen Wissensgebiete zu Hause ist, wenn er die Lichtpunkte, die beleuchteten Höhen in richtige Perspective zu bringen vermag, daß der Schüler allmählich auch auf diesem Gebiete sich orientiren lerne und nicht durch überladenen Detailkram, leere Abstractionen oder todtes Formelwesen nur Verwirrung und Halbwissen sich aneigne. Wer nicht an dem einzelnen Gedichte, ja an einzelnen Versen Wesen und Schönheit der Dichtung und die Eigenthümlichkeit des Dichters, wer nicht an dem einzelnen historischen Factum die vielfältigen Beziehungen mit den Zeitereignissen, die leitenden Ideen und den Zusammenhang mit Vergangenheit und Zukunft, wer nicht an einer bestimmten Wortbildung oder Satzfügung den Geist der antiken oder modernen Sprachen ins Auge zu fassen oder zu entwickeln versteht, dessen Wissen ist, mag es sonst eine Vorrathskammer von allen möglichen Einzelnotizen sein, für die Kunst des Lehrens unzureichend.

Damit steht in engstem Zusammenhang eine dritte Eigenschaft des echten Meisters und der wahren Methode, nämlich die bereits angedeutete, daß jener aus dem reichen Schatze seines Wissens dasjenige herauszuwählen verstehe, was der Fassungskraft seiner Schüler am meisten entspricht, was ihr Interesse am lebendigsten anregt und dadurch sowie durch besonders charakteristische Anschaulichkeit ihrem Gedächtnisse sich am tiefsten einprägt. Nicht nur auf dem Wissensgebiete, auch in den Köpfen und Herzen der Schüler muß er heimisch sein, feinfühlig sich jeden Augenblick vergewissern, woran er anknüpfen, was er voraussetzen darf, wo eine Lücke ist, welcher Stein fehlt zu dem vollständigen Ausbau des Gedankens, in welcher Fassung eine Wahrheit am durchsichtigsten für ihr geistiges Auge sich darstellt: mit einem Worte, seiner eigenen Geistesüberlegenheit sich gleichsam entäußernd mit ihnen denken, fühlen, von neuem wachsen und sich entwickeln. Andernfalls wird er eine den Schülern unverständliche Sprache sprechen und sich am Schlusse darüber wundern, wie sich diese doch bei seinen Worten etwas ganz Anderes gedacht haben, als er damit meinte.

Seine wahren Vorbilder in dieser schweren Kunst sind die Geistesgrößen, welche es nicht verschmäht haben, die Ergebnisse ihres Forschens und Nachdenkens in die populäre Form — sei es in Dialoge, wie Plato, in Briefe, wie Liebig, in Vorträge wie Tyndall — einzukleiden, in welchen gerade ihr Genius den höchsten Triumph feiert. Denn indem sie, in unmittelbaren Verkehr zu ihren erwachsenen Schülern tretend, den Gegenstand unter den verschiedensten Gesichtspunkten nach deren Sehweite accommodiren, die Resultate ihrer Combinationskraft einen neuen Werdeproceß in Anderer Geistern durchlaufen lassen, hundert neue Beleuchtungen durch Bilder und Beispiele des täglichen Lebens auf ihn einfallen lassen, gewinnt derselbe eine Klarheit und feste Bestimmtheit, die er vorher in den nebligen Höhen der Abstraction, aus denen er entsprungen ist, nicht besitzen konnte. Es gibt natürlich auch derartige Darstellungen, deren Autor der Aufgabe nicht gewachsen ist, bei denen die persönliche Belehrung durch Briefe, Vorträge u. s. w. nur eine Scheinform ist, wie denn gewisse Literaturbriefe an eine Dame, welche nur Kathedervorträge, hier und da durch das Wort „Madame" unterbrochen, enthalten, oder J. Scherr's Vorträge über Goethe für Damen, in welchen nur das einseitige Interesse für das burschikos flotte Wesen des jugendfrischen, polternden Alten vorwaltet, zur Genüge darthun. — Daß auch die Mannichfaltigkeit des Wissens der Frische und Lebendigkeit des Unterrichtes sehr zu statten kommt ist wohl einleuchtend: das Hinübergreifen auf ein anderes Gebiet spannt die durch einseitige Anstrengung ermüdeten Geister, wie eine Erholungspause, wohlthuend aus; das Naturwissen bietet für die reingeistigen Disciplinen reiche und klare Symbolik; jede Wissenschaft kann durch die Methode, mit welcher sie die Wahrheit erforschte, einer andern noch so abgelegenen nützlich sein, und endlich sind ja alle Wissenschaften, die in der Sonderung und Theilung der Arbeit nur ihr Tagewerk emsig fördern, durch ein großes geistiges Band, das fern dämmernde Ziel ihrer dereinstigen Vereinigung, mit einander verknüpft, und es erscheint wohl rathsam, der hoffnungsfreudigen Jugend, bei der alle Seelenkräfte noch inniger zusammenwirken und auch die Kenntnisse sich lebhafter durchdringen und dadurch zu künftiger Neubildung befruchten, diese Verbindung öfters zum Bewußtsein zu bringen. — Vor einer Klippe hat sich aber der Lehrer sorgfältig zu hüten, nämlich seine eigenen Liebhabereien über Gebühr walten zu lassen und die Schüler etwa mit Sprachvergleichung, Inschriftenkunde, Conjecturenjagden, Versedrechslerei, Stammtafeln und was sonst die starken Seiten philologischer Gelehrsamkeit zu sein pflegen, zu Tode zu füttern. Auch hierin wird schwer gesündigt, und ich entsinne mich noch der Strafpredigt unseres Directors, der, als keiner die Frage, was die Juden im Mittelalter mit den Handschriften angefangen? beantworten konnte, einen auffallenden Rückgang der ganzen Klasse und höchst problematischen Ausfall des Schlußexamens diagnosticirte, worauf er uns dann, in unwilligem Tone die überraschende Aufklärung gab: „Sie haben das Pergament verkauft oder zu niederen Zwecken verwendet!"

In allen Lehrbüchern der Pädagogik, geneigter Leser, kannst du dem Satze begegnen, daß das große Geheimniß jedes erfolgreichen Unterrichts darin bestehe, daß man vom Leichten zum Schweren übergehe. Große Weisheit, an Tiefsinn nur derjenigen vergleichbar, die da sagt, daß der wahre Weg zum Reichthum der sei, daß man weniger ausgebe, als einnehme. Du findest dies Schiboleth des hohen Mysteriums von den Mystagogen, i. e. den Verfassern von Schulbüchern, ihren Werken gewöhnlich als Motto oder in der Vorrede aufgeprägt. Und doch verwunderst du dich mit Recht, wenn du viele dieser Bücher durchmusterst, daß da meistens mit dem Allerschwersten angefangen wird; als z. B. in mathematischen Büchern mit philosophischen Definitionen, in grammatischen mit logischen Terminologieen, Wohllautsregeln u. s. w., in geographischen mit der Erde und ihrer Bewegung um die Sonne u. s. w. Du schüttelst den Kopf und es kommt dir manchmal vor, als seien einige dieser Bücher bestimmt, nach Art der hebräischen, von hinten nach vorn studirt zu werden. Denn das sagt dir dein gesunder Menschenverstand, daß das Leichte doch wohl das dem Schüler bereits Bekannte sein muß, und daß darauf allein in allmählicher Entwickelung das Unbekannte aufgebaut werden kann. Du hast Recht, lieber Leser, und ein wichtiger Bestandtheil der pädagogischen Kunst ist diese Erkenntniß, ohne welche statt des lebendigen Wissens nur todte Scholastik, seien es nun naturgeschichtliche Nomenclaturen, Systeme, Katechismus- oder andere Phrasen, in den jugendlichen Geist gepfropft werden. Es handelt sich darum, einerseits dem Schüler geläufige, aus der Sinneswahrnehmung erschlossene Dinge, sowie — aber halt, ich habe den leichten Ton nun herzlich satt und will nun auch einmal, wozu ich das volle Recht habe, den deutschen Professor aufspielen. Mit gewohnter Gründlichkeit will ich zwar nicht, wie L'Intimé in Racine's „Plaideurs", avant la création du monde, aber doch mit der Entstehung des Menschengeschlechts anfangen.

Denn wie nach der nunmehr bald zu allgemeiner Anerkennung gelangten Descendenztheorie der Mensch in der ersten Zeit seiner körperlichen Entwickelung in unglaublich rascher Zeit alle die Vorstufen durchläuft, welche die Natur in ungeheueren Zeiträumen allmählich zu Stande brachte, bis ihr endlich als couronnement de l'édifice der homo sapiens gelang, so müßte doch auch, denke ich, in der geistigen Entwickelung des Einzelmenschen sich der große Entwickelungsgang in schneller Aufeinanderfolge wiederholen*), den die Menschheit als Ganzes auch erst in vielen Jahrtausenden von dem Aufdämmern des Vernunftlichtes an bis zu ihrer heutigen Culturhöhe zurückgelegt hat. Dieser Culturgang muß in seinen großen Grundlinien uns den untrüglichen Weg vorzeichnen, welchen die geistige Erziehung, die nichts anderes zu thun vermag, als die natürliche Entwickelung unterstützen und die störenden Einflüsse beseitigen, zu befolgen hat. In diesem großen Culturgange sehen wir aber zwei polare Gegensätze, an denen sich der menschliche Geist entwickelt und seine Kraft erprobt hat, Natur und Cultur. Die eine etwas Fertiges, Vollendetes, aus tausend Elementen zu einem kunstmäßig geschlossenen Ganzen Gewordenes, die andere beim Anfang etwas Einfaches, Rohes, kaum im Keime Vorhandenes. Erstere galt es also aufzulösen, zu analysiren, dadurch sich begreiflich und unterthan zu machen, daß man

*) Ich glaube, daß das Kind in seinen zwei ersten Jahren das Meiste von dem lernt, was es überhaupt in seinem ganzen Leben lernt.

ihrem Schaffen nachging, in das Räderwerk ihrer Combinationen einzudringen suchte (wie noch heute das Kind mit seiner Puppe und seiner Uhr verfährt); letztere mußte erst durch Verbindungen, Combinationen aus einfachen Stoffen geschaffen werden, ihre ersten Triumphe waren die Steinaxt und das Reibfeuerzeug. Also gleich bei Beginn sehen wir den Menschengeist in seinen beiden Grundeigenschaften — Auflösen und Combiniren — ersteres die Urmutter der Induction und der eigentlichen Wissenschaft, letzteres die der Deduction und der Kunst, thätig wirken.

Beide aber hatten eins miteinander gemein, sie operirten mit einem gleichen Mittel, nämlich dem Messen. Und so ist denn die Meßkunst (Geometrie) die älteste Kunst und Wissenschaft zugleich und die Wurzel, welche in der Sprache das Messen bezeichnet, eine der ursprünglichsten, an welche sich höchstwahrscheinlich die Begriffe des Denkens und Erfindens, sowie der Kraft und des Menschengeistes überhaupt hefteten. (Sanskrit mâ, messen und erschaffen, man, denken, manuscha, der Mensch. Vgl. latein. mens griech. μένος). Erst nachdem der Mensch einen von der Natur selber hergenommenen Maßstab sich angeeignet, konnte er gegen diese erfolgreich vorgehen, sie, die Uebergewaltige, in Theile zerlegen und so allmählich sich unterthan machen; erst nachdem er für sein eigenes Schaffen den Maßstab gefunden, mit dessen Hilfe er das Zerstreute zusammenbinden, das Entlegene in seinen Bereich ziehen, der Gestirne Lauf sogar als Regel und Norm seines Thuns beachten und berechnen konnte, fügte er Stein zum Steine in seinen Bauten, wagte er die Orte zu verlassen, an welche eine gütige Natur durch ihre reichen Gaben sein Dasein auf ewig gebunden zu haben schien, begann der Ackerbau, der Ausgangspunkt und die Grundlage aller Cultur, seine geregelte Beschäftigung zu werden.

Den Maßstab aber, mit welchem er dieses Alles ausführte, er nahm ihn von sich, von seinem Eigensten, dem menschlichen Leibe, und noch heute weisen die Namen der üblichen Maße: Fuß, Zoll, Spanne, Elle, Schritt, Meile, auf jenen Ursprung zurück. Das ist ein deutlicher und wichtiger Fingerzeig für den Unterricht und die Erziehung. Die beiden Wege, welche die Menschheit im Großen nach entgegengesetzten Richtungen gewandelt ist — vorwärts nach den fernen Zielen der Cultur, rückwärts nach den Ausgangspunkten und ältesten Werkstätten der Natur — sie vermag das Kind auch nur mit den gleichen Mitteln zurückzulegen; ihr müßt ihm also die ihm vertrauten Maße an die Hand geben, mit denen es die vielgestaltigen Räthsel der Natur allmählich aufzulösen und die kunstvollen Combinationen, die die menschliche Kunst im Lauf der Jahrtausende geschaffen, von dem Einfachen ausgehend, nachzuschaffen und so zu begreifen vermöge.

Die großen geographischen Entfernungen, die Classificationen der Naturwesen können also erst dann dem Knaben verständlich werden, wenn er in den heimatlichen Fluren durch Spaziergänge und Beobachtungen jene einfachen Maße zu seinem lebendigen Eigenthum gemacht hat, mit denen er später mit Leichtigkeit zu operiren sich gewöhnt. Thorheit ist es also, in der Botanik mit der Pflanzenzelle oder den generellen Abstractionen zu beginnen, Thorheit, in der Chemie von den Elementen, in der Physik von den einfachen Kräften und allgemeinen Principien auszugehen. Mit Recht machte sich schon B. de St.-Pierre über die wissenschaftlich-gelehrten Terminologieen in der Botanik lustig. Umgekehrt wirst du in der Welt- und Culturgeschichte nur dann erreichen, daß deine Schüler nicht mit bloßen Worten, sondern Begriffen hantieren, wenn du von den complicirten Formen modernen Staatslebens und moderner Culturverhältnisse absiehst und von den einfachen primitiven Bildungen von Gesellschaften und Gemeinwesen bei den Naturvölkern, dem durchsichtigen politischen Leben und Weben der antiken Welt ausgehst. Man bedenke nur, worin der unwiderstehliche Reiz liegt, mit welchem Homer's Dichtungen und Robinson Crusoe die Knaben anziehen. Doch nur, weil sie in diesen ewigen Werken in einer gleichartigen verwandten Welt sich bewegen und in jenen mit den Instinkten und Gefühlen des jugendlichen Gemüths den Zwist der Könige und die Leiden und Kämpfe der Völker, in diesem mit dem Maßstabe eigenen Erlebnisses den großen vielgestaltigen Culturgang sich zum bewußten Verständniß bringen.

Also stets vom Bekannten zum Unbekannten, das ist eine

vierte wichtige Eigenschaft der Lehrkunst, und um meine gelehrte Auseinandersetzung nochmals im Beispiele klar zu machen, in der Naturwissenschaft, wozu auch die Sprachwissenschaft in gewissem Sinne gehört, von der augenfälligen einzelnen Erscheinung ausgehend, die verborgenen Stoffe, Kräfte, Principien aufsuchen, welche in ihr vereinigt wirken; in den Werken des Geistes dagegen, z. B. der Rede, sogar dem einzelnen Satze eines Schriftstellers, zuerst den Gedanken kern ermitteln, dann sehen, wie der Autor diesen Gedanken mit Blättern, Zweigen und Blüten in die lebendige Wirklichkeit hervorgetrieben hat. Noch deutlicher wird folgendes Beispiel sein: Das Klavierspiel kann doppelt aufgefaßt werden, als Kunst und als Wissenschaft. Willst du die Kunst lernen, so rathe ich dir, zuvörderst die Elemente, d. h. die einfachen Noten dir anzueignen und dann allmählich zum Schwereren übergehend voranzuschreiten, bis du deinen Beethoven und Bach spielen und verstehen kannst. Willst du aber die Wissenschaft dir aneignen, so wird es gut sein, daß du zuerst den Beethoven und Bach kennst, dann allmählich aus diesen Einzelerscheinungen des Schönen die Principien der Harmonie und der musikalischen Aesthetik ableiten und begreifen lernst. So geht denn auch das Spracherlernen von den Elementen aus, die wissenschaftliche Philologie und Literarwissenschaft dagegen von den vorhandenen Werken der Autoren.

Du wirst mir nun vielleicht sagen können, lieber Leser, unter welche Kategorie literaturgeschichtliche Abrisse fallen, in welchen von Schriftstellern gehandelt wird, deren Namen der Schüler hier zum ersten Male erfährt, und über ihre Werke, die derselbe nicht kennt und niemals lesen wird, ein gewiegtes, ästhetisches Urtheil abgegeben wird. —

Also Maßstäbe! Das ist das große Geheimniß der Pädagogik, wird Mancher erstaunt rufen. Ich fürchte nur, der gute Verfasser, der so sehr gegen die Universalheilmittel loszieht, hat sich selber in eine Panacee verrannt und tischt uns da nichts weiter auf als einen neuen scholastischen Begriff, der an die Stelle der alten zu treten hätte, und den Schulmeistern, die seiner Anweisung folgen, wird es gehen wie Strepsiades, der, von Sokrates belehrt, daß nicht Zeus, sondern der

Wirbel die Bewegung der Meteore verursache, nun den Wirbel verehren möchte, oder wie den römischen Bürgern, die durch Brutus' eindringliche Worte überzeugt ausrufen: „Let him be Caesar!"

Trotz dieser Einwürfe, die ich voraussehe, bleibe ich bei meiner Ansicht und benutze gleich das letzte Wort meiner Gegner, um zu behaupten, *der richtige Maßstab*, richtig angewandt, ist der wahre Cäsar, der alle Schwierigkeiten besiegt. In den Wissenschaften ist das eine anerkannte Wahrheit, wie denn z. B. die Astronomie mit den gewöhnlichen Maßen nichts ausrichten kann und sich eigene Maßstäbe wie Erd- und Erdbahnhalbmesser, Siriusweiten u. s. f. ersonnen hat, während für die Physiologie und das mikroskopische Leben nur der Mikrometer anwendbar erscheint. Andere Zeitmesser sind nothwendig, um das Vorrücken der Nachtgleichen, die Verstrahlung der Sonnenwärme, andere, um die Geschwindigkeit der Elektricität, der Erregung der Nervenfaser zu bestimmen.

Nur Gleichartiges kann als Maßstab dienen, Kraft läßt sich nur durch Kraft, Raum durch Ausdehnung, Zeit durch Geschehendes messen. Verkehrt ist es, mit dem Maße des bürgerlichen Lebens das politische, mit dem moralischen Maßstabe das Schöne, mit dem der Logik das Sprachliche beurtheilen zu wollen. *Für alles Gewordene haben wir nur den einen Maßstab des täglichen, stündlichen Werdens.*

Verkehrt ist alles Messen mit *einfachen abgezogenen Begriffen*, solange die Wissenschaft noch nicht auf den letzten Grund der Erscheinung gedrungen ist. (Scholastik, Hegelthum.) Ebenso verkehrt alles *Darstellen mit allgemeinen, unbestimmten Worten*, aus denen niemals die charakteristische lebensvolle Gestalt sich ergeben kann; in beiden Fällen sind *complexe Maßstäbe* nöthig. Schön sagt Bernardin de Saint-Pierre: „Man braucht nicht fremde Worte zu bilden, um Formen auszudrücken, die uns geläufig sind. Ich fordere Jeden heraus, mit griechischen oder lateinischen Wörtern und den gelehrtesten Umschreibungen die einfache Farbe einer Baumrinde auszudrücken. Sagst du mir aber, sie gleicht der der Eiche, so stelle ich mir sofort die Nüance vor. Es ist ein Fehler der Botanik, uns die Merkmale der Vegetabilien nur aufeinanderfolgend zu geben, sie vereinigt sie nicht, sie zertheilt sie. (Wem fällt hier nicht das Encheiresin naturae ein?) Und doch bietet die Natur überall zahlreiche Anordnungen, die uns vertraut sind, mit deren Hilfe man Alles darstellen kann. Versuche es, einen Menschen Zug für Zug, Glied für Glied zu beschreiben, niemals wirst du mir ein Bild von ihm geben; sagst du mir aber die Gestalt eines Don Quixote, die Nase eines Henri IV, so steht er mit vier Worten lebendig vor mir." Und ich möchte noch hinzufügen, daß bei gewissen Eigenschaften, z. B. Geruch, Geschmack, ein anderes Messen auch für den eingefleischtesten Scholastiker unmöglich ist; er versuche es nur, die Sätze: Die Pflanze riecht wie Knoblauch. Es schmeckt nach Erdbeeren — zu analysiren.

Dies führt mich auf die Kunst. Brauche ich zu erwähnen, wie es das große Verdienst unseres unsterblichen Lessing ist, nachgewiesen zu haben, wie jede Kunst mit ihrem eigenen Maßstabe gemessen werden müsse, und wie er, indem er die bisher vermengten Gebiete in seiner genialen großen Anschauung trennte, der eigentliche Schöpfer der Aesthetik geworden ist? Wie trefflich stimmt nicht mit den Worten St.-Pierre's seine Charakteristik der Mittel der Dichtung im Gegensatz zu denen der Malerei! „Der Dichter weiß, daß die Aufzählung der Elemente der Schönheit unmöglich eine Wirkung haben könne; daß es über die menschliche Einbildung geht, sich vorzustellen, was dieser Mund und diese Nase und diese Augen zusammen für einen Effect haben, wenn man sich nicht aus der Natur und Kunst einer ähnlichen Composition solcher Theile erinnern kann", d. h. bekannte, complexe Maßstäbe. „Und doch vermag Homer, der sich jeder stückweisen Schilderung körperlicher Schönheit so geflissentlich enthält, uns von der Schönheit der Helena einen Begriff zu geben, der Alles weit übersteigt, was die Kunst in dieser Hinsicht zu leisten im Stande ist. Man erinnert sich der Stelle, wo Helena in die Versammlung des trojanischen Volkes tritt. Die ehrwürdigen Greise rufen bei ihrem Anblicke entzückt:

Niemand tadle die Troer und hellumschienten Achäer,
Daß um ein solches Weib sie so lang aushalten im Elend!
Einer unsterblichen Göttin fürwahr gleicht jene an Schönheit!"

Das ist ein echt dichterischer Maßstab! Zur Vervollständigung will ich nur noch folgende schöne Stelle des feinsinnigen Hemsterhuys anführen: „Die Schilderungen Homer's erwecken in mir nicht die Idee einer Helena, eines Priamus, wie dieser Dichter sie aufgefaßt hatte; sondern nach meiner eigenen Auffassung bilde ich mir diese Gestalten; seine Kunst dient also nur dazu, daß ich mir diese Personen in der möglichsten Vollkommenheit, wie meine Phantasie sie zu schaffen vermag, vorstelle."

Wie viel reiche Belehrung liegt in allem diesem für die Pädagogik, wie viel handgreifliche Mittel, deren sie sich nur zu bedienen brauchte, um lebensvollen Antheil, Freude und Lust bei den Knaben und Mädchen zu erwecken!

Wie der Dichter in unbewußtem Schaffen seines Schönheitsgefühls der Phantasie die Maßstäbe gibt, mit Hilfe derer sie sich zu den großartigsten Vorstellungen aufzuschwingen vermag, das möge der denkende Leser einmal bei folgender schönen Eingangsstrophe des Klopstock'schen Psalms erwägen:

Um Erden wandeln Monde,
Erden um Sonnen.
Aller Sonnen Heere wandeln
Um eine große Sonne.
Vater unser, der du bist in dem Himmel.

Wie auch das Gemüth seinen Maßstab erhalten kann, wie eine stumme Saite, durch kundige Hand angeschlagen, plötzlich die verwandten Saiten der Seele zu sympathischem Mitklingen veranlaßt, habe ich schon auf S. 197 bei Besprechung der Aufführung der Antigone gezeigt. Derartiges läßt sich natürlich nicht lehren, es muß aus dem weiten Blicke und der lebendigen Begeisterung entströmen. Xerxes mit seinen unermeßlichen Heeren Griechenland überströmend, die heilige Stätte der Freiheit mit orientalischem Despotismus bedrohend, seines Sieges schon so gewiß, daß er die Ketten für die Gefangenen und den Marmorblock mit sich führte, aus dem er für seinen Eroberungszug die Trophäe errichten wollte — und die Griechen, nachdem sie die drohende Gefahr abgewiesen und jener Block in ihre Hände gefallen, in dem hohen Ernste des entscheidungsvollen Augenblicks weihen sie denselben der Göttin Nemesis, die das stolze Prahlen des Uebermuths und der Selbstüberhebung zu Schanden macht und züchtigt. Wie nahe liegt die Vergleichung mit jenem andern Xerxes, der auch in stolzer Vermessenheit ein Heer, wie es die Welt noch nicht gesehen, dem unfehlbaren Siege entgegenführte. Aber Rußlands Eisfelder und unfruchtbare Steppen verschlingen es und bewahren die Welt vor dem unerträglichen Despotismus. Und jene Rhamnusische Nemesis, sie hat ihr Seitenstück in der Pyramide, die ein augendienerischer Präfect des corsischen Eroberers in übermüthiger Herausforderung des Schicksals zu Coblenz errichten ließ: En l'honneur de la mémorable Campagne de Russie en 1812. Darunter aber stehen die Worte: Vu et approuvé par nous, Commandant Russe à Coblence.

Vom Großen auf das Kleine übergehend, will ich nur bemerken, daß Analogieen bekannter Erscheinungen für Fremdartiges oft ganz naheliegend sind und daß es geradezu unbegreiflich erscheint, wie die Schulweisheit, die doch sonst das Gras wachsen sieht und die Flöhe husten hört, sie übersehen konnte, da sie doch die wahre Erleichterung des Lernens durch Faßlichkeit darbieten. Haben wir uns nicht abgequält mit dem Schreiben und Erlernen des Spiritus lenis im Griechischen und ist uns dafür jemals eine andere Aufklärung geworden, als daß das feine Ohr des Griechen da etwas vernommen haben müsse, was wir nicht mehr hören? Als gäbe es nicht den Unterschied von vereisen und verreisen, von veröden und verreden, von erinnern und verrinnen im Deutschen! Und der Lehrer des Französischen wird damit auch ausreichen wenn er den Unterschied von le héros und l'héroïsme, von exaucer und exhausser zu erklären wünscht. Die griechischen Accente, dieses Kreuz der Jugend, wie verständlich werden sie, wenn man z. B. ἄνθρωπος und Almosen neben einanderstellt und zeigt, daß in Betreff der Betonung diese beiden ganz identisch sind! Geradeso: αὐτός — hieran, ἔφα — Anlaut u. s. w.

Eine fünfte Qualität, die ich bei dem echten Meister voraussetze, ist die, daß er ein Einsehen und menschliches Fühlen für die Schwäche der lernbegierigen Jugend habe und nicht etwa nur als ein Jupiter tonans seine Decrete und Orakelsprüche ex cathedra, deren Unfehlbarkeit bekanntlich von Manchen stark angezweifelt wird, verkündige, sondern daß er zu jener Schwäche herabsteige, sich erinnere, daß er auch nicht als ein fertiger Gelehrter auf die Welt gekommen ist, daß er sich's auch manchmal hat sauern Schweiß kosten lassen, bis er's so herrlich weit gebracht. Es gibt gar viele Mittel, das Lernen, namentlich das Auswendiglernen zu erleichtern. Von manchem habe ich schon geredet: im sprachlichen Unterricht zum Beispiel nützt oft ein Hinweisen auf das in der Sprache waltende Gesetz, das in dem einzelnen Falle zur Anwendung kommt, oft auch ein äußerliches Kennzeichen, welches dem Gedächtniß trefflich zu statten kommt. Zwei in ihren Anlagen grundverschiedene Völker, die philosophischen Hindus und die praktischen Juden, haben diese beiden Richtungen in ihren Sprachlehren schon früh entwickelt, jene, indem sie die Buchstaben phonetisch ordneten, die allgemeinen Veränderungen beim Zusammentreffen mehrerer derselben bestimmten, kurz eine wahrhaft rationelle Grammatik begründeten, diese, indem sie allerhand Kunstgriffe und Hausmittelchen ersannen, die dem Lernenden die Mühe erleichterten, vorab die sogenannten voces memoriales, d. h. Wörter, die bestimmte Buchstaben enthielten, die man behalten sollte, wie wenn z. B. das Wort Mannerl als Gedächtnißwort für die vier Liquidä l, m, n, r gelten sollte. Beides kann von dem verständigen Lehrer, natürlich cum grano salis, angewandt werden. Warum sind die Ablative a, o, i, u, e in allen fünf Declinationen lang? Weil es eigentlich nur eine Declination gab und diese Vocale Zusammenziehungen aus a-e, o-e, i-e u. s. w. sind. Die Mnemonik aber, d. h. die Kunst, mit Hilfe einfacher, sicherer Zeichen große Complexe von Dingen in dem Gedächtniß festzuhalten, sollte von jedem Lehrer systematisch ausgebildet und den Schülern, die sie doch verstohlen und wie ein unerlaubtes Hilfsmittel anwenden, als etwas durchaus Praktisches anempfohlen werden. Es gehört auch hierzu eine eigene Geschicklichkeit. Ein Beispiel. Die Lautverschiebung, jenes große von J. Grimm entdeckte Gesetz, wonach die deutsche Grundsprache bei ihrer Entwickelung aus der indogermanischen Ursprache die Consonanten in einer bestimmten Weise veränderte, so zwar, daß aus der Tenuis eine Aspirata, aus der Aspirata eine Media, aus der Media eine Tenuis wurde, also die Rotation: Tenuis Aspirata Media Tenuis ꝛc., sucht der treffliche A. Schleicher in seiner populären Schrift: „Die deutsche Sprache" folgendermaßen mnemonisch zu fixiren: „Dem Gedächtniß kann man auf äußerliche Weise so zu Hilfe kommen, daß man festhält: die Laute in der Lautverschiebung folgen nicht so auf einander, wie sie gewöhnlich aufgezählt werden: Tenuis, Media, Aspirata, sondern die Aspirata kommt vor der Media." Das ist ein umständliches und durchaus nicht sinnlich klares Mittel, wobei es vorkommen könnte, daß der Schüler beide Reihen verwechselte und sich verwirrte, etwa wie jener Schauspieler, der in der freudigen Erregtheit des ungewohnten Hervorrufs seine für einen solchen Fall zum voraus wohlmemorirte Rede folgendermaßen anfing: „Hochgepubbeltes Ehrtikum!" und sich dann verbesserte: „Ehrgepubbeltes Hochtikum!" Ich sage meinen Schülern immer: Merkt euch das Wort tam, und es hat dies Zauberwort bisher noch keinen im Stiche gelassen. Wie gesagt, zur Virtuosität eines Dase u. A. darf das nicht getrieben werden, aber als Hilfsmittel leistet es treffliche Dienste.

In allen vorausgehenden Punkten liegt implicite die höchste und schwerste Aufgabe des Lehrmeisters enthalten, daß er durch fortgesetzte Anregung der Selbstthätigkeit des Schülers es verstehe, alle seine Geisteskräfte fortwährend wach zu erhalten und so die harmonische Ausbildung des Menschen, das höchste Ziel aller Pädagogik, zu fördern. Das war der geniale Grundgedanke Rousseau's, der wie ein zündender Blitz in die papierenen Burgen einseitiger Gelehrsamkeit und das hölzerne Fachwerk äußerlicher Dressur, unsinniger Gedächtnißbelastung und inhaltslosen Formalismus hineinfuhr. Déclaration des droits de l'enfant hat man sein unsterbliches Werk nicht mit Unrecht genannt. Seine Saat ist auf deutschem Boden zu herrlicher Ernte aufgegangen; hier ist natürlich nicht der Ort, der hohen Verdienste aller der vortrefflichen Meister zu gedenken, die seine Ideen durch treuen Fleiß und ausdauernde Begeisterung mit Fleisch und Blut umkleideten und ihnen Verwirklichung gaben. Ich möchte den Gegenstand nur an einzelnen, womöglich recht augenfälligen Beispielen illustriren. Es ist wohl jedem meiner Leser erinnerlich, mit welchem Eifer und Lust, mit welcher Anspannung seiner ganzen Geisteskraft er als Gymnasiast sich an die Lösung mathematischer Aufgaben — Gleichungen des ersten und zweiten Grades, trigonometrische Aufgaben &c. — machte, und nur bei diesen — vielleicht auch beim Lesen eines spannenden Romans? — ist es ihm vorgekommen, daß er ein oder das andere Mal sein Mittagessen oder Vesperbrod vergaß. Woher nun dieses? Weil hier auf engem Raume an die eigenste Geistesthätigkeit des Schülers appellirt wird, weil er hier durch eigenes Denken*) den einzig richtigen Weg finden muß, der zwischen der Frage und der richtigen Lösung liegt. Diese Appellation an seine Kraft, dieses Bewußtsein, mit ihm durchaus bekannten Mitteln den Weg zum nahen Ziele durch eigene Anstrengung finden zu können, ist der mächtige Sporn. Nun, lieber Leser, halte dagegen Fragen, wie etwa folgende: Warum siegten die Römer über die Karthager? oder: Welchen Einfluß hatten die Griechen auf die geistige Entwickelung der Menschheit? die in einem deutschen Aufsatze behandelt werden sollen, und du wirst dir schon sagen, warum der Schüler sich an letztere Aufgaben mit einer gewissen Verdrießlichkeit begibt oder ihre Erledigung möglichst lange hinausschiebt. Ich behaupte nun — und zwar mit triftigem Grunde, wie ich am Schlusse dieses Abschnittes mittheilen werde — daß derselbe spannende Reiz, dasselbe Frohgefühl des eigenen Könnens, das der Knabe beim Lösen einer mathematischen Aufgabe (wie

---

*) Eigenes Denken! Dabei fällt mir immer ein, mit welch gesundem Unwillen ich erfüllt wurde, da ich als Knabe den Campe'schen Robinson las und das breite moralische Familiengewäsche nicht endigen wollte, das die begierig erwartete Fortsetzung der Erzählung unterbrechend, dem Knaben alles das haarklein vorkaute, was er dabei denken und profitiren sollte. Mir kommt das vor wie die vorgeschriebene Zerknirschung in alten Gebetbüchern, wo an besonders beweglichen Stellen in Klammern bemerkt ist: Hie laß ein' tiefen Seufzer fahren!

auch bei seinen Spielen, beim Sprung über Schwingel und Seil, beim Aufrathen von Räthseln) empfindet, von dem einsichtsvollen und geschickten Lehrer bei jedem andern Lehrstoffe erweckt werden kann. Wenn dieser bei der Lectüre eines Classikers nicht eher von einer schönen Stelle weiter geht, als bis der Schüler den Kern des Gedankens, sowie seine Einkleidung in bestimmte Worte, von denen jedes an dem bestimmten Orte mit eigener Kraft wirkt, erfaßt, und dann im Verein mit seinen Schülern in erfolgreicher Anstrengung ringt, allem diesem mit dem widerstrebenden Material der Muttersprache einen möglichst äquivalenten Ausdruck zu verleihen, dann wird er bald einen Hauch dieses Geistes verspüren. Wer sich dagegen damit begnügt, in oberflächlicher, gedankenloser Verdeutschung möglichst rasch über die Stelle hinwegzukommen und zum Folgenden zu eilen, oder gar das Verständniß mit einem Sandhaufen von grammatischen und historischen Quisquilien verschüttet, der braucht sich nicht zu verwundern, wenn diese ganze Leserei dem Schüler unsympathisch ist und jeglicher geistige Erfolg dabei verloren geht. Ohne Gefühl für das Classische im Ausdruck ist keine Freude an der Lectüre der Alten möglich; der Lehrer, der dies unbeachtet läßt, dies Gefühl nicht zu erwecken versteht, nicht vor allem sich überzeugt, daß der Schüler der herrlichen Durchdringung von Gedanke und Ausdruck sich bewußt wird, handelte ebenso weise wie der Mathematiker, der seinen Schülern Frage und Auflösung dictirte, oder gar die leeren Buchstaben und Formeln, ohne auf das Verständniß zu achten, auswendig lernen ließe. Wer auch nur ein paar Gesänge des Homer oder Dante, nur einige Episteln des Horaz, nur wenige Gedichte Schiller's und Goethe's, nur eine Anzahl Kapitel von Montesquieu oder Guizot in diesem Geist, mit beständiger Beachtung der innersten Gedanken, ihrer logischen Aneinanderreihung, ihres ästhetischen Gehaltes u. s. w. aufgefaßt hat, der hat darin schon reichen Gewinn für sein ganzes Leben, daß er die großen Classiker mit Verständniß, mit Ehrfurcht und mit Liebe hat lesen lernen und vor dem gedankenlosen Verschlingen der Alltagswaare — der wahren Seuche der Gegenwart — auf immer verschont bleibt. — Nur noch eins. Nichts ist der wahrhaften Anregung zur geistigen Thätigkeit hinderlicher und verderblicher als die Vielschreiberei, mit welcher die Jugend so vielfach und nutzlos geplagt wird. „Unser Herr Professor", so klagten mir einst ein paar vortreffliche Jungen, „meint es gewiß gut mit uns, aber er läßt uns schreiben, daß uns die Finger krumm werden!" Im Namen der Jugend, die ja nichts verschuldet hat oder doch nur für die alte Erbsünde büßen muß, bitte ich hier laut und dringend um Barmherzigkeit! Nicht bei denen, die das lebhafte Wesen und die unruhige Triebkraft dieses Alters nicht anders zu bändigen wissen, als durch Schmieralien und Pönalien, mit denen sie ihm die frohe Lebenszeit verkümmern, auch nicht bei denen, deren eigene Geistlosigkeit und Trägheit es bequemer findet, mit Dictaten und Schreibenlassen die Stunde herumzubringen: sie würden es doch nicht anders machen, denn sie sind Tagelöhner und Miethknechte, die kein Herz für die Jugend haben, die nur verdrossen und um des Lohnes willen arbeiten. Aber bei denen, die, wohlmeinend und von gutem Willen erfüllt, dem alten Schlendrian noch anhangen, der da von fünfzig Versen Virgil auf einmal eine sogenannte Analysis, Construction, Uebersetzung und dann womöglich noch Reinschrift verlangt und die Vortrefflichkeit deutscher und lateinischer Aufsätze mit der Elle abmißt! *) Vom Mißbrauch der Schrift! Ich wollte es schriebe einmal ein tüchtiger Schulmann auch darüber ein eindringliches Tractätlein. Ehrfurcht sollte der Jugend eingeflößt werden vor jener hohen Erfindung, der hellglänzenden Waffe des Menschengeistes, die in so hohem Ansehen bei den Alten stand, daß sie ihren Ursprung auf die Götter zurückführten und ihr selbst göttliche Wirkungen und geheimnißvolle Kraft (Runen, Kabbala) zuschrieben. Nur das Bedeutsame, das Wohldurchdachte, das Resultat langer Ueberlegung sollten die Schüler in ihr niederlegen

*) Es ist zu unserer Kunde gelangt, daß der Director eines Gymnasiums seinen Schülern einschärfte, daß ein regelmäßiger lateinischer Aufsatz nicht unter zwanzig Seiten zählen dürfe, und ihnen als Muster seine früheren Schüler vorstellte, welche ihm Aufsätze von 120, sage, schreibe hundertzwanzig Seiten eingeliefert hätten. Welchem Menschenfreund kocht nicht das Blut über solche Mißhandlung der Jugend?

dann würden sie auch ihre Hefte als liebe Erinnerungen und treue Spiegel ihres geistigen Werdens für ihre spätere Lebenszeit aufbewahren, während sie jetzt die Masse verschriebenen Papiers als Zeugniß und Werkzeug langer Marter- und Leidenszeit unwillig von sich schleudern. Ich hatte in meiner Schulzeit neben den der Inquisition vorzulegenden Pflichtacten noch ein Heft, das mir einst eine liebe Tante geschenkt, das ich darum hochhielt und in welches ich nur das Vortrefflichste notirte, was mir bei meiner Lectüre begegnete, worunter sich dann auch — für einen Jungen verzeihlicher und fruchtbarer Ehrgeiz — eigene Gedanken, Kinder eines glücklichen Augenblicks, einreihten. Noch heute ist mir lebhaft gegenwärtig, wie ich mich bei manchen Lesefrüchten oder eigenen Inspirationen oft lange besann, ob sie denn werth seien, in das kostbare Heft aufgenommen zu werden. Wie ich verfuhr, davon möge folgendes Beispiel zeugen, das ich auch heute noch mit Rührung lese. Aus einer obscuren Geschichte der Stadt Landau notirte ich mir folgende Stelle: „Nach langen und schweren Heimsuchungen ward die Stadt Landau durch die Franzosen, denen sie gehörte, im Jahre 1689 eingeäschert und verbrannt. Der Jammer und die Verzweiflung der Bürgerschaft über den ungeheuren Schaden und den unerhörten Frevel war grenzenlos. Doch nahm der Magistrat im September desselben Jahres vier nackte, durch den Brand aus Speier vertriebene Waisenkinder an und brachte sie zur Erlernung eines Handwerks gegen Kostgeld bei einigen Bürgern unter. Echtes deutsches Gemüth, das, seinen eignen Jammer vergessend und übersehend, noch Thränen zu trocknen und Seufzer zu stillen bemüht ist.“ Mein innigster Wunsch wäre, daß alle Klassenhefte mit gleicher Liebe und Sorgfalt geführt würden: dann aber müßten die schriftlichen Aufgaben auf das bescheidenste, d. i. ein erträgliches Maß zurückgeführt werden. Meinen Schülern aber gebe ich in Betreff ihrer Aufsätze stets die Mahnung: Ihr seid in der Schule der alten Classiker, der unerreichten Muster der Darstellung. Für euch wäre ein oberflächliches und gedankenloses Schreiben eine doppelte Schande. Glaubt ja nicht, daß die Länge des Aufsatzes entscheide; denn wir Lehrer verstehen es, auch aus wenigen Zeilen die Mühe und Anstrengung herauszulesen, die ihr euch bei Bewältigung des Stoffes und energischem Ringen nach dem passendsten Ausdruck gegeben habt. Darum soll euer Brouillon die Schweißtropfen saurer Arbeit tragen, es soll voll von Correcturen, durchstrichenen Sätzen, zwei- und dreimaligen Versuchen sein — so haben ja auch unsere großen Meister gearbeitet. Denket doch, was Dr. Luther von seiner Uebersetzung der Bibel sagt: „Im Hiob arbeiteten Meister Philippus und ich also, daß wir in vier Tagen kaum drei Zeilen konnten fertigen." *) Aber die Frucht eurer Arbeit, die soll gediegen und polirt sein, wie das Kunstwerk aus des Metallgießers Werkstätte, da sollen wie Perlen die Gedanken und Worte an einander gereiht sein, daß keins das andere stoße oder verunziere. So soll's euch zu Muthe sein, wenn ihr das Werk dann überleset, wie dem Meister in Schiller's Glocke, der nachdem er seine mühsame Arbeit, die Form, selbst mit dem Hammer zerschlagen, rufen kann:

Freude hat mir Gott gegeben!
Sehet, wie ein goldner Stern
Aus der Hülse, blank und eben
Schält sich der metallne Kern!

Und ich denke mir, wenn die Jugend in diesem Sinne und Geiste geleitet wird, wird ein Jeder von uns nach seinem bescheidenen Theile dazu beitragen, daß die anmaßende und gezierte Impotenz, die mit den Wasserfluten inhaltloser Vielschreiberei den Markt beherrscht und die gaffende Menge unterhält, allmählich vor einem gesunden und gediegenen Urtheil in ihrer ganzen erbärmlichen Nichtigkeit zusammenschrumpfe und dann auch wieder edlen und würdigen Geistesschöpfungen die Bahn offen stehe.

Nachdem ich nun in großen Zügen das ideale Charakterbild des Meisters in der schweren Kunst der Jugendbildung gezeichnet, bin ich einer Frage gewärtig, die mir wohl von den verschiedensten Seiten wird

*) Langsam Schreiben führt zur Sicherheit, die nachmals zur Gewandtheit wird. Der Hudler wird niemals zum klaren Ausdruck seiner Gedanken gelangen. Langsam Arbeiten ist also Zeitersparniß. Nelaton sagte öfters seinen Assistenten bei schwierigen Operationen: „Meine Herren, wir dürfen nicht eilen, wir haben keine Zeit dazu!"

gestellt werden: Und diese Ideale, wo findest du sie? Und die, welche wirklich so sind, wie du sie schilderst, wären die nicht werth, eine höhere Thätigkeitssphäre auszufüllen, als die eines bloßen Schulmeisters? Darauf will ich zum Schlusse eine Antwort geben, über die der geneigte Leser seine eigenen Betrachtungen anstellen mag. Vielleicht ist dann seine Neugierde gestillt oder von ernsten Gedanken verdrängt.

Mir sind auf meinem Lebenswege nur zwei solcher wahren Meister begegnet. Der eine, mein College am hiesigen Gymnasium und mein inniger Freund, war ein Mann von wahrhaft antikem Charakter, der mit einem großen philosophischen Geistesblicke die ausgebreitetsten Kenntnisse und ein reiches, von reinster Menschenliebe und kindlichstem Vertrauen beseeltes Herz vereinigte. Die das Glück hatten, seine Schüler zu sein, priesen noch in späteren Jahren ihr Geschick, daß sie unter Leitung eines solchen Mannes sich zuerst geistig entwickelt; sie nannten die Stunden, in denen sie seinen Worten lauschen durften, die glücklichsten und genußreichsten ihres Lebens. Und dieser Mann, seiner Befähigung und seinem reinen, begeisterten Wollen nach eigentlich berufen, der würdige Leiter des gesammten Unterrichtswesens des Landes zu sein, mußte unter der pedantischen Beamtenschablone und der engherzigen Bornirtheit eines unfähigen Directors seine herrlichen Gaben und seine schönsten Jahre als Lehrer an den untersten Klassen verschwenden. Eben war er in die mittleren Klassen aufgerückt, als ein furchtbares Spiel des Zufalls ihn in erschütternder Weise von den Seinen und seiner segensreichen Wirksamkeit abrief.

Der andere war ein Volksschullehrer, den die lebhafte Begeisterung für die Jugendbildung zur Wahl dieses Berufs bestimmt hatte und sein ganzes Leben lang erfüllte. Ich habe öfters aus Theilnahme für die Sache und für seine Person seinen Unterrichtsstunden beigewohnt und stets mit der größten Befriedigung und reichem Gewinn für mein eigenes Geistesleben und Wirken. Denn es war eine Lust zu sehen, „wie er Alles weckte und stärkt' und neu belebt' um sich herum, wie jede Kraft sich aussprach, jede Gabe gleich deutlicher sich zeigt' in seiner Nähe". Seine Kunst war um so mehr zu bewundern, da er aus dem rohesten, scheinbar unbändigsten Material — wahren Wilden — aufmerksame, theilnehmende und gesittete Menschen machte. Da waltete der echte, wahre Geist der Pädagogik, und ein wetteiferndes Bestreben, den geliebten Lehrer zufrieden zu stellen, die Worte von seinem Munde zu saugen, beherrschte die ganze Schülerschaar. Und dieser Mann, er mußte unter dem Drucke der Dalwigk-Ketteler'schen Reactionszeit von seinem bescheidenen Amte weichen, Ketteler nannte ihn den modernen Heiden. Der Gemeinderath nahm sich insoweit seiner an, als er für seines Leibes Nothdurft sorgte, indem er ihn zum — Gas-Controleur ernannte. Die weisen Väter dachten wohl, daß er auch in dieser Stellung für die Erleuchtung der Stadt sorgen werde. Jetzt ist er gestorben und sie haben eine Stiftung gegründet, die seinen Namen trägt und seinen Ruhm verewigen soll. Gott besser's!

XI.

Die ideale Bildung.

Sursum corda!

Doch ihr, die echten Göttersöhne,
Erfreut euch der lebendig reichen Schöne!
Das Werdende, das ewig wirkt und lebt,
Umfass' euch mit der Liebe holden Schranken,
Und was in schwankender Erscheinung schwebt,
Befestiget mit dauernden Gedanken.

Goethe.

Schon Macchiavelli und nach ihm Montesquieu und Rousseau haben die Klage erhoben, daß der moderne Mensch eine dreifache Erziehung erhalte, von denen die eine mit der andern in Widerspruch stehe, jede die Lehren, welche die beiden andern gegeben, geradezu aufhebe oder in ihr Gegentheil verwandele. Diese drei Erziehungen sind die der Natur, der Religion und der Menschenwelt. Am schärfsten und bestimmtesten hat Montesquieu diesen aus der Erziehung in die Seele des Menschen verpflanzten Zwiespalt bezeichnet und ich will deshalb seine Worte anführen: „Die Erziehung der Alten, hatte einen Vorzug vor der unserigen; sie wurde niemals dementirt. Epaminondas sprach, hörte, sah, that in der letzten Zeit seines Lebens genau die nämlichen Dinge wie in der Zeit, wo er seine erste Bildung erhielt. Heutzutage erhalten wir drei verschiedene Erziehungen, die unserer Eltern, die unserer Lehrer, die der Welt. Was man uns in der letztern sagt, stößt alle Ideen der beiden ersten um. Dies kommt zum Theil von der Verschiedenheit, die zwischen den Pflichten der Religion und den Pflichten der Welt obwaltet, eine Sache, welche die Alten nicht kannten." Wie verderblich derartige Widersprüche auf die sich entwickelnde Seele des Knaben und Jünglings wirken, indem sie die schöne Harmonie zerstören und da Schwanken und Zerfahrenheit hervorrufen, wo einheitliches, gesundes Wachsthum vonnöthen wäre, dafür will ich nur ein Beispiel anführen. „Die Religionslehre", sagte mir eines Tags der Vater zweier reichbegabten Knaben, „wirkt sehr nachtheilig auf meine Kinder. Ist es die Persönlichkeit des Lehrers oder der flagrante Gegensatz der Lehre gegen das ganze moderne Zeitbewußtsein — genug, sie glauben beide nichts, verwerfen dann aber mit den Dogmen auch den Glauben an ein höheres

Wesen, sowie die Heiligkeit der moralischen Verpflichtungen, welche ihnen stets als auf jene gegründet dargestellt wird, als Priestertrug und Kindergängelei. Hätten sie nicht bei uns zu Hause in der Familie das Vorbild ernster Pflichterfüllung und darin einen sittlichen Halt, ich hätte Grund zu schweren Befürchtungen!" Ich konnte nichts erwidern, als daß gerade die Aufrichtigkeit ihrer Bekenntnisse eine Bürgschaft für die höchste sittliche Eigenschaft — die Wahrhaftigkeit und Lauterkeit des Charakters — enthielte und daß sich auf dieses feste Fundament bei dem innigen Vertrauen zu den Eltern alles Gute schon von selber aufbauen werde.

Es war ein Trost, ein aufrichtig und gut gemeinter, den ich gab; innerlich war ich mir freilich wohl bewußt, daß er an einer bedeutenden Schwäche laborire und eine große Lücke in unserem Erziehungswesen mit Stillschweigen überging. Denn es hat wie jede Menschenseele, so auch vorzüglich die Seele des Knaben ein heißes Bedürfniß der Verehrung, und wenn er nun da, wo er dem Göttlichen seine Huldigung darbringen möchte, nur Götzen zu sehen glaubt, wenn sein Innerstes ihm sagt, daß die rebellische Auflehnung gegen diese viel edler und höheren Ursprungs sei, da die Stimme der Wahrheit sie gebiete, so muß entweder jenes Verlangen in unbefriedigter Sehnsucht vertrocknen oder er muß die Gegenstände seiner Verehrung aus sich selbst, aus dem lebendigen Born seiner Idealität sich erschaffen und erwählen. Wird er dabei nicht irre gehen, wird er nicht, von dem mächtigen Eindruck, den die bestimmten, festgeschlossenen Systeme der außerreligiösen Erziehungskräfte auf ihn machen, beherrscht, sich geradezu vor andern Götzen niederwerfen, die noch dazu nicht einmal Fühlung mit einer so hohen, sittlich veredelnden Lehre, wie das Christenthum ist, haben, sondern vielleicht nur einer geistigen Verirrung des dumpfen Naturtriebs — Werther'sche Gefühlsschwärmerei — oder blinder Anbetung der von der Welt hochgepriesenen Güter — Ehre, Reichthum, Glanz — ihren Ursprung verdanken?

Selten, sehr selten kommt es vor, daß jene drei Erziehungen, die ja den menschlichen Werth mit so verschiedenem Maßstabe messen, übereinstimmend sich vor demselben Gegenstande in gleichmäßiger Verehrung neigen. Wie beglückend aber eine solche Uebereinstimmung für den heranwachsenden Menschen ist, der seinem Idealitätsdrange eine volle und ungeschmälerte Hingebung verstatten kann, das habe ich selbst als Knabe einmal empfunden und zwar bei dem Gutenbergsfeste in Mainz. Unvergeßlich bleibt mir die Stunde, in welcher von allen Thürmen die Glocken mit ihren weithallenden, tiefen Harmonien die Lüfte erfüllten — dem Gesegneten, Friedenverkünder, Verbreiter des Evangeliums der Liebe zu Ehren; sprühende Feuerwerke und Raketen, Fahnen von allen geschmückten Häusern, Jubelruf der Menge mit irdischem Glanze den zu verherrlichen wetteiferten, der die Welt mit einer so nützlichen Erfindung beschenkt; und endlich das hochragende eherne Denkmal, selber das Werk eines großen Meisters, den hohen Genius und Wohlthäter der Menschheit, der durch eigene Kraft eine Schöpfung von so unermeßlicher Wirkung hervorgerufen, verewigte und dann die hellen Kinderstimmen laut sein Lob sangen, wie einst einem andern Gesegneten, Friedenverkünder und Genius der Menschheit bei seinem Einzug in Jerusalem mit Palmen und reichen Gewändern ein ähnlich festlicher Empfang bereitet wurde. Es war, wie gesagt, eine Stunde reiner und ungetrübter Idealität, wie sie dem Menschen selten beschieden sind und in die Seele empfänglicher Jugend reiche Keime des Edlen und Streben nach dem Höchsten einpflanzen.

Oftmals habe ich in meinem späteren Leben Betrachtungen darüber angestellt, ob nicht im glaubensstarken Mittelalter, da noch die einheitliche, ungebrochene religiöse Weltanschauung in allen Seelen lebte, der feierlich erhabene Gottesdienst in den hohen, himmelanstrebenden Domen, wo Kaiser und Könige neben Knechten und Bettlern in stiller Andacht niederknieten, wo die gewaltigen Wogen des Gesangs mit Orgelbrausen die mächtigen Hallen erfüllten und alle Herzen bei dem rührenden: Ecce panis angelorum in heiliger Glut des Gebetes mit dem Weihrauch emporstiegen zu dem Throne des Ewigen, ob damals nicht so beseligende und entzückende Stimmungen oft wiederkehrten und das mühevolle Einerlei der Tagesarbeit sowie die kummervolle Sorge des Unglücks und der Verlassenheit dem Aermsten wie dem Reichsten durch den Glanz der Festtage, zu denen Alle geladen waren, troſtreich unterbrachen. Daß uns mit dem frommen Kinderglauben ein großes Stück Lebensglück abhanden gekommen iſt, das hat unſer großer Dichter in ſeinem herrlichſten Drama in unvergänglicher Schönheit ausgeſprochen und der Glockenklang und Chorgeſang zu dem Chriſt iſt erſtanden! wird auch in künftigen Jahrhunderten in den Seelen der Menſchen widerhallen und mit rührendem Zauber und ſanft zwingender Gewalt die Thräne ins Auge locken.

Wir aber dürfen nicht in weichherziger Klage nach den verlorenen Gütern zurückblicken oder gar in blinder Selbſttäuſchung uns in die Bilder der Vergangenheit verſenken, ſondern es gilt, muthig und entſchloſſen den Aufgaben der Gegenwart gerecht zu werden: das allein iſt männlich und wir haben aus Knaben Männer zu erziehen. Darum müſſen wir zunächſt der Ziele und Aufgaben uns klar bewußt werden und dafür Sorge tragen, daß nicht jene falſchen Götzen, von denen ich redete, auf die Altäre erhoben werden, von welchen einſt das Göttliche die Menſchen tröſtete und erhob.

Das Eine ſteht feſt: die Ideale, welche wir dem heranreifenden Geſchlechte zur Verehrung und als Zielpunkte des Strebens anempfehlen, müſſen hoch über den Anforderungen der alltäglichen Wirklichkeit ſtehen, dem Nordſtern gleich, der aus unerreichbarer Ferne leuchtet, aber dem Schiffe im einſamen Weltmeer die Richtung verleiht, die es zum ſichern Hafen führt.

Verkehrteres gibt es nichts, als das Utilitätsprincip in der Erziehung wie im Staatsleben voranzuſtellen. Die ausgegebene Parole: Enrichissez-vous! war vielleicht das erſte Zeichen des beginnenden Verfalls Frankreichs, ſicher aber der Todeskeim des Louis-Philippe'ſchen Regimes. Der Staat verlangt höchſte ſittliche Opferwilligkeit von Seiten ſeiner Angehörigen und kann nicht das materielle Bereichern der Bürger, deſſen Anſtrengung nur der Genuß lohnt, als Zielpunkt ihres Strebens proclamiren. Das Mancheſterthum in die Staatsidee, in die Erziehung hineingetragen, wirkt geradezu entnervend und entſittlichend. Die Reſultate deſſelben hat Charles Dickens in einem sehr lesenswerthen, leider zu wenig gekannten Romane: „Hard times“ in düsteren Farben und energischer Zeichnung ausgemalt. Stellt nur das cui bono? bei allem Wissen und Handeln als oberstten Grundsatz auf und bald werden die Pietät, die Liebe zu Elternhaus und Vaterland, die Begeisterung für die höchsten Interessen der Menschheit zu den sehr anzweifelbaren Dingen gehören, d. h. in ihrem innersten Kerne angefressen und zerstört werden. Jenem Moloch, Reichthum und Genuß genannt, der in ewigem Wiederkäuen sein eigenes Fleisch frißt und sich niemals sättigt, werdet ihr eure Kinder opfern, frühreife, jedes idealen Aufschwungs unfähige Rechenmaschinen, blasirte und raffinirte Genüßlinge — ihr seht sie ja zu Tausenden herumlaufen, deren erste Frage nach dem Werthe eines Menschen das amerikanische: Wie viel gilt er? ist und deren Weltklugheit und moralische Grundsätze sich etwa in den Goethe'schen Worten resumiren: „Uebers Niederträchtige — Niemals dich beklage, Denn es ist das Mächtige, — Was man dir auch sage.“ Doch hinweg von diesem Bilde, bei dem wir uns schon allzulange aufgehalten, hinweg mit den Worten Dante's: „Non ragionam di lor, ma guarda e passa!“

Unsere Aufgabe ist das Heranbilden des echten und wahren Adels der Menschheit, der Aristokratie des Geistes und der Gesinnung. Inmitten der brandenden Wogen des Materialismus sollen die höheren Bildungsanstalten die treuen Hüter und Wächter der Idealität sein und bleiben, in welchen für die Auserwählten das heilige Feuer genährt und erhalten wird, an dessen Glut sich die Flamme der Begeisterung für alles Edle und Große zu entzünden vermag. Mit allen Schätzen des Wissens, mit den höchsten Vorbildern der reinen Menschlichkeit wollen wir den Jüngling vertraut machen, sie alle sollen nur dazu dienen, in ihm den harmonisch entwickelten Menschen, die edle Persönlichkeit heranzubilden. Nicht todter Wissenskram, der sein Gedächtniß belastet, nicht süßlich verweichlichende Kunststudien, die die Thatkraft lähmen, nicht kalte engherzige Moralphilosophie, die in den Satzungen hadernder Confessionen eingezwängt bleibt — Alles, was wir ihm bieten, soll in die unergründliche Tiefe seines Gemüths, des vollen und ganzen Menschen hinabsteigen, wo das Wissen zur lebendigen That wird und der Sinn für das Schöne unzertrennbar ist von der Liebe des Edeln.*)

Was wir erstreben? Ich will versuchen, es mit kurzen Worten zu sagen. Wir wollen den Jüngling so heranbilden, sein Auge so sehr an den Glanz der ewigen Sterne gewöhnen, daß, wenn eines Tages der Versucher heranträte zu ihm, ihn auf die blendende Zinne erhöbe und von dort aus in lachendem Sonnenschein ihm alle seine Schätze zeigte, denen die Welt in lärmender Verehrung huldigt — sinnliche Reizungen, Haufen Goldes, Sterne und Bänder, Ehren und Einfluß — wenn ihm nun der Versucher, der Zeitgeist, dies Alles zeigte und zu ihm spräche: Siehe, dies Alles will ich dir geben, wenn du vor mir niederfällst und mich anbetest; dann würde unser Jüngling vielleicht mit den Worten des Heilands ihn entrüstet zurückweisen: „Hebe dich weg, Versucher?" O nein, er würde mitleidig lächelnd ihn mit der echt modernen und doch viel zuversichtlicheren Antwort: „Was kannst du armer Teufel geben? Ward eines Menschen Geist in seinem hohen Streben — Von deinesgleichen je erkannt?" aus dem Felde schlagen.

Die nächste und wichtigste Aufgabe der höheren Geistesbildung müßte demnach sein, den Sinn und Glauben für das Ideale zu erwecken, solange er schlummert, ihn zu kräftigen, wenn er erwacht ist, und schon in dem Knaben die unerschütterliche Ueberzeugung zu begründen, daß in jenem der wahre, der einzige Werth der Menschennatur und die Bürgschaft ihres unendlichen Fortschreitens liegt. Diese Begründung wird sich auf folgende unumstößliche Sätze, die in dieser Form selbstverständlich nicht dem Unterrichte angehören, stützen:

Nicht die einzelne ephemere Erscheinung, die nur eine vergängliche Form ist, hat Wirklichkeit: nur die Idee, welche dieser Erscheinung zu Grunde liegt, ist das eigentlich Wirkliche.

---

*) Wie kann fromm derjenige sein,
Der das Schöne nicht liebt,
Da Frömmigkeit ist die Lieb' allein
Zum Schönsten, was es gibt? Rückert.

Je vollkommener ein Wesen ist, desto reicher ist seine Idee. Je reicher an Ideen ein Geist ist, einen desto größeren Theil der Wirklichkeit umfaßt er. Je höher eine Idee, desto widersprechender kann sie zwar dem gegenwärtigen Stande der Dinge sein, desto größer ist aber ihre Wirklichkeit, da ihr die Zukunft gehört. Je reiner eine Idee ist, desto weniger ist sie allerdings dem sinnlichen Auge, das von Nebel getrübt ist, erkennbar; desto heller und erwärmender scheint sie aber sonnengleich in die Herzen derer, die sie verstehen und empfinden.

Diese Grundwahrheiten, die mit leuchtenden Zügen in das Buch der Weltgeschichte eingeschrieben sind, können durch tausend und abertausend Beispiele bekräftigt, allmählich in das jugendliche Herz Eingang finden, es mit glaubensfroher Zuversicht erfüllen und inmitten des thörichten Rennens und Jagens der von Begierde zu Genuß taumelnden Menge ihm die Offenbarung jener höchsten, menschenwürdigen Freude aufgehen lassen, deren edelste Erscheinungen unser großer Dichter in den begeisterten Worten preist:

Aus der Wahrheit Feuerspiegel
Lächelt sie den Forscher an,
Zu der Tugend steilem Hügel
Leitet sie des Dulders Bahn;

Auf des Glaubens Sonnenberge
Sieht man ihre Fahnen wehn,
Durch den Riß gesprengter Särge
Sie im Chor der Engel stehn!

Dann schaut die Jugend mit geweihtem Blicke, der durch die herrlichen Werke des Alterthums und der größten Geister aller Zeiten mit einem heiligen Balsam gestärkt und gefeit ist, den strahlenden Glanz jener Sonnen, die das blöde Auge der gedankenlos dahinlebenden Menge nicht wahrnimmt oder nicht ertragen kann und darum ihr Dasein leugnet. So wird sie des Tages verderbenden Einflüssen entrückt, sie schaut seine Götzen in verschwindender Kleinheit von jenen ewigen Alpenhöhen herab, wo eine reine, kräftigende Luft ihre Seele durchströmt: dort wandelt sie in geistigem Verkehr mit Homer und Plato, mit Shakespeare und Schiller und preist ihr Loos selig, das sie in solche Genossenschaft erhöht, in solchem Umgang ihr den göttlichen Adel des Menschenwerthes zu hellem Bewußtsein erschlossen hat; denn sie weiß, durch welche erniedrigende und entwürdigende Einflüsse der Mensch auch zum Sklaven seiner Sinne oder eines dumpfen bethörenden Wahnglaubens werden kann. Ein französischer Weiser hat diese Wahrheit ausgesprochen: „L'homme, cet être flexible, se pliant dans la société aux pensées et aux impressions des autres, est également capable de connaître sa propre nature, quand on la lui montre, et d'en perdre jusqu'au sentiment, quand on la lui dérobe."

Wird diese Idealität nicht in dem empfänglichen Alter gepflegt, wo alle Geisteskräfte in der Wärme des Gemüths vereinigt ihr entgegenkommen, wann und woher soll sie sich einstellen? Doch nicht im Drange und Gewühl des Alltagslebens, des lauten Marktes, in welchem die Stimmen unserer edelsten Gefühle ungehört und unbeachtet verhallen, nicht unter dem Drucke des Amtes und der Berufsarbeit, die nur ein kleines Bruchstück unseres eigenen Selbst beanspruchen, dieses aber zu so verzehrender Thätigkeit anspannen, daß die Harmonie unseres Wesens nothwendig dabei zu Grunde gehen muß. Der Zug der Gegenwart, der in der Theilung der Arbeit das große Princip seines Schaffens erkannt hat, zerstört das einzelne concrete Leben, damit das abstracte Ganze seine ungeheueren Wirkungen ausübe. Inmitten des Rasselns der Dampfmaschinen, inmitten der unheimlich gewaltigen Bewegung des riesigen Räderwerks von Staat, Industrie, Handel und aller realen Weltmächte gilt es für das Jugendalter ein stilles, friedliches Asyl zu finden, bis zu welchem der Lärm und die Aufregung jener Mächte nicht dringen kann, und dort in der harmonischen Entwickelung des ganzen Menschen, in der Pflege der Idealität ein nothwendiges Gegengewicht zu schaffen; den Jüngling zu umkleiden mit dem Stahlpanzer der Gesinnung, an welchem die Stöße und Angriffe der Gemeinheit und Niederträchtigkeit machtlos abprallen, ihn auszurüsten mit dem scharfen Schwerte der klaren Erkenntniß und der stets bereiten Rede, damit er dem Edeln die Bahn breche, in seinem Innern aber die heilige Glut zu nähren, die aushält in dem erschöpfenden Kampfe, in der mühevollen Arbeit, in den Enttäuschungen und Schicksalsschlägen seines späteren Alters und die erst mit seinem letzten Athemzuge erlischt. Das ist der individuelle Werth dieser Studien; sie haben aber einen höheren allgemeinen.

Je ungünstiger die Zeitströmung dieser idealen Bildung ist, um so wichtiger ist ihre Pflege in den Herzen der Auserwählten. Wie einst die großen Geister des Alterthums, ein ferner Leuchtthurm durch die dunkle Nacht des Mittelalters, endlich von der sehnsüchtigen Menschheit wiedergefunden, mit ihrem Feuer das Licht der Humanität, der Aufklärung, der Wissenschaft und der Kunst neu entzündeten, so sollen auch die idealen Errungenschaften der Menschheit — inmitten eines feindlichen oder gleichgültigen Zeitenmeeres — von einer heiligen Schaar gehütet und bewacht, kommenden Geschlechtern zu lebendiger Erneuerung erhalten werden.

Die classischen Studien bilden den Kern, den Mittelpunkt und Ausgangspunkt der idealen Bildung. In ihnen vereinigen sich, wie ich in einem früheren Abschnitte ausgeführt habe, Bildungselemente, wie sie in Bezug auf Fülle und Mannichfaltigkeit, sowie treffliche Anpassung für den jugendlichen Geist von keiner andern Wissenschaft auch nur annähernd dargeboten werden. Das energische Ringen mit der fremden Sprachform, die in den antiken Classikern als die vollkommenste künstlerische Umkleidung des Gedankens erscheint, die damit bethätigte fortwährende Uebung des Schönheitssinnes, dem die großartige Einfachheit und plastische Ruhe des antiken Ausdrucks als höchstes Ideal aufgehen muß, die strenge Rechenschaft, die auch von dem kleinsten Formtheilchen gefordert wird, das zur Erhellung oder Verdunkelung des Gedankens beitragen kann: alles dieses unterwirft das jugendliche Denken einer scharfen Disciplin, welche neben der Ordnung, Klarheit und Bestimmtheit der Erkenntniß auch eine nicht zu unterschätzende ethische Wirkung ausübt.

Wer sich in dieser Geistesschule gewöhnt hat, alles Unsichere, Zerfahrene, Ueberladene, Nebelhafte, sowie das Unedle und Unschöne im eigenen Denken und Reden sorgfältig zu meiden, dessen ganzes Wesen wird bald jene Ruhe, Kraft und Sicherheit gewinnen, welche die schöne Frucht energischer Anstrengungen sind. Die Meisterschaft, die aus der Beschränkung erwächst, die scharfe Selbstcontrole, das nimmerermüdende Streben nach höherer Vollkommenheit — sie sind zugleich hohe sittliche

Fortschritte, die ein weichliches Hingeben an Trägheit und Sinnengenuß nicht aufkommen lassen, wie denn auch die jugendliche Idealität an sich selbst die höchsten Forderungen stellt, um aus der ungestümen Gährung des brausenden Mostes den edlen Wein der echten Männlichkeit zu zeitigen:

Streng gebunden, streng geputzt,
Wasserreiser scharf gestutzt,
Wie der Obstbaum, wie der Wein
Soll der Knab' erzogen sein.

Weichheit brütet Tyrannei,
Strenge schuf die Alten frei,
Sporn und Zaum der Willenskraft,
Minengang zur Wissenschaft!
(Follenius.)

Die uneigennützige Pflege der Wissenschaft, die freudige und volle Hingabe an das Interesseloseste, was es auf der Welt gibt, den Cultus des Schönen, wie müssen sie den idealen Sinn steigern und erhöhen, und wo gibt es eine würdigere Vorhalle, um in das innerste Heiligthum einzudringen, als das Studium der alten Classiker? Brauche ich an jenen Höhepunkt dieses Strebens zu erinnern, an das Zeitalter der Renaissance, in welchem man mit der Glut der Begeisterung die kostbaren Handschriften oder Kunstwerke aus ihren verborgenen Winkeln hervorsuchte und alles Gold der Welt gering achtete zum Austausch für solche Schätze, überall Lehrstühle sich erhoben, von denen einer zahlreichen und lauschenden Zuhörerschaft das Verständniß jener unvergleichlichen Werke erschlossen wurde; wo die aus den Tiefen der Erde, aus Moder und Schutt — körperlichem und geistigem — wieder erwachenden herrlichen Gebilde ewiger Jugend und Schönheit eine Epoche der Kunst inaugurirten, die ihresgleichen nicht wieder gefunden, wo ein Scaliger entzückt ausrief, er wolle lieber ein kleines Gedichtchen des Horaz verfaßt haben, als alle Schätze Indiens besitzen, wo Fürstinnen und Königinnen mit unermüdlichem Eifer sich jene schwierigen Kenntnisse aneigneten, deren Besitz einen Trunk aus den ewigen Quellen der Menschheit verstattete — jener Zeit, in welcher aus den Schriften der alten Redner, Philosophen und Historiker das echte Kind der modernen Welt, der Geist der bürgerlichen Freiheit und Achtung der Menschenwürde hervorwuchs, jener Geist, der in Albions Heldensöhnen der unüberwindlichen Armada Trotz bot und das kleine Volk der Niederlande zu einer Höhe des politischen Lebens emporhob, das den furchtbaren Heeren des mächtigsten Königs der Christenheit heldenmüthigen Widerstand leistete und lieber den Untergang in dem freien Meere suchen, als seinem tyrannischen Joche sich beugen wollte? Nicht zu vergessen der Stadt Leyden, welche nach den unsäglichen Drangsalen der spanischen Belagerung, die sie mit antiker Heldenhaftigkeit ertrug da ihr die Wahl gestellt wurde, als Lohn für ihre Tapferkeit sich die Gründung einer Universität ausbat. Was würde wohl eine heutige Stadt unter gleichen Verhältnissen verlangen? Eine neue Eisenbahn — eine Immobiliengesellschaft — oder ein Theater? So erblüht in Zeiten, wo die idealen Güter am höchsten geschätzt werden, Staaten und Völkern auch die höchste reale Kraft, gleichwie beim Eingang der Geschichte der Menschheit es nur die Idee war, die die Menschen befähigte, im Kampfe mit dem furchtbaren Löwen, dem wilden Ur als Sieger hervorzugehen.

Ist nun diese mit dem Sinne für die Idealität erschlossene Werthschätzung des Lebens nach seinen edelsten Aufgaben die erste Frucht der classischen Bildung, so muß auch die Frage, welche in dem Weihegesang an den hellenischen Jüngling gerichtet wird, bei dem Zögling der Alten die gleiche Antwort finden:

Und nächst dem Leben, was erflehest du?
„Des Vaterlandes vielgeliebten Boden!“

Das Vaterland! Unter allen Idealen das theuerste und ehrwürdigste, ehrwürdig wie das greise Haupt des Vaters, theuer und unvergeßlich wie die segnende Hand der Mutter, die beim letzten, schweren Abschied noch das Haupt ihres Lieblings sucht, um alles Glück der Welt scheidend auf ihn herabzuflehen!

Und wie bedeutsam ist nicht in Bezug auf nationale Erziehung das Vorbild der Alten! Wie bildete bei ihnen die patriotische Idee alle geistigen und sittlichen Kräfte des Jünglings heran, der sie nachmals im Dienste des Vaterlandes in edelster und hingebendster Weise verwerthen sollte! Das Nationale war bei den Alten die Seele der

Erziehung, der Boden der Kunst und des gesammten Geisteslebens, deren Früchte darum auch alle die frische Farbe der Gesundheit tragen, da kein innerer Zwiespalt den Keim der Krankhaftigkeit, des Weltschmerzes oder einer der Gegenwart abgekehrten Romantik in sie hineintrug. Wenn ein Aeschylos heimkehrend aus dem heiligen Kriege der nationalen Unabhängigkeit, vom Blute und Staube der Schlacht noch bedeckt, sein herrliches Drama „Die Perser“ dichtete, in dem er den heimischen Herd und die goldene Freiheit pries: wie gewaltig wurde da der Hörer Brust erschüttert, die der eben vorübergegangenen Gefahr noch gedachten, welche Erhebung, welche Begeisterung, welche Motive echter Idealität strömten in die Seelen der Jünglinge aus einem solchen Nationaldrama! Und welche Früchte trug jener Oel- oder Lorbeerzweig, der bei den großen Nationalspielen alle Angehörigen der großen hellenischen Völkerfamilie von Hispanien bis zu Kleinasiens Gestaden zu wetteiferndem Ringen vereinigte! Jene Spiele, bei denen zur Feier der Religion und zur Verherrlichung des Vaterlandes die griechische Jugend das Schönste, was es gibt, die harmonisch veredelte Bildung des Leibes und des Geistes, das Resultat langer, mühevoller Vorübung in den Gymnasien, zu freudiger Entfaltung brachte*), sie waren ein nie versiegender Quell der Vaterlandsliebe und aller der idealen Triebe, welche mit dieser verwachsen sind, der Liebe zum Nachruhm und zur göttlichen Schönheit, welche den Hellenen von dem Barbaren unterschied. War bei den gottbegnadeten Griechen die hohe Weihe der vaterländischen Kunst über die Erziehung ausgegossen, so bildete bei den Römern das stolze Bewußtsein des von den Göttern zur Herrschaft über die Welt auserkorenen Volkes den mächtigen Antrieb für die Jugend, frühzeitig ihren Leib der strengen Zucht des Willens zu unterwerfen, ihn zu kriegerischer Tüchtigkeit heranzubilden, ihren Geist durch die Kenntniß der heimischen Gesetze, der Großthaten der Vorfahren, durch Uebnng in der Rede zur Theilnahme an dem politischen

*) Wie sind hier jene drei Erziehungen, von denen ich zu Anfang dieses Abschnittes redete, zur herrlichsten Blüte vereinigt!

Leben zu befähigen und so jenen hohen Römersinn zu erziehen, der in der Hingabe an das Vaterland, in der großartigen Verachtung der Gefahr, in dem Verschmähen aller verlockenden Güter, in dem unbeugsamen Behaupten ihrer Freiheit bis auf den heutigen Tag das Ideal jener Mannestugend geblieben sind, die ihr Dichter in dem stolzen Worte preist: Si fractus illabatur orbis, Impavidum ferient ruinae! Stürzt auch in Trümmer der Erde Bau, so werden wir furchtlos untergehn! Solche Vorbilder haben mehr als einmal die Welt wieder erneuert, mehr als einmal ein unter der Wucht des Unglücks fast erliegendes Volk zum Selbstvertrauen und zum Aufbieten seiner äußersten Kraft im Ringen um seine Freiheit entflammt, wie denn gewiß in der großen Zeit der Vorbereitung zu dem Unabhängigkeitskriege die deutsche Jugend sich an ihnen aufrichtete und stählte und ein Widerhall ihres Geistes, die enthusiastische Todesverachtung, aus den herrlichen Liedern der Wecker zum Streite erklingt:

Das Leben gilt nichts, wenn die Freiheit fällt,
Was gibt uns die weite, unendliche Welt
Für des Vaterlands heiligen Boden?
Frei woll'n wir das Vaterland wiedersehn,
Oder frei zu den glücklichen Todten gehn,
Ja, glücklich und frei sind die Todten!

Daß auch dieser lebendige und unversiegbare Quell, der aus allen Werken des Alterthums, selbst aus dem düsteren Strafgericht Taciteischer Geschichtschreibung und der Satiriker der Kaiserzeit in unverfälschter Lauterkeit strömt, durch todte Gelehrsamkeit, leeres Phrasenthum, endlich durch den Druck einer engherzigen, über jede freie Regung erschreckenden Staatsraison verschüttet werden konnte, wer sollte das glauben? Und doch ist es so. Corruptio optimi pessima. Von den Caricaturen und tollen Fratzen jener blutgierigen Perruquiers, Advocaten und aus der Kutte gesprungenen Mönche unter der Herrschaft der Guillotine, die ihre eigene Todesangst oder ihre wilde Tigernatur mit den Namen Aristides, Timoleon oder Gracchus maskirten, will ich nicht reden; sie sind die würdigen Seitenstücke zu jener näselnden Heuchlerbrut von Puritanern, die in ihren pietistischen Conventikeln mit den alttestamentlichen Namen Josua, Gideon, oder als „Tödte die Sünde Pimple“, „Steh fest im Glauben Stringer“ paradirten. Auch von der Erneuerung des römischen Imperatorenthums, die der schlachtengewaltige Corse mit Strömen Blutes und eiserner Willkür in Scene setzte, will ich schweigen, obgleich seine Schöpfung, der moderne Cäsarismus mit seinen Prätorianer- und Pöbelhorden auch nach den letzten weltgeschichtlichen Ereignissen noch lange nicht abgethan ist. Es lag doch immer noch etwas von der antiken Größe in jenem Schicksalsmann, jener Incarnation der französischen Revolution mit all ihren Schrecken, aber auch mit ihren befruchtenden Wirkungen. Nur jener dumpfen Metternich'schen Zeit will ich kurz gedenken, in welche meine eigene Jugendentwickelung fiel, wo die Sehnsucht des deutschen Volkes nach politischer Einheit und Größe, die Hoffnungen und Wünsche der Edelsten, ja nur das Aussprechen des süßen Namens Vaterland als ein todeswürdiges staatsgefährliches Verbrechen angesehen wurde. Man muß sie erlebt haben, diese Zeit, um zu wissen, welch ein bleierner Druck damals auf den thaten- und begeisterungsdurstigen Seelen der Jugend lastete. Das Sehnen nach einem hohen Ideal, welches all die überschüssige Kraft unseres Strebens, all das liebe- und hingebungsselige Schmachten unseres Herzens, all das Verlangen, die Wurzeln unseres Daseins in festen, heimatlichen Boden zu senken, annehmen, nur annehmen und verwerthen könnte, blieb unbefriedigt und zehrte verdorrend an dem Mark unserer Gebeine. Viel, viel schöne jugendliche Kraft ist damals nutzlos vergeudet worden, in eitler Phantasterei und selbstgeschaffenen Irrgängen inhaltloser Idealitätsträume versandet oder in den wilden Ausbrüchen orgiastischen Sinnentaumels und selbstmörderischer Berserkerwuth vertobt. Denn es enthält eine ewige Wahrheit, das Wort Beccaria's: „Die in der Sklaverei erzogenen Menschen sind wollüstiger, ausschweifender, grausamer als die freien Menschen. Diese richten den Blick auf die Interessen der Nation, sehen große Gegenstände und ahmen sie nach: jene, zufrieden mit dem heutigen Tage, suchen im Taumel der Ausschweifungen eine Zerstreuung von der öden Langeweile, die sie umgibt." Es war der Hauch des Alterthums, der aus dem Moder der grammaticalisch-phraseologischen Methode, der seelen- und geistesmörderischen Exercitien, in denen wir Solon, Philopömen, Cato und Cicero als Muster der Vaterlandsliebe priesen, zu unseren Herzen drang und sie mit jenem ruhelosen Sehnen erfüllte, das keinen Gegenstand, keine Nahrung finden konnte.*) Es ist mir heute noch in lebhafter Erinnerung, wie ich als vierzehnjähriger Knabe zuerst entdeckte, was mir sorgfältig verschwiegen wurde, daß ich auch ein Vaterland habe, das ich mit der ganzen Glut meines Herzens lieben durfte. Es war ein Liederbuch mit Bildern von Ludwig Richter, dem ich diese Erleuchtung verdankte. Da war es der frische Strom der Lieder aus den Befreiungskriegen, das schöne „Deutsches Herz, verzage nicht", das edle „Stehe fest, o Vaterland", das „Gebet während der Schlacht", „Männer und Buben", „Lützow's wilde Jagd", der innige Sehnsuchtslaut: „Freiheit, die ich meine" und so viele andere, welche die glimmende Lohe meiner Empfindung zur hellen Flamme anfachten. Nun galt es, die Geschichte dieser großen Zeit zu studiren; ich verschaffte mir ein Buch, das ich gierig verschlang, und da ich keinen Vertrauten fand, dem ich mich mittheilen konnte, so suchte ich die einsamen Schneegefilde der Winterlandschaft oder den stillen Hain im Blütenschmucke des Frühlings auf

---

*) Misère der Kleinstaaterei, wird man mir einwerfen. Ich habe mich oft bei Altersgenossen erkundigt, wie's damals in den deutschen Großstaaten aussah, und hörte immer: nicht viel besser. Speciell über Wien erhielt ich einst folgende Auskunft: „Wir hatten nur einen Lehrer, einen Geschichtsprofessor, der in seinen Vorträgen manchmal an die Gegenwart anknüpfte. Da kam es wohl vor, daß er uns sagte: Sehen Sie, von allen europäischen Staaten hat nur Oesterreich wirkliche Garantien des Bestandes. Da sind die verschiedenen unter einem Scepter vereinigten Nationalitäten; mit den Ungarn halten wir die Deutschen, mit den Deutschen die Italiener nieder. Kein anderer Staat hat eine so glückliche, zukunftverheißende Organisation. Wir saßen da und hörten diese Staatsweisheit an, als hätte uns die Cumäische Sibylle die Räthsel der Zukunft entschleiert." Welcher freie Geisteshauch konnte in Berlin die Schule durchwehen in einer Zeit, wo Platen von der Schaubühne klagt:

Ja in einer Stadt des Nordens, die so manches Uebels Quell,
Gibt man Clauren's Albernheiten und verbietet Schiller's Tell!

und machte dort meinem Herzen Luft, indem ich: „Wohlauf, Kameraden, wir sind in Paris“ oder „Brause du Freiheitssang“ aus voller Kehle sang.

Das ist nun Alles anders und besser geworden. Der Strom der Thatenlust, die Sehnsucht der Hingabe hat einen großen und erhabenen Gegenstand gefunden und von jenem krankhaften Druck auf Herz und Seele weiß die heutige Jugend nichts mehr. Möge ihr dies köstliche Gut erhalten bleiben und möge in inniger Wechselwirkung des Vaterlandes Größe durch den freudigen Thatendrang der Jugend und an der Herrlichkeit des Vaterlandes die Begeisterung und das Streben der Jünglinge sich erhöhen bis an das Ende der Tage!

Und doch fühle ich mich veranlaßt, auch hier in kritischer Betrachtung die Stimme des Warners zu erheben. Nicht des grämlichen, denn davon weiß mein Herz nichts, sondern des wohlmeinenden, der uns vor den Gefahren des entgegengesetzten Extrems bewahren möchte. Wenn Klopstock in einer schönen Ode sein Vaterland preist als einen „weitschattenden Hain, der der Büsche um sich her spottet“, wenn er von ihm sagt:

> Nie war gegen das Ausland ein anderes Volk gerecht wie du,
> Sei nicht allzu gerecht; sie denken nicht edel genug,
> Zu sehn, wie schön dein Fehler ist!

so wollen wir ihm für diese stolzen Aeußerungen dankbare Anerkennung zollen; denn es galt damals das vielverspottete und vom Auslande mit höhnender Geringschätzung behandelte Deutschland den übermüthigen Franzosen — in und außerhalb des Landes — gegenüber zu vertreten, den verzagenden Patrioten Selbstvertrauen und den Glauben an eine bessere Zukunft einzuflößen. Da erschien es allerdings zeitgemäß, in vollerem Harfenton den Preis des verkannten und vielfach von seinen eignen Kindern verleugneten Vaterlandes anzustimmen, und wenn auch die Bardenlieder etwas über das Ziel hinausschossen und nachmals das heisere Bardengebrüll veranlaßten, so erfreut uns doch noch heute jener frische Lerchenruf des neu erwachenden Frühlingsmorgens. Aber was damals energische Abwehr und unverzagter Glaube an die Zukunft rechtfertigte, das könnte heute unter den veränderten Verhältnissen leicht zu eitler Selbstbespiegelung und läppischer Selbstvergötterung führen. Hüten wir uns davor! Zu schrecklich hat das Schicksal diese Fehler bei unseren Nachbarn, denen es auch als unbezweifelbarer Glaubenssatz galt, daß sie das erste aller Völker seien, gestraft, als daß wir aus dieser Heimsuchung für uns nicht eine heilsame Lehre ziehen müßten. Errichten auch wir zum Andenken an unsern Sieg in ernster Selbsterforschung ein Heiligthum der Nemesis, jener Göttin, welche dem Verblendeten und sich Ueberhebenden aus seinem eigenen Uebermuth das Werkzeug seines Sturzes bereitet. Deutsche Wissenschaft, deutsche Geisteskraft und sittliche Zucht, deutsche Idealität und Gemüthstiefe sollten uns zu hehre Güter sein, als daß wir uns derselben berühmen oder gar in pharisäischem Hochmuth von ihnen herab auf „welsche Tücke, Unsittlichkeit“ u. s. w. niederblicken dürften! Das ist unedel und ziemt dem Sieger am allerwenigsten. Diese Gedanken werden in mir rege, wenn ich so manche Programme von Gymnasien und Bürgerschulen anschaue, in denen der Schlußactus von nicht endenwollenden Declamationen trieft über die Vortrefflichkeit des deutschen Volkes von den schönen innigen Strophen Walther's von der Vogelweide an durch alle Jahrhunderte bis herab auf die zahllosen Dichtungen, welche der letzte Krieg erweckt hat und von welchen keine einzige — weder von Curtius, Freiligrath, Geibel, noch von Redwitz, Jordan und Auerbach — so in das Herz des Volkes übergegangen ist, daß sie als ein dauernder schöner Besitz angesehen werden könnte! Dieses Uebermaß, diese Ueberladung mit officiellem Patriotismus kann nur abstumpfend, betäubend und verwirrend wirken und der Jugend den Magen verderben durch das, was ihre edelste und kräftigste Nahrung sein sollte! Kein größer Leid geschieht der Religion, als wenn ihre Anhänger gezwungen werden, jeden Tag eine Messe zu hören oder so und so viel Vaterunser handwerksmäßig herunterzubeten, statt daß sie an Sonn- und Festtagen im schönen Gotteshaus den vom Werkeltägigen ausgespannten Geist zur Andacht und zu heiligen Gefühlen erheben. Auch die Vaterlandsliebe ist eine Religion, deren innere Kraft den Jüngling in all seinem Thun jederzeit durchdringen soll, deren Cultus aber den Stunden der Weihe, den Stunden ernster, stiller Sammlung angehört. Jenes officielle Paradiren aber macht entweder gleichgültig und widerwillig, es gleitet in seinem Uebermaß an tauben Ohren ab, oder — es erfüllt die Seelen der Jünglinge mit nationalem Dünkel und Eitelkeit und dann hätten wir unseren Nachbarn nichts mehr vorzuwerfen. Ich möchte hier an die Thatsache erinnern, daß das officiell protegirte und honorirte Becker'sche: „Sie sollen ihn nicht haben", ein Ausdruck leerer Prahlerei mit sentimentaler Romantik, in dem großen Entscheidungskriege auch nicht ein einzigmal gesungen worden ist, während die in einem stillen Winkel entstandene Wacht am Rhein — nach Art des Volkslieds fast ein anonymes Werk — alle Seelen und Herzen erfüllte und mit mächtigem Donnerhall den Weg zum todesmuthigen Sieg bahnte.

Ich will diese Seite der idealen Bildung nicht verlassen, ohne darauf hinzuweisen, welch hohe Bedeutung gerade dem Unterricht im Deutschen nach dieser Richtung zukommt. Es gibt wohl keine Literatur auf der Welt, welche so wie die deutsche neben dem lebendigen Interesse für die Geisteserzeugnisse auch einen innigen Antheil an der Person und dem Schicksal der Schriftsteller und Dichter verstattet. Die Franzosen haben ihren Montaigne, Lafontaine und Béranger, goldreine Charaktere, ganz gewiß, aber für die Jugend immerhin sehr zweifelhafte Vorbilder: ihre modernen Classiker aber, Lamartine und Victor Hugo, repräsentiren ihre Nationalfehler in solchem Grade, daß sie nur als abschreckende Beispiele angeführt werden dürften. Nicht Shakespeare, nicht Byron können, bei aller Tiefe ihrer Menschen- und Weltanschauung, als Muster sittlicher Lebensführung vorgestellt werden, und von dem trefflichen Walter Scott ist doch nur die muthige Entschlossenheit zu berichten, mit welcher er die Folgen eines sein Vermögen zerrüttenden Bankrotts durch „Buchmacherei" auszugleichen suchte. In der deutschen Literatur dagegen welcher Reichthum von Geistesheroen, deren Werke zugleich als geistbefreiende Thaten eingreifen in die Entwickelung der Menschheit! An der Pforte der neueren Literatur steht der gewaltige Reformator, der Schöpfer der Sprache, der beredteste und dichterischste

Schriftsteller, kerndeutsch in jeder Faser und doch der Mann der Menschheit, dessen Teufel- und Erdenmacht verachtender Muth der freien Forschung, der Grundsäule des Fortschritts, dem Talisman der modernen Welt, die Bahnen eröffnete. Neben ihm ist würdig gleich genannt zu werden jener andere Luther auf dem Gebiete der Literatur und Kunst, Lessing, der unbeugsame Streiter für die Wahrheit, der Verkündiger des Evangeliums der Humanität inmitten des häßlichen Geschreis und Worthaders christlicher Theologen. Um dem Vorwurf der Einseitigkeit zu entgehen, führe ich aber auch einen aus der Klasse der letzteren an, und zwar einen Jesuiten, den lieblichen Dichter Friedrich von Spee, den Eiferer für die Menschlichkeit, dem schon als Jüngling die Haare ergrauten, weil er so viele arme Wesen hatte zum Scheiterhaufen führen müssen, „und wußte doch, daß keine Schuld an ihnen war", und der in edelster Ausübung christlicher Barmherzigkeit den Opfertod starb, seinem göttlichen Vorbild nacheifernd. Ich könnte kein Ende finden, wollte ich sie alle aufzählen, die Männer, deren Leben wie ihr Dichten reine, echt menschliche Begeisterung zu erwecken fähig sind. Klopstock, der fromme Sänger, das Vorbild des deutschen Jünglings mit seiner Unverdorbenheit, seiner Idealität, seiner Schwärmerei für Freundschaft und Natur. Die beiden Dioskuren, von denen der eine die feste Geschlossenheit des männlichen Charakters, die sittliche Kraft und den idealen Adlerblick, der andere die klare, breite Entfaltung der Menschennatur in ihren Wechselbeziehungen zur unendlichen Außenwelt in nie geahnter, entzückender Vollkommenheit darstellen; dann ihr Gegenbild in unserm Jahrhundert in den beiden letzten großen Dichtern Ludwig Uhland und Friedrich Rückert. Uhland, welch eine Fülle von echt deutscher heimatlicher Poesie umwebt diesen Namen, und wie ist der Mann zugleich ein Muster deutscher, kernhafter, schlicht bescheidener, bürgerlicher Einfalt! Wie er ein Gelehrter war neben dem Dichter, so trugen unsere beiden Grimm den Reichthum poetischer Anschauungen in ihr gelehrtes Wirken; welche Vorbilder der bescheidenen Mannhaftigkeit und der entsagungsvollen Hingabe an das Ideale auch sie! Soll ich noch erwähnen, daß der deutsche Geist sich seine Werkzeuge erschuf, um die schönen Gaue unseres Vaterlandes, einen jeden in seiner Eigenart dichterisch auszuprägen: den lieben Vater Hebel, den innigen Wandsbecker Boten, den trefflichen Gotthelf und noch manche Andere; wie daß derselbe gleichzeitig der goldene Schlüssel ward, der die Reichthümer ferner Zeiten und fremder Zonen erschloß, den Riesen Shakespeare uns aneignete, die Palmenpracht und schimmernden Wunderbauten des Orients uns in vertraute Nähe brachte und jede Form, jede Melodie der großen Weltenharmonie zu unseren einheimischen Reichthümern gesellte? Genug hiervon, solange das deutsche Volk, die deutsche Jugend in ihren Dichtern und Denkern lebt und webt, wird ihnen die Liebe zur Nation und jener hohe, echt nationale Zug der Idealität nimmer abhanden kommen!

Nun hätte ich noch von der Krone und dem höchsten Ziele der idealen Bildung zu reden, der Humanität. Sie ist die Seele der Menschheit, das leuchtende Gestirn, dem alle Völker, alle edlen Geister, alle begeisterungsfähigen Herzen auf tausendfach verschlungenen Wegen zustreben. Sie ist das Andenken und Fortwirken der Todten, welches die Lebenden beseelt und leitet, sie ist der Inbegriff aller großen Gedanken, hohen Empfindungen, mächtigen Anstrengungen nach jenem Ziele zu. Alle Lebenden bilden den Körper dieser Seele, alle Hilflosen und Verlassenen sind ihre Kinder, alle Verwilderten und Verirrten der Gegenstand ihrer Sorge, alle zukünftigen Generationen ihre Hoffnung, die Erben ihrer angesammelten Schätze und die Weiterbildner des hohen Ideals, das dermaleinst über alle Menschen zu leuchten berufen ist.

Es ist meine unerschütterliche Ueberzeugung, daß auch die Nationalitäten, jetzt unser heiligster Besitz und die festen Wurzeln unserer Kraft, nur Formen sind, welche einer einstigen Neuschöpfung das Leben geben und dann zerfallen werden. Wann diese Zeit eintreten wird, noch wissen wir es nicht. Geahnt und gefordert wurde das Weltbürgerthum und seine Religion, die Humanität, schon von den besten Geistern des 18. Jahrhunderts. Montesquieu schrieb sein Grundgesetz in den schönen Worten, die er als die Regel seines Handelns und seiner Pflichten anerkannte: „Wenn ich etwas wüßte, was mir nützlich und meiner Familie schädlich wäre, würde ich es aus meinem Geiste verbannen. Wenn ich etwas wüßte, was meiner Familie, nicht aber meinem Vaterlande nützlich wäre, würde ich es zu vergessen trachten. Wenn ich etwas meinem Vaterlande Nützliches, aber dem Menschengeschlechte Nachtheiliges wüßte, würde ich es als ein Verbrechen anschauen." Unsere Geistesheroen Lessing, Herder, Kant und Schiller bekannten sich freudig zu dieser Religion, selbst der patriotische und fromme Klopstock begrüßte die französische Revolution als das Morgenroth, welches der unterdrückten Menschheit endlich die Sonne der lange verdunkelten Wahrheiten und Rechte zu bringen verheiße. Als aber jene reine und erhabene Lehre aus den Geistern der Gebildeten und Erleuchteten hinabstieg in die dumpfen, unaufgeschlossenen Seelen der rohen, blinden und leidenschaftlichen Massen, als diese den göttlichen Adel derselben durch scheußliche Gewaltthat und blutgierige Grausamkeit besudelten, da erkannte man, daß die Zeit noch nicht gekommen sei, in welcher die hohe Offenbarung Eingang finden und ihren Thron auf Erden errichten könne, allen Menschen zum Heil und Segen.

Und so wandten sich denn die Völker wieder nach innen und suchten in der schützenden Wärme ihrer eigensten Natur, wie in dem Mutterschooße das Kind, so jenen edlen menschlichen Gedanken auszutragen, damit er dereinst zu glücklicherer Stunde als der Erlöser und Heiland der noch vielfach durch Vorurtheile, blinden Haß und thörichte Eifersucht getrennten Völkerfamilie geboren werden könne. Die Steigerung des Nationalgefühls, eine Frucht des mit soldatischer Brutalität von Napoleon den Völkern aufgezwungenen nivellirenden Revolutionsgedankens, fand ihre höchste Kraft und ihre edelste Berechtigung in dem Bewußtsein, daß in der deutschen Eigenart Gedanken und Gemüthstiefen verborgen seien, die nicht gegen fremde, wenn auch noch so gefällige und leichtlebige Art ausgetauscht werden, vielmehr zäh bewahrt und zum Heil der Menschheit ausgewerthet werden müßten. Noch hat das deutsche Volk eine hohe und erhabene Mission in der Weltgeschichte zu erfüllen, es wäre ein Unglück für die Menschheit, wenn es aus der Reihe der Völker ausgetilgt würde, dieser Gedanke erfüllte die Seelen der Edelsten, er sprach mit zündender Beredsamkeit aus den Schriften eines Fichte und Arndt, er war ein gewaltiger Bundesgenosse, als das deutsche Nationalgefühl in die feste Burg Preußen einzog und dieses verkündete, daß alle Kräfte und alle Lebenswärme an die Erhaltung der Existenz gesetzt werden müßten.

In ruhiger Entfaltung hat denn nachmals der deutsche Geist, nachdem er in gewaltiger Erhebung das Joch abgeschüttelt, die herrlichsten Blüten getrieben, denen nunmehr die heimatliche Farbe wieder unverkennbarer eignete — ich will hier nur auf die deutschen Meister hinweisen, deren Namen das erste Blatt dieses Werkes zieren, Beethoven, Uhland, Richter. Aber ich wiederhole es, wie schmücken sie auch den Garten der Menschheit, und um welche Reichthümer wäre diese ärmer, wenn etwa die akademische Kunstregel eines Spontini, David und — Fontanes in unserm Jahrhundert gewaltet hätte!

Doch ich schweife zu sehr ab und kehre demnach zu dem Hauptgedanken zurück. Wie sich die ursprüngliche Clan- und Stammgenossenschaft mit ihrer glühenden Hingabe und tödlichem Haß in der griechischen und nämentlich in der römischen Welt zu einer höhern Idee — der des Staates und der Nationalität — aufschwang, so bringt es der natürliche Entwickelungsgang der Menschheit, daß auch die Völker einmal sich als Glieder der einen großen Menschenfamilie fühlen, und daß alsdann die Verschiedenheiten ihres Wesens als mannichfache Saiten zu einer großen Harmonie zusammenklingen werden. Bei den Völkern des Alterthums ist die nationale Saite aufs höchste ausgebildet; festgeschichtet und in compactem Zusammenhang umschloß die Individuen das vaterländische Band: die Vernichtung des Staates führte auch die vollständige Vernichtung der Angehörigen mit allen Rechten und aller Habe herbei, darum war äußerste Hingabe an den Staat und äußerste Anspannung der Kräfte des Einzelnen durch den Staat eine Naturnothwendigkeit. Heute umfließt den Bürger jedes civilisirten Staates eine schützende Atmosphäre, die gewisse Menschenrechte als heilig und unantastbar durch das Gemeingefühl aller Völker gewährleistet. Es ist der Geist der Humanität, der das feste Gefüge lockert und höhere Satzungen der Menschlichkeit zur allgemeinen Gültigkeit erhebt, in die selbst das vaterländische Interesse keinen Eingriff wagen darf. Die spartanische Mutter, welche dem Staatszwecke ihr Kind aufopfert oder thränenlos ihren Sohn aus der Schlacht heimbringen sieht, ein Timoleon, der seinen Bruder, ein Brutus, der seinen väterlichen Freund dem Vaterlande zu Liebe erschlägt, sie können für uns keine Ideale sittlicher Vollkommenheit mehr sein, weil wir den höheren menschlichen Maßstab an diese Handlungen anlegen und das natürlich mütterliche und brüderliche Gefühl heiliger achten, als daß es durch irgendwelche Verpflichtung entehrt werden dürfte. So schwebt denn der Engel der Humanität auch über den Orten des Grausens und der entfesselten elementaren Kräfte, verbindet die Wunden des Feindes auf dem Schlachtfelde, stillt die Thränen, schützt die Wehrlosen, speist die Hungernden auch in Feindesland. Unvergeßlich bleibt mir aus dem letzten Kriege, wie die armen Opfer des Straßburger Bombardements endlich nach langer Todesangst durch das Schweizer Comité aus ihrem schrecklichen Kerker befreit und nach der Schweiz abgeholt wurden; als sie da durchs badische Gebiet fuhren, da standen von Station zu Station herbeigeströmt die ganzen Bevölkerungen der Nachbarorte, sie hielten warme Suppen und Wein bereit und baten mit weinenden Augen die Unglücklichen, doch von ihnen Speise und Erquickung anzunehmen. Und wie bei Homer uns die ersten Spuren der Humanität in der schönen Episode von Glaukos und Diomedes so eigenthümlich rühren, so muthet uns die einfache Erzählung von jenem preußischen Landwehrmann fast mit homerischer Einfalt an, sodaß wir sie durch einen Dichter oder Künstler verewigt wünschten. Dieser lag während der Belagerung von Metz in einem kleinen Bauernhause, dessen Besitzer abwesend war, aber seine Frau und Kinder zurückgelassen hatte. Nach mehreren Wochen kam der Mann, um letztere abzuholen; der brave Landwehrmann begleitete die Abziehenden, auch ein Kind an der Hand führend. Stumm und in trotzigem Haß schritt der Franzose voran, als ihm aber seine Frau erzählte, wie sie ohne den edlen Feind hätten umkommen müssen, wie er für sie gesorgt, sie ernährt, den Kindern ein Vater geworden, da schmolz die Eisrinde des Grolls, schluchzend umhalste er den edelmüthigen Gegner und die beiden starken Männer wandelten nun vereint wie Brüder Hand in Hand den gemeinschaftlichen Weg.*)

Der Geist der Humanität war es, der einst im Christenthum gegen die barbarische Behandlung des besiegten Feindes protestirte: der Geist der Humanität ist es, der heute gegen die engherzigen Dogmen, die Fesselung des Gewissens, die Entwürdigung der Menschenseele durch den Druck starrer Autorität sich auflehnt. Wir verwerfen einen Glauben, dessen erste Grundlehre von einem Gott erzählt, der ganze Generationen unschuldiger Menschen für eine Sünde büßen läßt, die ihr Urvater begangen hat, weil unser sittliches Gefühl dadurch tief beleidigt wird. Wir verehren in einem Arnold von Brescia, in einem Giordano Bruno und den Hunderttausenden von unschuldig gemordeten Opfern des Priesterhasses und des Pöbelfanatismus die Märtyrer und Blutzeugen der neuen, heiligen Lehre. Wir stehen zu dem Unterdrückten gegen seinen Bedrücker, wenn letzterer die Pflichten der Menschlichkeit verkennt, und fragen dabei nicht, welcher Nation beide angehören. Napoleon verwunderte sich mit Recht — denn der Geist der Humanität war ihm fremd — daß Schiller und Goethe in Tell und Egmont Thaten verherrlicht, die ein Losreißen von dem deutschen Reiche bezweckten. Die Bleidächer Venedigs, der Spielberg! ich bin überzeugt, daß keine Schrift dem despotischen System Oesterreichs so viel glühende Hasser,

*) Man verzeihe mir diese beiden scheinbar unwichtigen und zu speciellen Ausführungen; sie reden aber in ihrer schlichten Einfalt wie echte Poesie unmittelbar zum Herzen. Wem um große historische Daten zu thun ist, der lese die gewaltigen Worte des älteren Pitt, in denen er mit dem Ausdrucke erhabenen Zorns die Kriegführung Englands, welches den blutgierigen Indianer gegen die Amerikaner in Sold genommen, brandmarkt, oder die herrliche Rede Charles Sumner's im amerikanischen Congreß. Die scheußlichen Mißhandlungen der Gefangenen durch die südstaatlichen Truppen hatten die Erbitterung der Mitglieder so sehr gesteigert, daß der Vorschlag eingebracht wurde, doch endlich einmal die Langmuth schwinden zu lassen und Repressalien zu gebrauchen. Mit den wärmsten, eindringlichsten Worten protestirte Sumner gegen jede Verletzung der heiligen Menschlichkeit und diese siegte denn auch gegen die Eingebungen eines gerechten Zorns; der Gesetzesvorschlag wurde verworfen.

der italienischen Sache so viel warme Freunde zuführte, als die einfache Erzählung Silvio Pellico's „Le mie prigioni", bei deßten Lesung dem freigeborenen Menschen das Blut in den Adern kocht über die Schändung der Menschenwürde und das noch heute wie ein Erbauungsbuch von Tausenden mit inniger Rührung gelesen wird. So erstarkt der Geist der Humanität, der einst als nacktes schwaches Kind geboren wurde, von Jahrhundert zu Jahrhundert, und der Tag ist nicht fern, wo er seinen Siegeslauf über die Erde beginnen wird und die stärksten Gewalten, die sich ihm verschließen oder ihn bekämpfen wollen, vor ihm in Staub versinken werden.

Daß das hohe Bild der Menschheit in der idealen Bildung demnach die erste Stelle einnehme, daß dieser Religion der Zukunft in unseren höheren Anstalten ein Tempel gegründet werden muß, in dessen Hallen die Jugend mit Bewunderung und Ehrfurcht die Namen und Geistesthaten der edelsten und reinsten Förderer der Humanität lesen und den Trieb ernster Nacheiferung in sich aufnehmen wird, das ist eine unabweisbare, wenn auch noch nicht allgemein anerkannte Pflicht. Die Bezeichnung Humanität und Humaniora stammt aus dem Zeitalter der Renaissance und verdankt wohl dem Gegensatz gegen die Divina, d. h. das theologische Wissen, welches im Mittelalter alle Geistesthätigkeit umfaßte, seinen Ursprung. Die Menschheit fühlte damals zuerst, daß auch außerhalb der streng kirchlichen Weltansicht hohe Aufgaben und herrliche Entfaltungen der menschlichen Natur vorhanden seien. Dieses Gefühl, welches zu einer gesunden Auflehnung gegen die todte Ascetik und den starren Autoritätsglauben führte, entzündete sich zuerst an der Herrlichkeit der griechisch-römischen Welt. Darum sind die Classiker mit Recht auch heute noch das Palladium der neuen Lehre, ein unschätzbarer Quell, durch dessen Wasser das Auge sich erfrischt und das Herz gesundet.

Die scharfe Absonderung der Nationalitäten im Alterthum, welche in dem Gegensatz von Griechen und Barbaren und dem civis Romanus sum gipfelte, ließ das Christenthum als eine höhere Einheit, als eine weltbefreiende Macht erscheinen, die alle Völker zum Brudermahle der

Liebe lud. Die schroffe Verkennung und Zurückweisung der natürlichen Triebe und Anlagen des Menschen, die von der einseitig spiritualistischen Richtung des Christenthums ausging, suchte und fand ihre Erlösung in dem Alterthum, welches auf dem im Mittelalter unbeachteten Wege der Natur eine schöne Strecke schon zurückgelegt hatte, welche die neuere Zeit auf seinen Spuren nun nachzuholen hatte. Diese beiden großen Einheiten, die ethische Wirksamkeit des Christenthums, welche nach zweitausendjährigem Bestand noch immer in ihrer ersten Jugendschöne blüht und das edelste Juwel in der Krone der Menschheit ist, und die frische Naturkraft der alten Welt, die in Kunst und Wissenschaft und Vaterlandsliebe so Großes geleistet hat, sind bestimmt, sich gegenseitig zu durchdringen und in einer höchsten Einheit, der Humanität, sich aufzulösen. Das ist die hohe Aufgabe, an welcher, vielfach des Zieles unbewußt, die Gegenwart arbeitet und deren Lösung der Zukunft vorbehalten ist.

Die ideale Jugendbildung hat demnach sorgfältig alle die Anklänge, welche schon bei den alten Schriftstellern dieser künftigen Harmonie entgegentönen, hervorzuheben. Daß sich schon die Griechen in gewissem Sinne als Vertreter und Apostel der Humanität betrachteten, dafür zeugt die denkwürdige Thatsache, daß sie nach der Schlacht bei Himera (480) den besiegten Karthagern unter den Friedensbedingungen auch das Verbot auferlegten, sie dürften in Zukunft keine Menschenopfer mehr bringen. Und welche Uebereinstimmung in den Lehren der Stoiker, in den Werken eines Epiktet, eines Marc Aurel mit der christlichen Ethik! Daß auch bei den Griechen der Gedanke schon dämmerte, daß die natürlichen Pflichten über den vom Staatszwecke auferlegten stehen, beweist die schöne Tragödie Antigone, in welcher diese dem Verbote des Königs trotzend ihrem gefallenen Bruder ein ehrliches Begräbniß bereitet und dadurch sich selbst dem Tode weiht. Und wie viel reiche Keime, wie viel Nachahmens- und Beachtenswerthes ist nicht in dem griechischen Leben, welches, recht erkannt und gewürdigt, der Menschheit erst noch zu gute kommen muß: die schöne Toleranz gegen die verschiedenen Religionen, die ernste und keinem Einflusse zugängliche

Würde der Gerichtshöfe, die humane Sitte der Hinrichtungen bei den Athenern, die hohe Stufe der Bildung, welche Reichthümer verachtete und die Pflege der Kunst als die schönste Zierde des Lebens, ja selbst als einen Staatszweck erkannte, die poetische Weltanschauung, welche in dem Dichter den Gottgeweihten, in der ganzen Natur aber einen Reichthum von göttlichen Offenbarungen sah und welche sie gleichmäßig vor dumpfem Mysticismus und vor flachem, nüchternem Materialismus bewahrte, und so vieles Andere!

Die classische Bildung hat auch bei dieser höchsten Aufgabe den großen Vorzug, daß sie den weiten, unermeßlichen Werdeprozeß der Menschheit überschaut und sich nicht mit den reichen, aber immerhin einseitigen Bildungselementen der Gegenwart begnügt. Sie sieht die großen Denker und Dichter von fern und nah als die wahren Repräsentanten der Menschheit, die Schranken der Zeiten und Nationen sinken vor ihrem Blicke nieder und das große Räthsel der Zukunft enthüllt sich der ernsten Betrachtung der Vergangenheit.

Und so sei hier zum Schlusse nochmals auf die Pflege des Schönen hingewiesen, welches auch das Seine dazu beiträgt, daß jene drei widerspruchsvollen Erziehungen, von denen ich ausgegangen bin, sich dereinst in der großen Harmonie der Humanität auflösen werden. Die großen Dichter aller Zeiten, sie gehören der Menschheit an, sie hat ihr empfängliches Gemüth auf hohe Warten erhoben, von denen sie auf das bunte Treiben des Lebens herabsehen und da schon Klarheit und Ordnung erkennen, wo für uns nur Verwirrung und formloser Nebel ist. Der große Dichter ist ein Prophet, ein Führer und Genius der Menschheit. Dort auf jenen Höhen stehen die edelsten Geister aller Zeiten, ein Homer und Virgil, ein Dante und Camoens, ein Shakespeare und Schiller in verklärtem Sonnenlichte; sie wandeln auf den Zinnen des großen, allgemeinen Vaterlandes und rufen von Land zu Land, von Jahrhundert zu Jahrhundert die Worte der Wache: Vergiß dein Ziel, deine Würde nicht, Menschheit!

Und so möchte ich denn den herrlichen Zuruf, den unser großer Dichter an die Künstler richtet, auch als einen ernsten und prophetischen

Mahnruf, trotz allen Gegenströmungen und feindlichen Zeitrichtungen an der idealen Bildung festzuhalten, den Vertretern dieser Bildung — Lehrern und Jugend — ans warme Herz legen:

Der Menschheit Würde ist in eure Hand gegeben,
Bewahret sie!
Sie sinkt mit euch, mit euch wird sie sich heben!
Der Dichtung heilige Magie
Dient einem hohen Weltenplane,
Still lenke sie zum Oceane
Der großen Harmonie!

XII.

Zum Leben der deutschen Sprache.

O wê dir, tiuschiu zunge,
Wie stêt din ordenunge!

Walther von der Vogelweide.

Sprachsünden und Sprachreinheit.

Als im 16. Jahrhundert Frankreich durch die Erhöhung der königlichen Gewalt zu politischer Einheit und damit zugleich zu bedeutenderer Machtstellung und Selbstbewußtsein gelangt war, schrieb Ronsard, einer der angesehensten Dichter, der zugleich, wie die meisten seiner Genossen, die Weiterbildung und Entwickelung der französischen Sprache sich angelegen sein ließ, folgende Worte: „Aujourd'hui pourceque notre France n'obéit qu'à un seul roi, nous somme contraints, si nous voulons parvenir à quelque honneur, de parler son langage.“ Dieses Streben nach Concentration auch auf dem Gebiete der Sprache führte zur Gründung der französischen Akademie, welche als oberstes Tribunal entscheiden, den Sprachschatz bewachen, das Mustergültige zu allgemeinem Gebrauch autorisiren und das Eindringen uncorrecter sprachwidriger Wendungen verhüten sollte. Daß eine solche Bevormundung dem Wesen und natürlichen Wachsthum der Sprache widerspricht, welche, wie alles Geistige, nur in freier, ungehinderter Entfaltung sich entwickelt, ist einleuchtend und es hat denn auch an zopfigen und grundlosen Entscheidungen der „Unsterblichen“ nicht gefehlt. Doch hatte das Institut auch sein Gutes und schon der Name Académie française, schon das Bewußtsein, daß ein Verein von bedeutenden Männern gleichsam die Gesammtinteressen des geistigen Lebens repräsentire, mußte dazu beitragen, Regel und Disciplin auf das literarische Gebiet zu übertragen.

Daß die Neugestaltung des Deutschen Reiches, die langersehnte Verwirklichung des nationalen Gedankens den Wunsch und die Hoffnung nahelegt, es werde nun neben der glücklich durchgeführten politischen und nationalökonomischen Einheit sich auch in der Sprache, die ja so lange Zeit leider fast das einzige gemeinsame Band für alle deutschen Stämme gewesen ist, jene Einheit in Formen, Ausdruck und Schreibung herstellen lassen, welche, unbeschadet des freien Wachsthums und der schöpferischen Mannichfaltigkeit, von dem Bewußtsein der Gegenwart als das allein Richtige gefühlt wird, ist doch wohl nur natürlich. Namentlich wer bedenkt, wie viel Kraft und Zeit bei der Einübung der höchst willkürlichen und systemlosen sogenannten „Rechtschreibung“ verschwendet wird, und wie groß die Enttäuschung der armen Jugend sein muß, wenn sie die in saurem Schweiß und heißem Bemühen sorgsam angeeigneten Regeln in mustergültigen Druckwerken nicht einmal beachtet sieht, der wird diesem Wunsche gewiß beipflichten. Zum Beleg sei nur auf die vierfache Bezeichnung des langen â in folgenden Wörtern hingewiesen: Rath, That, Saat, Hahn.

Der glücklichen Eigenart des deutschen Wesens widerstrebt es, in Fragen des Sprachgebrauchs sich den Aussprüchen eines officiellen Forums von noch so ausgezeichneten Männern zu unterwerfen. In der deutschen Literatur und Gelehrtenwelt herrschen von je republikanische Institutionen. Kein größerer Gegensatz als das französische Dictionnaire de l'Académie und das große Wörterbuch der Gebrüder Grimm. Ersteres ist das Gesetzbuch, letzteres die Geschichte oder, wenn man lieber will, die Naturgeschichte der Sprache.

Und doch, wenn in den Ursprüngen und in den Zeiten der lebensvollsten Entwickelung der Sprache das unbewußt gestaltende Naturleben vorherrscht, so kann andererseits nicht geleugnet werden, daß in einem Zeitalter der Reflexion, wie das unsere ist, die auf unser ganzes Geistesleben, mithin auch auf unser Sprechen gerichtete Aufmerksamkeit in kritischer Weise vergleichend, auswählend, verwerfend am Fortbau der Sprache mitwirkt. Wir anerkennen ein richtiges und ein sprachwidriges Reden. Welches ist nun der Maßstab und das Kriterium, durch welche wir ersteres von letzterem unterscheiden?

In letzter Instanz entscheidet nur der Gebrauch, welchen schon die Römer als den gewaltigen Sprachtyrannen bezeichnet haben. Bekannt ist die hübsche Anekdote von Kaiser Sigismund, der ein lateinisches Wort dem Geschlecht nach unrichtig gebrauchte und der, von seiner Umgebung aufmerksam gemacht, fragte: „Wer behauptet dies?" Priscianus, war die Antwort. „Wer ist das?" Ein Schriftsteller und Grammatiker. „Nun", versetzte der Fürst unwillig, „das Wort eines deutschen Königs wird doch wohl mehr Autorität haben als das eines armseligen Schulmeisters." Die Ansicht war naiv, und seit jener Zeit hat noch einmal eine Staatsgewalt den Versuch gemacht, die Sprachentwickelung in den von ihr beliebten Damm einzuschränken; nämlich die russische, als sie nach dem in Rußland so beliebten politischen Grundsatz: „Der Bien muß" das unerhörte Gesetz erließ, welches den Polen den Gebrauch ihrer Sprache untersagte. Derartige Autoritäten haben aber gegen den oben genannten Tyrannen niemals etwas auszurichten vermocht: dem officiellen Gebote zum Trotz wälzt sich der Sprachstrom majestätisch in dem von der Natur angewiesenen Bette dem Ziele seiner Wanderung entgegen. Im obigen Falle behielt der Schulmeister Recht gegen den Fürsten. Damit soll freilich nicht gesagt sein, daß der Schulmeister immer Recht hat. Wenn er pedantisch seine eigenen Abstractionen oder Analogieen der Sprache aufdringen will, so schlägt ihm der Sprachgeist höhnisch ein Schnippchen und hüpft über den vorgehaltenen schulmeisterlichen Bakel hinweg, nur seinen eigenen Gesetzen, Eingebungen, ja selbst Launen folgend; andere gibt's für ihn nicht, selbst die der Logik finden nur höchst bedingte Anwendung. Daß das Wort schlecht, welches zu Luther's Zeit noch gut bedeutete, bereits im 18. Jahrhundert den gegentheiligen Sinn bekommen sollte, das wäre gewiß von keinem Schulmeister gebilligt worden. Daß man nach Maßgabe von des Tags, des Morgens auch des Nachts sagte, das hat sich offenbar auch nur eingeschlichen, während der Schulmeister sein Nachmittagsschläfchen hielt. Und gar die schönen Umdeutungen Armbrust (aus arcubalista), Mailand (Mediolanum), Meerkatze (indisch markati, Affe) und Sündflut, wofür einige moderne Pedanten wieder Sintflut (die große, allgemeine Flut, wie Singrün) schreiben möchten, alles das hat der gute Sprachgenius sich zu eigen gemacht, während das feine

Sprachgefühl der Grenzwächter auf einer andern Seite beschäftigt war. Das Volk spricht nie falsch. Cela se dit oder cela ne se dit pas, sagt der Franzose und er trifft damit den Nagel auf den Kopf. „Dat is mek“ sagt der Plattdeutsche und er hat Recht, obgleich bei diesem Accusativ den Schulmeister ein Gruseln ankommen muß, der Engländer sagt it is me und der Franzose kann gar nicht anders als c'est moi sagen, obgleich dieses moi eigentlich derselbe verpönte Accusativ ist.

Also, in der Sprache ist Alles möglich, Regeln a priori lassen sich auf dieselbe nicht anwenden, es gilt hier, wie in der ganzen Naturwelt, treues, aufmerksames Beobachten, feinsinniges Vergleichen und gewissenhaftes Abstrahiren der innewohnenden Sprachregel. Das ist der alleinige Maßstab und die wirksamen Factoren sind die sprachgewaltigen Geister, deren mächtigen Gedanken das Gewand der Sprache zu enge ward und die deshalb kräftig daran reckten und dehnten, bis es im Stande war, dieselben zu umkleiden. Sie sind die Vorbilder und Pfadfinder, sie wandeln kühn in das Dunkel unbekannter Tiefen und zeigen die Wege, die wir ihnen dann vorsichtig nachwandeln dürfen. Ein Recht aber hat der Schulmeister, wie überhaupt Jeder, der sich für das Leben und Weben der Muttersprache interessirt — und welcher Gebildete sollte das nicht? — nämlich innerhalb dieser Grenzen und Beobachtungen mit Hilfe seines „feinen Sprachgefühls“ darauf hinzudeuten, wenn die Sprache etwa Gefahr läuft, eine schöne, reine, einfache Form einzubüßen oder gegen eine minder gute zu vertauschen. Die Viel- und Schnellschreiber unserer dampfgetriebenen Zeit, der überwuchernde Feuilletonismus und Journalismus sündigen in dieser Richtung und fangen an, die ärgsten Idiotismen einzuschwärzen. So brachte das „Ausland“ im vorigen Jahre einen Artikel, in welchem zu lesen war: „Er hat auf die Insel Formosa vergessen.“ Ganz zu geschweigen der „Gepflogenheiten“, mit denen uns so mancher „Gefertigte“ beschenken möchte, dem „im vorhinein“ vom Schreiben abzurathen wäre, wenn er nicht „früher“ einen Cursus deutscher Sprachlehre durchmachte. Es wäre demnach gewiß eine sehr verdienstvolle Aufgabe, wenn etwa ein weitverbreitetes deutsches Blatt — wie eine sprachliche

Hochwacht — auf derartige Auswüchse, Wucherungen und falsche Triebe aufmerksam machen wollte, gleichzeitig mustergültige Beispiele heranziehend, durch welche der schwanke Sprachgebrauch festgestellt würde und so dazu beitrüge, daß durch eine gesunde Selbstkritik unsere herrliche Muttersprache in ihrer Reinheit erhalten und immer schönerer Entwickelung entgegengeführt würde. Natürlich müßte diese Kritik von dem Geiste schulmeisterlicher Pedanterie vollkommen frei sein, damit es ihr nicht erginge, wie etwa Herrn Littré, der in seinem epochemachenden Dictionnaire de la langue française kein einziges l mouillé vorübergehen läßt, ohne die Bemerkung hinzuzufügen caillou (pron. deux ll mouillées et non cayou). Trotz dieser mit anerkennenswerther Consequenz durchgeführten Schulmeisterei sprechen alle Franzosen doch cayou.

Obige Gedanken und Reflexionen wurden in mir erweckt durch einen Artikel der „Gartenlaube" mit der Ueberschrift: Grammatikalisches Sündenregister. Der Verfasser desselben führt sich als ein „sprachrichtig fühlender" (ist das sprachrichtig?) Mensch und als „ein Schulmeister" ein. Nach einigen berechtigten Ausstellungen rügt er drei Unarten oder Sünden gegen die Grammatik, welche nach meinem Dafürhalten alle drei im Geiste der Sprache wohlbegründet sind und sich auch seiner Belehrung zum Trotz weiter entwickeln werden.

1) Macht er sich lustig über die Leute, welche die schwache Endung „mit grauem schlesischen Marmor" schreiben oder gar in ein System bringen wollen. Es ist allerdings in Bezug auf starke und schwache Endungen ein Schwanken in unserer Sprache, welches oft dem Gebildetsten das beschämende Eingeständniß abnöthigt, daß er in vielen Fällen nicht wisse, wie er zu schreiben habe. Da hilft, wie gesagt, die schulmeisterliche Selbstgefälligkeit nichts, die den Verfasser des Artikels sagen läßt: „Warum quälen sich die Herren denn so, die mißbräuchlich eintretende Abschleifung der Endung in eine Regel verwandeln zu wollen? Classisch gebildete Autoren (zum Beispiel Gustav Schwab, Kriebitzsch und Andere) bleiben ihrer Regel zum Trotz hartnäckig bei grauem schlesischem Marmor und ich auch."

Darauf möchte ich nun etwa Folgendes antworten: Ich bezweifle durchaus nicht, daß in irgend einem Landstädtchen des Thüringerwaldes oder Frankenlandes an einem schönen Sonntag Nachmittag ein behäbiger Schulmann mit Hornbrille und großblumigem Schnupftuch der Kellnerin zurufen mag: „Mädchen, bringen Sie mir einen halben Schoppen gutes Weines", und dann wird er vielleicht mit triumphirendem Blicke auf die Umhersitzenden bemerken: „So hat Goethe geschrieben und so spreche ich auch." Auch mag es wohl in zwanzig und mehr Jahren noch vorkommen, daß ein Oberschul- oder Ministerialrath kopfschüttelnd die Adresse eines an ihn gelangten Schreibens betrachten wird, auf welchem mit eckiger Kanzleischrift die Worte zu lesen sind: „Herrn N. N. wirklichem geheimem Rathe." Das Alles hat aber doch nur ein sehr untergeordnetes Interesse. Wie Goethe geschrieben hat, ist für die historische Grammatik und Literärkritik von Wichtigkeit; wie Herr Littré die ll mouillées ausspricht, kann uns allenfalls noch als die Marotte eines Stubengelehrten interessiren; wie aber der Schulmonarch von Wunsiedel oder Apolda schreibt und geschrieben haben will, wen in der Welt, außer seine Buben, kann denn das etwas kümmern? Was für uns aber das größte Interesse hat, ist, uns in Einklang zu setzen mit dem normalen Sprachgebrauch, uns deutlich bewußt zu werden, nach welchen Gesetzen und Analogieen die alten Formeln zerbröckeln und neue an ihre Stelle treten. Mit dieser Aufklärung leisten wir den Rath suchenden Gebildeten und der lernbegierigen Jugend einen viel größeren Dienst als durch eigensinniges Festhalten am Alten. So ist denn auch in obigem Falle die im Stillen wirkende und allmählich das ganze Gebiet beherrschende Regel unschwer zu fixiren. Es sind Ausdrucksweisen wie: „manches guten Mannes, allem guten Weine, vieler treuen Freunde", in welchen die pronominalen Adjective gleichsam die Stelle des Artikels vertreten und das folgende Adjectiv mit seinem Hauptwort als eine selbständige Verbindung näher bestimmen, nach deren Analogie sich allmählich der oben erwähnte Gebrauch eingebürgert hat. In „vieler treuen Freunde" herrscht das Verhältniß der Subordination; sagte ich „vieler, treuer Freunde", so erschienen die beiden Adjective als vollständig gleichberechtigt, coordinirt, es wäre so viel als „vieler und treuer Freunde. Danach wird man getrost sagen und schreiben: Die Preise guter weißen Weine u. s. w.

2) Einen Verstoß gegen die Grundregeln und den Geist unserer Sprache findet der Verfasser darin, daß man vielfach die Apposition nicht mehr in den gleichen Fall mit dem Beziehungsworte setzt. Ich erkenne darin das emancipative Streben unserer Sprache, sich von dem Einwirken der griechisch-römischen Sprachregeln zu befreien, die lange einen beengenden und zwängenden Druck auf dieselbe ausgeübt haben. Ich frage jeden unbefangenen Leser, wenn er auf dem einen Buchtitel liest: Von A. Edlem von Z., Kön. Sächsischem Kammerherrn und vortragendem Rathe pp. und auf einem andern, „Von Lazarus Geiger, Privatgelehrter", ob er nicht letzteres unbedingt vorziehen wird.

3) Zu den rügenswerthesten Unarten aber, welche sich selbst in die Sprache der Gebildeten immer mehr einschleichen, rechnet der Verfasser den Gebrauch von wie nach Comparativen. Der Grund seines Verdammungsurtheils ist geradezu komisch. „Wie", belehrt er uns, „drückt nur die Gleichheit zweier Dinge aus; es kann durchaus nicht die Verschiedenheit ausdrücken, sonst verliert es seine Bedeutung." Das ist gerade so logisch, als wenn er sagte: „Ob drückt immer den Zweifel aus, es kann nie die Behauptung ausdrücken, sonst verliert es seine Bedeutung", was der Berliner sofort mit seinem „Na, ob" widerlegen würde. Und wenn wir dies Herbeiziehen ursprünglicher Bedeutung gelten ließen, was bedeutete dann als? Doch wohl soviel wie also, gerade so. (Er starb als Held. Sie läuft den Weg gleich als ein Held. Gellert.) Was wäre nun richtiger: Er ist größer als du = größer gerade so du oder größer wie du = größer im Vergleich zu dir? — Gewiß hat jeden Schreibenden das Zusammentreffen von zwei als nach dem Comparativ schon gestört und da ist es denn sehr erlaubt, zu der in dieser Verbindung weniger gebräuchlichen Conjunction zurückzugreifen. Oder glaubt der Verfasser, Klopstock habe sich in seiner unvergleichlichen Ode „Die Frühlingsfeier" in den Worten:

Mehr wie die Erden, die quollen,
Mehr wie die Siebengestirne, die aus Strahlen zusammenströmten —
einen grammatischen Schnitzer zu Schulden kommen lassen?

Olibrius.

Grammatische Novelle in Callot's Manier.

1.

Es war ein heißer Sommernachmittag. Wir hatten gerade Geschichtsunterricht beim sel. Professor Olibrius.

Ein curioser Mann, dieser Professor. Wer ihn nicht kannte, dem fiel an seiner ganzen Erscheinung nichts weiter auf als seine außergewöhnlich dicke, rothe Nase. In der Klasse pflegte er auf dieses Nasenungethüm öfters mit großer Zierlichkeit den ausgestreckten Zeigefinger zu legen, ihn nachdenklich einige Minuten darauf ruhen zu lassen, worauf dann, wenn die Nase wieder frei wurde, inmitten des brennenden Roth ein weißer Strich erschien, an welchem wir Schüler mit großer Aufmerksamkeit das allmählich in sanften Abtönungen wiedererscheinende Farbenspiel zu studiren pflegten. Außer dieser ihm von der Natur verliehenen Auszeichnung war noch gar Vieles merkwürdig an dem Manne.

Kein anderer Lehrer genoß einen so großen, mit einer Art von Ehrfurcht gemischten Respekt bei seinen Schülern und doch fühlten die begabteren inmitten dieser Verehrung häufig einen unwiderstehlichen Kitzel zu einem sacrilegen Lachen. Der Mann wußte einen Nimbus um seine Person zu verbreiten, der ihn zu einer Art von pädagogischen Dalai-Lama stempelte. Bei seinem Eintritt in die Klasse mußte die ganze Schülerschaar sich erheben und so lange stehen bleiben, bis er, nachdem er Hut und Mantel versorgt, sich herüberwandte und mit schnarrender Stimme das sacramentale „Niedergesessen!“ verkündigt hatte. Wehe dem, der es gewagt hätte, sich früher auf sein Subsellium niederzulassen: eine scharfe Strafpredigt war ihm gewiß. Alsdann pflegte der Herr Professor etwa zehn Minuten vor der Schülerschaar auf und ab zu wandeln, wobei die feierliche Stille nur durch das laute Knarren seiner Stiefeln unterbrochen wurde; dem Anschein nach war er in tiefe Meditationen versunken, denn machmal erhob er sein Angesicht mit bedeutendem Blicke der Decke zu, manchmal nickte er beifällig oder wiegte in zweifelnder Wellenlinie wohlgefällig das Haupt. Wir Schüler saßen dann in stummer Andacht und lauschten den knarrenden Stiefeln und sangen innerlich den Soldatenchor aus „Fidelio“: Wie wichtig, wie wichtig, wie wichtig muß das sein! War nun dieses peripatetische Vorspiel zu Ende und der letzte Knarr verhallt, so pflanzte er sich schweigend und mit tief ernster Miene vor irgend einem Schüler auf und deutete, ohne ein Wort zu reden, durch eine significative Handbewegung, die an Rundung mit dem Elephantenrüssel wetteiferte, diesem an, daß er seine Lection herzusagen habe. War dieser damit fertig, so deutete er ebenso schweigend einem zweiten, dritten an, daß sie fortfahren sollten, und erst nachdem dies Alles zu seiner Zufriedenheit ausgefallen, entschloß er sich, sein mysteriöses Schweigen zu brechen und uns in geheimnißvoll flüsterndem Orakelton „Andeutungen, Fingerzeige und Hinweisungen“ zu geben, die von pragmatischer Weisheit überströmten und unsern Professor als die vierte Norne im Mittelpunkt der Weltgeschichte erscheinen ließ. Verwegene Rangen wollten zwar behaupten, daß er alle seine Weisheit aus Rotteck's Geschichtsbuch schöpfe, das er bis auf die Einzelphrase des Morgens in sauerem Schweiße auswendig lerne, aber die frommen Gemüther der Mehrzahl wandten sich mit Abscheu von diesen pietätlosen Insinuationen ab. Dabei war der Mann mit allen hervorragenden Persönlichkeiten liirt und seine Geschichtsdarstellung verknüpfte und verwob fortwährend eigene Erlebnisse mit den markantesten weltgeschichtlichen Ereignissen. Napoleon hatte ihm bei einer Revue auf die Schulter geklopft und gesagt: „Ich kenne Sie, Professor!“ „Das war ein Mann, der wußte das Verdienst auch in dem unscheinbaren Professorfrack herauszufinden.“ Castlereagh, Guizot, Capodistria und Andere erwähnte er nie, ohne sie durch die Bezeichnung „mein Freund“ zu ehren. Einem seiner früheren Schüler, der ihn im Jahre 1848, gleich nach dem Sturze Louis Philippe's, besuchte, machte er die vertrauliche Mittheilung, daß er dies Alles vorhergesehen und schon früher an Guizot geschrieben habe: „Quant à votre politique en Espagne, je ne m'y entends pas, je n'y comprends rien.“ Es soll ihm auch einmal begegnet sein, daß er bei Erwähnung zweier mittelalterlichen Schriftsteller in der Klasse sagte: „Moschopulus und Kantakuzenos, beide meine sehr vertrauten Freunde — wollt' ich sagen, mir sehr bekannt durch meine Lectüre.“

Bei sothanem häufigen Verkehr mit den vornehmsten Kreisen war der Herr Professor natürlich der Spiegel eines vollendeten Gentleman und als solchen stellte er sich uns nicht selten vor, wobei denn in den zarten Seelen der Jugend sich das Bild des vollkommenen Menschen als mit apfelgrünem Frack und gelben Beinkleidern ausgestattet tief einprägte. Auch an letztere knüpfte sich eine Erinnerung. Bei einer Philologenversammlung in einem kleinen Landstädtchen klingelte er des Morgens der Hausmagd und befahl ihr: „Bringe Sie mir meine Beinkleider!“ Verdutzt schaute diese drein, als hätte er ihr aufgetragen, den Mond herunterzuholen. „Meine Beinkleider!“ wiederholte immer dringender der ungeduldige Professor und konnte keine andere Antwort herausbringen, als das stereotype: „Was wolle Se?“ bis endlich, durch den Lärm erweckt, ein College herbeieilte und für die nun im wahren Sinne des Worts Inexpressibles die populäre Bezeichnung Hosen anwendend den Unverstand und die Unwissenheit der Magd erleuchtete. Daß ein solcher Mann auch bei uns auf Feinheit des Benehmens, Eleganz in den Umgangsformen und eine durchaus correcte äußere Erscheinung hielt, ist selbstredend. Seiner Gnade konnte nur der versichert sein, der mit der tadellosen Halsbinde den ehrfurchtsvollen Gruß vereinigte. Oft machte er die Bemerkung, daß aus Goethe's Hand — und auch aus seiner — niemals ein Brief hervorgegangen sei, der nicht in Bezug auf Stilisirung, Schrift und Zusammenfaltung Goethe's (und auch

Olibrius') vollkommen würdig gewesen. Mit diesem Façonniren und Herausbilden zu weltmännischer Eleganz gelang es ihm aber nur bei wenigen: das störrig trotzige Wesen, die natürliche Wildheit und Ungebundenheit des Knabenalters widerstrebte all diesen Cultur- und Veredlungsversuchen; nur wenige Auserwählte — seine Lieblinge — gingen in der Anbetung so weit, seinen Weisungen zu folgen und ihn in Geberde, Mienenspiel, Stimme und Vortrag nachzuahmen – eine große Selbstverleugnung, denn sie fühlten, daß sie dadurch bei ihren Mitschülern den Fluch der Lächerlichkeit auf sich luden.

Es war also ein heißer Nachmittag und wir hatten bei dem bewußten Herrn Olibrius Geschichtsstunde. Er war gerade in dem tiefsinnigsten pragmatischen Vortrag begriffen, wie etwa die Weltgeschichte sich gestaltet hätte, wenn Karl XII. bei Pultawa gesiegt hätte, aber draußen vom Gymnasialhofe donnerten die Hämmer der Küfer auf die Fässer und zerstörten durch ihren Lärm die tiefe weisheitsvolle Belehtung und vernichteten auch ein gutes Theil der geheimnißvollen Wirkung der wohlstudirten eleganten Attituden. „Gehe hin", sagte er zu mir, „zum Herrn Director und vermelde, daß ich durch diesen Lärm verhindert werde, meinen Unterricht fortzusetzen." Ich eilte hinauf in das Zimmer des Directors und begann meinem Auftrag gemäß: „Eine Empfehlung von Herrn Professor Olibrius und die Küfer würden einen solchen Lärm machen —" Ich konnte nicht fortfahren, ich stand wie angewurzelt und mit Glutröthe übergossen, ein Gefühl tiefer Beschämung ergriff mich, ich fühlte deutlich, der Geist des Olibrius hatte mich erfaßt, und indem ich hatte elegant und gewählt reden wollen, hatte ich mir die größte Plattheit und Geschmacklosigkeit zu Schulden kommen lassen, ich hatte gesprochen wie eine verzwickte Dienstmagd oder weißwestiger Handwerksbursche, wenn sie sich auf den gebildeten Ton aufspielen, mit einem Wort, ich hatte mich unendlich lächerlich gemacht. Der Director, der den Grund meiner Beschämung nicht wußte, hielt mein Verstummen für Befangenheit und entließ mich mit einigen freundlichen Worten. Ich habe aber den Tag und die Stunde nicht vergessen können und sie waren mir einestheils heilsam, denn so oft sich eine Geziertheit, eine Affectation oder das Streben, mehr zu scheinen, als ich war, bei mir einstellte, rief es aus meinem Innern: Olibrius! und gleich war ich wieder der einfache und natürliche Mensch.

Aber auch von tragischen Folgen für mein ganzes Leben sollte jener Tag und jene Stunde begleitet sein!

2.

Denn jener ominöse Conditional, er wollte mir nicht wieder aus der Seele weichen. Es war eben der Fluch der bösen That und der Geist Olibrii, welche mein Gewissen belasteten. War ich auf dem Lande in fröhlicher Gesellschaft und unterhielt ich mich mit biederen Landleuten oder schmucken Bauermädchen, so genügte es, daß ein lumpiger Schneidergeselle herantrat, mit mir auf Hochdeutsch conversirte und den bewußten Schnitzer machte — der Conditional hatte meine Laune verdorben und ich konnte den ganzen Abend stumm und theilnahmlos dasitzen. Saß ich im Concerte und erbaute mich an den herrlichen Klängen einer Beethoven'schen Symphonie, eilte die Seele auf Schwingen der Phantasie den Sternenchören zu — da horch, was sagte jene ätherische Miß mit den schwarzen Schmachtlocken: „Ich glaubte, das Stück würde von Meyerbeer sein" — Olibrius, Olibrius! Fort waren Musik und Sphärenklänge und wie ein Verbrecher schlich ich mich aus dem Saale fort. Einmal war ich, den Bitten meiner Freunde nachgebend, zu einem Ball gekommen; das Tanzen ist mir sonst zuwider, aber ich machte die Bekanntschaft eines himmlisch schönen Mädchens mit blauen Augen und junonischem Wuchs, begeistert schwang ich mich mit ihr in feurigem Tanze und mit strahlender Miene führte ich sie zurück zu ihrem Sitze, da sagte die sie erwartende Mama mit zärtlich verweisendem Ton: „Emma, ich glaubte schon, du würdest verloren sein" — siehe, die herrliche Engelsgestalt schrumpft zusammen, die üppigen blonden Locken verwandeln sich in spärlich schwarze Haarbüschel, die eine ungeheuere Glatze einrahmen, ihr fein geschwungenes Näschen schwillt an, wird zu einem glühendrothen Polypen — er ist's, es ist der böse Geist, der wie die Erinnys mich verfolgt und mir die schönsten Stunden meines Lebens mit gährendem Drachengift vergällt! Damals hielt ich ihm übrigens mit dem Muthe der Verzweiflung Stand, ich ließ mich bei einigen Freunden nieder, die von dem unheimlichen Genossen, der in den Abgründen meiner Seele hauste, keine Ahnung hatten, setzte sie durch die tollsten Erzählungen, die ausgelassenste Lustigkeit in Staunen, trank eine Flasche Champagner um die andere und wankte sehr spät nach Mitternacht mit dem Gefühle, diesmal meinen Peiniger aus dem Felde geschlagen zu haben, nach Hause. Am andern Morgen weckte mich ein stechender Schmerz in der Schläfegegend, ein wüster Taumel hielt meine Sinne noch befangen, ich rieb mir die Augen, an meinem Bette stand eine unheimliche Gestalt, ein ungeheuerer Glühwurm leuchtete aus ihrem Gesichte grausig auf mich herab, mit Wichsbürste und Ausklopfstock bewaffnet steht da — Entsetzen! es ist Olibrius, und mit grinsendem Lächeln flüstert er mir in seiner feierlichen Weise zu: „Herr Doctor, ich glaubte, Sie würden noch schlafen!"

Jener Tag war für mich ein entscheidender. Ich hielt eine ernste Einkehr in mein eigenes Inneres. Unglücklicher, sagte ich zu mir, du hast gefehlt, schwer gefehlt, aber dieses Leben ist fortan unerträglich. Was du aus menschlicher Schwäche verbrochen, dafür muß es eine Sühne geben, aufrichtige Reue kann durch gute Werke große Schuld abbüßen. Fortan sei dein ganzes Sinnen und Trachten darauf gerichtet, dich von diesem widerlichen Gesellen zu befreien. Ein Klausner, ein Büßer kannst du in unsern Tagen nicht werden, auch fehlen dir die Mittel, dir eine Einsiedelei zu kaufen: aber ein Missionär, ein todesmuthiger Vorfechter der reinen, unschuldigen Sprachform gegen jenen widerlichen, dicknasigen, aufgeschwemmten Conditional, das kannst du werden, und wenn du dann am Abend deines Lebens zurückblickst auf ein wohlthätiges Wirken, das du dem guten Sprachgenius gewidmet, dann darfst du auch auf endliche Verzeihung und Versöhnung hoffen. Gestärkt und ermuthigt erhob ich mich und begann meine Pilgerfahrt mit dem festen Vorsatze, nicht eher wieder in meine Heimat zurückzukehren, bis ich mein Vorhaben vollendet.

Ein wunderbar schöner heller Herbstmorgen war angebrochen, der bleiche Mond stand noch am dunkelblauen Himmel, während ein feuerrother Ball, die Sonne, am Horizont emporstieg. In metallischem Glanze blinkten die vom Winde bewegten Blätter an den obstbeladenen Zweigen. Ich fühlte mich so wohl, so neugestärkt theils durch die erfrischende, kräftige Herbstluft, theils durch die belebende Kraft, die aus dem festen und guten Vorsatze meine Seele durchströmte. Stundenlang war ich so rüstig vorangeschritten, da schaute aus Gebüschen hervor ein schönes kerngesundes Schulhaus und die frischen Stimmen der Knaben tönten so hell zu mir herüber, daß ihr Gesang in meiner Seele widerhallte. Da ist eine Gelegenheit, deine Mission zu beginnen, sagte ich, und entschlossen wandte ich meine Schritte der Schule zu. Der Lehrer, ein freundlicher weißlockiger Mann, kam mir entgegen; ich stellte mich ihm als einen Collegen vor und bat ihn angelegentlichst um die Erlaubniß, seinem Unterricht beiwohnen zu dürfen, was er aufs liebreichste gewährte.

Es währte nicht lange, da fand sich in der Schule ein Anlaß, mein Gelübde zum ersten Mal zu erfüllen. Unter den naturgeschichtlichen Sätzen, die der gute Lehrer die Kinder sagen ließ, kam auch folgender vor: „Wenn die Luft nicht dasein würde, so könnten wir am Tage die Sterne sehen.“ Diese Behauptung stellte ein helläugiger, bausbäckiger Knabe von etwa zehn Jahren auf. „Halt, mein Lieber“, fiel ich ein, „wie heißt du?“ „Hans“, war die fröhliche Antwort. „Nun, mein lieber Hans, sag' mir einmal, kannst du ein paar schöne Lieder singen?“ — „O ja, ich kann: Auf Bergen da wehen, und: Spannelanger Hansel, nudeldicke Dirn, und auch: O wie wär's möglich dann!“ — „Ei, das ist ja schön. Nun, so sag' mir einmal die vier letzten Zeilen von dem letztgenannten Liede.“ Der Knabe sah mich mit seinen klugen Augen fragend an, besann sich eine kurze Weile, dann begann er: „So mich ein Jäger schoß — Fiel' ich in deinen Schooß. Blickst du mich traurig an, Gern stürb' ich dann. — „Schön; nun aber sag' mir, lieber Hans, verstehst du auch, was er meint?“ — „O ja, ich meine, wie neulich, da hat die Katze unsern Distelfinken in den Klauen gehabt, da kam das arme Thier noch zu mir geflogen und sah mich so wehmüthig an, als wollte es mir seine Noth klagen, und starb dann in meinen Händen. Ich habe den ganzen Tag geweint und mich gar nicht wollen trösten lassen." — „Das ist lieb und gut von dir, Hans. Nun sag' mir aber einmal; ich will Dir die Verse ein wenig verändern, Prosa heißt man's. Gib aber schön Acht, ob's dir noch gerade so gut gefällt. Also: Wenn mich ein Jäger schießen würde, fiele ich herab in deinen Schooß." — „Das ist nicht so schön", meinte Hans. „Warum denn nicht ein? Denk mal ein bischen drüber nach." Hans besann sich. „Ja, ich mein', ich meine" – „Was denn?" — „Erst muß er ihn doch geschossen haben und dann kann er erst fallen!" — „Brav, mein Junge. Und nun wollte ich, du sagtest mir den Satz — von der Luft und den Sternen, weißt? — nochmals vor." — „Wenn die Luft nicht da wäre, so würden wir die Sterne bei Tage sehen, d e n meinen Sie?" — „Den meine ich, mein lieber Sohn." Und mit herzlichem Abschied von den Kindern und dem guten Lehrer verließ ich die Schule.

3.

Auf meiner Wanderung kam ich auch nach Neustadt. Neustadt ist ein freundliches Landstädtchen, rings von malerischen Punkten umgeben, die Bewohner sind ein reges, fleißiges Völkchen mit natürlichem Verstand und rascher Auffassungsgabe. Schade nur, daß sie ein wenig zu sehr davon überzeugt sind, wenn anders die Anekdote wahr ist, die man von ihnen erzählt. Es war in den unruhigen Tagen des Sturmjahres 1848. Die Wogen der Revolution waren auch in das sonst so friedliche Städtchen gelangt und hatten die Gemüther der Neustädter in arge Aufregung versetzt. Bürgerversammlungen, Volksbewaffnung, Trommelwirbel, Proclamationen, Zeitungslectüre wechselten in unruhiger Folge mit einander ab. Auch die socialistischen Fragen und die große Gleichmacherei begannen schon in die politische Bewegung mit herein zu spielen. So verkündete denn eines Tages der dichtbewaldete Mund eines Volkstribunen von der Rednerbühne herab, daß auch die Privilegien und Vorzüge der Natur aufhören müßten, Geltung zu haben. Darum schlage er vor, daß der Gescheidteste in der Versammlung am andern Tage auf dem Marktplatze solle guillotinirt werden. Wie durch einen Zauberschlag war augenblicklich der ganze Saal geleert: jeder Neustädter hatte sich für den Auserwählten gehalten.

Hier war es also, wo ich eines Abends von der Wanderung ermüdet in einem Gasthause einkehrte. Ich hatte Ursache, mit meinem Tagewerke zufrieden zu sein. Fünf Schulen hatte ich besucht und mit sanften, wohlwollenden Worten die Jugend vor jenem häßlichen Conditional gewarnt, so den edlen Samen der reinen Sprache in den hoffnungsreichen Boden der Zukunft ausstreuend. Meine Seele war ruhiger geworden und nur wie aus weiter Ferne erblickte ich durch den Schleier einer Nebelhülle den apfelgrünen Frack und die gelben Beinkleider. Ich bestellte mir eine Flasche Hardtwein und setzte mich still in eine Ecke, in der Absicht, bald mein Lager aufzusuchen.

„Sie scheinen heute schon einen weiten Weg gemacht zu haben?" fragte ein junger Mann mit rothen Haaren, aschfarbenen Augen, die mit einer goldenen Brille bewaffnet waren, hoher, steiler Stirne, auf welcher eine mächtige Warze thronte. „Geschäftsreisender, he?" „Das gerade nicht, wofern Sie unter Geschäft nicht etwa das Bemühen, einen höheren Zweck zu erreichen, das eifrige Streben, mit seinen schwachen Kräften der Menschheit zu dienen, verstehen."

„Sie sind doch keiner von der Muckerbande? Das sag' ich Ihnen, da kommen Sie bei uns Neustädtern übel an. Hier bei uns herrscht Aufklärung, Volksbildung. Da ist es eben so unmöglich, einem kleinen Kinde Geister- oder Gespensterglauben beizubringen, als die Erwachsenen mit Ihren Alfanzereien zu molestiren. Bei uns wächst das Kind schon an der Mutterbrust zum freien Staatsbürger, zum vorurtheilsfreien Denker heran!"

„Und doch ist es mit dem Geisterreiche eine eigenthümliche Sache," wagte ich einzuwerfen. „Wem sind in seinem Leben nicht schon Dinge begegnet, die außerhalb des Zusammenhangs der uns bekannten Naturgesetze zu stehen scheinen?"

„G e i s t e r r e i c h, ha, ha, ha! Ich sage Ihnen, ich, Napoleon Franz Bretschneider, erster Professor an der obersten vereinigten Real- und Gymnasialklasse, bin schon einunddreißig Jahre alt geworden und habe noch niemals etwas von einem Geiste verspürt."

„Dann wünsche ich Ihnen, daß Sie auch bis an Ihr Lebensende von dieser Erfahrung verschont bleiben mögen", sagte ich kleinlaut, denn der Apfelgrüne trat aus der Nebelhülle und strahlte in hellerem Glanze. „Uebrigens bin ich dem Zufalle dankbar, der mir heute Abend einen Bildner der Jugend und thätigen Förderer des Menschengeistes zugeführt hat."

„Ihren Reden merkt man so recht den verdummenden Einfluß der alten Schule an. M e n s c h e n g e i s t! Ich sagte Ihnen ja schon, daß wir an keinen Geist glauben. Lesen Sie doch nur Moleschott, ganz zu geschweigen von Karl Vogt und L. Büchner. Irritabilität der Materie, zufällige Combinationen des Stoffes, Erregung der Nervenfaser, das ist das ganze Geheimniß! Mit dieser gesunden und kräftigen Kost ernähren wir unsere Jugend. Ohne Phosphor kein Gedanke. Das Denken ist eine Absonderung des Gehirns, wie —"

„Aber ich bitte Sie, mein verehrter Herr Professor, ich begreife nicht recht, wie bei solcher Grundlage der Jugenderziehung die idealen Ziele des Menschenlebens nicht ganz und gar verschwinden müssen. Sie geben ja den Kindern statt des Brodes einen Stein und die verderblichen Wirkungen auf den Volksgeist können nicht ausbleiben!"

„V o l k s g e i s t! Das ist auch wieder so ein Wort, bei dem man sich nichts denken kann, ein aus der mittelalterlichen Scholastik überkommener Begriff, wie Lebenskraft, Seele rc. Wann wird man endlich begreifen, daß das Volk aus einer Anzahl von Individuen besteht, die durch nationalökonomische, sociale, politische Interessen auf einander angewiesen sind! Kennen Sie nicht die schöne Fabel Schopenhauer's? Die Igel waren in einer kalten Scheune, da rückten sie zusammen, um sich warm zu halten, verletzten sich aber mit ihren Stacheln und stoben wieder auseinander. Dann froren sie wieder, näherten sich, entfernten sich, bis sie endlich nach einer Reihe von Versuchen eine Lage fanden, in der sie sich möglichst wenig stachen und doch möglichst warm hielten. Da haben Sie die einfache Erklärung von Gesellschaft, Staat, Volk."

„Ich kann mich denn doch mit dieser Schopenhauerisch patentirten Igel-Wärme-Assecuranz-Gesellschaft nicht ganz befriedigt erklären", versetzte ich etwas gereizt. „Und wenn ich Sie auch gar nicht an die wunderbaren Gebilde erinnern wollte, welche der Tiefe dieses Volksgeistes entstiegen, so hat doch jedes Culturvolk die Mission, an der großen Harmonie, die wir das Voranschreiten der Menschheit nennen, an seinem Theil mitzuwirken. Goethe nennt sie eine große Fuge, die Stimmen der Völker kommen der Reihe nach dran. So versteh' ich den Geist der Geschichte."

„Geist der Geschichte!" hohnlachte Herr Bretschneider. „Welch eine naive Zusammenstellung von Worten! Wo ist denn in der Geschichte etwas Derartiges? Ueberschauen Sie den Wechsel der Zeiten, nichts als Wirrwarr von republikanischen, monarchischen, aristokratischen Verfassungen. Ueberall herrscht der Starke, die Gewalt, überall wird der Schwache zertreten; kleine Launen, thörichte Intriguen, Weiberthränen, das sind die Factoren, aus welchen sich die Geschichte aufbaut, nach welchen die Geschicke der Völker entschieden werden. Wenn diese ja einmal zu selbstständigem Thun sich aufrafften, so geschah es nur, wenn sie vom Hunger geplagt wurden. Woher stammen die Kreuzzüge, diese von Narren gepredigten, von Narren ausgeführten, von Narren gepriesenen Thaten der Begeisterung? Aus der furchtbaren Hungersnoth, die damals in Europa herrschte. Was veranlaßte die glorreiche Revolution von 1789, deren welthistorische Nothwendigkeit Sie mir mit hundert philosophischen Argumenten aus dem Geist der Geschichte herleiten werden? Der Hunger, nichts als der Hunger. Wo bliebe Ihre schöne Philosophie, wenn die Menschen keinen Magen hätten? Gestern erst habe ich dieses Thema zu einem Auffatze ausarbeiten lassen, der bei der Preisvertheilung vorgetragen wird. Und wenn Sie unsere Jungen hören würden —"

„Ist gar nicht nöthig", rief ich erbost, denn der Geist Olibrius begann in meinem Innern zu wühlen. „Herr, Sie versündigen sich gegen den Geist der Sprache!“

„Geist der Sprache, mir das!“ schrie der Professor und sein erdfahles Gesicht begann sich bis auf die Stirnhaut mit Roth zu überziehen. „Soll ich Ihnen sagen, daß ich fünf todte und alle lebenden Cultursprachen inne habe? Meine vergleichenden Studien über den Zusammenhang des Phönizischen mit dem Walisischen haben gerechtes Aufsehen in der Gelehrtenwelt erregt. Und so ein Stümper, ein Ignorant —“

„Unwissender Sie selbst“ rief ich, nun fest entschlossen, den Streit durchzufechten. „Oder was nützt Ihnen all Ihre Gelehrsamkeit, wenn Sie nicht einmal einen lumpigen Conditional richtig gebrauchen können!“

„Und ich sage Ihnen“, schrie der junge Gelehrte und schlug dabei auf den Tisch, daß die Gläser klirrten, „was Sie den Geist der Sprache nennen, ist ein Unding, ein subtil-metaphysischer Unsinn! Kein Gelehrter schert sich darum. Wir sind es, die die Sprache machen, wir, und das gewöhnliche, unwissende Volk hat sich nach unserem Vorbilde zu richten. Das Corpus grammaticorum, das Dictionnaire de l'Académie, das Wörterbuch della Crusca, wer hat sie verfaßt, die unverbrüchlichen Rathgeber, als wir Gelehrte? Geist der Sprache! eine Auffassung, würdig der indianischen Rothhäute, die, weil sie den Mechanismus einer Uhr nicht verstehen, ihr sofort einen Geist zuschreiben.“

„Nun denn, selbst wenn ich Ihre Argumente gelten lassen und zugeben wollte, daß der Geist der Gelehrten mit Zopf und Perrücke an die Stelle des lebendigen Sprachgeistes getreten wäre, bitte, sagen Sie mir einmal, durch welche Gründe sich die Gelehrten bestimmen lassen, gerade so und nicht anders zu reden? Oder folgen Sie darin nur den augenblicklichen Eingebungen ihrer Laune?“

„Da sieht man wieder, wie einseitig und verkehrt der Mensch wird ohne eine gründliche Vorbildung. Sprachvergleichung, Herr, davon haben Sie wohl niemals etwas gehört, he?“

„Doch wohl, mein werthester Herr Bretschneider. Wenn ich Ihnen aber sagen soll, was die lebendige Frucht dieser Studien ist, so muß ich um so mehr bedauern, daß Sie mir keine Ahnung davon zu haben scheinen. Es ist mir herzlich leid, dem Inhaber aller lebenden Cultursprachen sagen zu müssen, daß kein Franzose — und wie mitleidig pflegen wir nicht auf dieses Volk herabzusehen — kein Engländer, kein Italiener es wagen dürfte, öffentlich eine solche Sprachsünde sich zu Schulden kommen zu lassen, ohne sofort als ein Ungebildeter oder Ausländer erkannt zu werden. Wissen Sie, Herr Professor, der Sie mit all Ihrer Gelehrsamkeit die feinen Bezeichnungen unserer Muttersprache nicht kennen oder großthuerisch darauf herabschauen, daß ich einmal bei einer Eisenbahnfahrt in Frankreich mich mit einem Herrn unterhielt, der den feinen Franzosen spielte, und daß die einzige Phrase s'il viendrait die Dabeisitzenden veranlaßte, mit leichtem Achselzucken die spöttische Bemerkung „Alsacien" hinzuwerfen. Da Sie im Alterthum so gründlich zu Hause sind, wissen Sie wohl auch, daß auf der athenischen Bühne einst ein Schauspieler ausgezischt und verhöhnt wurde, weil er einen einfachen Apostroph in seinem Vortrag nicht andeutete. Was glauben Sie wohl, würden die Athener zu einem Manne gesagt haben, der ihre Sprache in einer Weise, wie Sie es thun, verunstaltet hätte? Glauben Sie, daß sie ihm die Erziehung ihrer Jugend anvertraut oder ihn auch nur irgend einer liberalen Beschäftigung würdig erachtet hätten? In der Tretmühle, in den Bergwerken oder auf der Ochsenweide wäre sein Platz gewesen. Und somit habe ich die Ehre, mich Ihnen zu empfehlen, es ganz Ihrem Ermessen anheimstellend, ob Sie meine harmlosen Bemerkungen nicht etwa bei einer zweiten Auflage Ihrer phönizisch-celtischen Sprachstudien verwerthen wollen."

Mit diesen Worten verließ ich das Zimmer und suchte mein Lager auf. Ich verbrachte die Nacht in süßem Schlummer, denn der Geist Olibrius wagte es nicht, meine Träume zu beunruhigen.

4.

In den Gymnasien und höheren Lehranstalten war wenig auszurichten. Diese zuerst in Neustadt gemachte Erfahrung fand ich auf meiner Reise durch Deutschland vielfach bestätigt. Die frische, naive

Unbefangenheit der Kinder und meist auch der Lehrer in den Volksschulen hatten mich anfänglich so sehr ermuthigt und mir meine Aufgabe als eine viel leichtere erscheinen lassen: hier aber begegnete ich gelehrtem Dünkel, verschrobenen Ansichten, pedantischem Zunftzopf, leider gar häufig auch schulmeisterlicher Eitelkeit. Nur in den seltensten Fällen gelang es mir durchzudringen und junge, empfängliche Gemüther für meine Auffassung zu begeistern. Der eine bewies mir nach Hegel's: „Was ist, ist vernünftig", daß solche Ausdrucksweisen, wenn einmal vorhanden, auf dem immanenten Urgrund der Dinge beruhen müßten; ein anderer führte die Entstehung derselben auf im Indogermanischen vorgebildete Flexionsformen zurück; ein dritter sagte, da sei nichts zu thun, der deutsche Individualismus gestatte weder eine Aenderung der einmal eingebürgerten Orthographie, noch sonstiger nationalen Eigenthümlichkeiten, und unter diese müsse er auch den in unseren Tagen immer mehr überhandnehmenden Gebrauch dieses Conditionals rechnen. „Sehen Sie", sagte er, „es ist ein löbliches und anerkennenswerthes Gefühl, welches Sie leitet, aber ich stehe durchaus auf dem historischen Boden, den man nie ohne die größte Gefahr verlassen kann. Wohin hat es die romanischen Völker geführt, daß sie mit ihrer ganzen Vergangenheit gebrochen, die alten Formen zerstört und nur das Vernünftige bestehen lassen wollten? Glauben Sie mir, die großen Niederlagen Frankreichs sind eine Folge dieses Nivellirungssystems. Rühren wir ja nicht an die deutsche Eigenart, man nimmt keinen Stein daraus, ohne das ganze Gebäude zu gefährden." Wieder ein anderer meinte, der Gedanke, für die Sprachreinheit zu wirken, sei so übel nicht, verwirklichen lasse er sich aber nur durch Gründung eines Vereins, dessen Präsident, Secretär und Verwaltungsräthe zuerst zu ernennen seien und der dann in den größten Städten Deutschlands Wanderversammlungen halten und Resolutionen veröffentlichen müsse. „Dafür wär' ich;" meinte er, „sodann müßten wir die einflußreichsten Zeitungen gewinnen, Reclame hilft allein in unserer Zeit. Sehen Sie, vor etwa zwölf Jahren hatte ich einen sublimen Gedanken; ich gründete den Verein der Junggermanen, die alles Fremdländische, romanische Verwesungsprodukte perhorresciren. Ich fand etwa vier bis fünf Anhänger, zum Glück einen in Boston, einen in Odessa. Sofort ließ ich in den Zeitungen verkündigen: Unser Verein umfaßt bereits einen großen Theil der Erde und bildet geographisch ein unregelmäßiges Dreieck, dessen kleinerer Schenkel von Hamburg nach Odessa und dessen größte Dimension in der Richtung von Boston nach Hamburg liegt. Wir berechneten nach geographischen Meilen die Verbreitungszone unseres Vereins und fanden dabei die sehr merkwürdige Thatsache, daß die Basis des Dreiecks sich an Asien anlehnte, während die Spitze der neuen Welt zugekehrt sei, so den uralten Culturgang der Menschheit von dem Orient nach dem Westen symbolisch andeutend. Ueber dieses neubestätigte Gesetz schrieb eines unserer thätigsten Mitglieder eine Broschüre, die leider das letzte Lebenszeichen des Vereins war, denn die erste Wanderversammlung in Mainz war auch zugleich die letzte. Die dazwischentretenden politischen Ereignisse waren der Ausdehnung der aufblühenden Gesellschaft nicht günstig und so lösten wir uns durch eine stillschweigende Uebereinkunft wieder auf."

Meine Seelenqualen während dieser letzten Unterredung zu schildern, ist mir unmöglich. Kaum hatte der Redner mit seinen Auseinandersetzungen begonnen, da erschien schon hinter ihm der Geist Olibrii mit, wie mir schien, ganz frisch gebürstetem Apfelfrack, seine Nase strahlte wie ein Geschmeide von Rubinen, ja mir kam es vor, als ob um seine Glatze ein durchsichtiger Glorienschein schwebe. Mit sichtlichem Behagen begleitete er die Worte des aufgelösten Präsidenten mit den bekannten Geberden, bald wohlgefällig nickend, bald den Blick zum Himmel richtend, bald wieder mit tief nachdenklicher Miene den geheimnißvollen weißen Strich auf die Nase zaubernd, ja einmal schien es mir sogar, als fahre er mit der Spitze seines rothseidenen Taschentuchs mit großer Gewandtheit durch das obere Knopfloch des apfelgrünen und ließe den Blick in unbeschreiblicher Verzückung eine Weile auf dieser Stelle ruhen. — In unhöflicher Hast nahm ich Abschied von dem ehemaligen Junggermanen, ihm für seinen wohlgemeinten Rath flüchtig dankend, und durcheilte die Straßen der Stadt, mir den Schweiß von der Stirne wischend und mich den Verfolgungen meines

Schicksalsgenossen zu entziehen trachtend. Athemlos und erschöpft kam ich endlich in ein ziemlich abgelegenes Viertel der Stadt, wo unter finsteren, rauchgeschwärzten Arkaden eine gaserleuchtete Bierhalle mir entgegen blickte.

Etwas ruhiger geworden, trat ich ein und bestellte mir ein Seidel, mich ängstlich umschauend, ob ich nicht unter der Schaar der Gäste meinen Verfolger irgendwo auftauchen sähe. Als ich mich überzeugt, daß der Ort rein war und Olibrius die plebejische Gesellschaft verschmähte, gab ich meinen Betrachtungen Raum: „Bist du nicht ein Thor", sagte ich zu mir selbst, „daß du dich so ängstigst und aus der phantastisch verbrämten Hülle nicht den gesunden Kern herauszuschälen vermagst? Die Zeitungen, das ist der wahre Weg, den dir der Mann angedeutet hat, und wie Saulus hast du eine Erleuchtung gefunden, da du es am wenigsten erwartetest. Die Zeitungen, die sind die sechste Großmacht, die deinem Bestreben Nachdruck verleihen wird, die Schule der Bildung und der Aufklärung für das Volk. Nicht in dumpfen Hörsälen, nicht unter der Aegide von vertrockneten Pedanten kann die goldene Saat aufgehen, streue sie hinaus in den Boden der Oeffentlichkeit, unmittelbar in die Herzen des Volkes, sie wird tausendfältige Frucht tragen und späte Geschlechter werden die muthige That preisen und dein Andenken segnen."

Freudig erregt erhob ich mich und holte mir unter dem Haufen der daliegenden Tagesblätter eine Nummer der Augsburger Allgemeinen. „Das ist noch ein Blatt", sagte ich mit wahrer Befriedigung, „auf das wir Deutsche das Recht haben stolz zu sein. An seiner Wiege standen Deutschlands größte Geister, die Meister der Sprache. Eine Quelle für den Geschichtsforscher, eine unparteiische Hochwarte aller politischen Ereignisse, eine eifrige und sorgsame Vertretung deutscher Wissenschaft und aller Interessen der Gegenwart, ist sie in echt philologischer Weise redigirt, und wenn auch manche Artikel nur einen sehr engen Leserkreis interessiren können, so wirken sie doch durch die wahrhaft classische Form der Darstellung und die edle, reine Sprache in den weitesten Bezirken." Ich segnete mein Geschick, das mir heute in der peinvollen

Begegnung das unfehlbare Mittel, mich auf immer von meinem Quälgeist zu befreien, angedeutet hatte, und faßte den Entschluß, andern Tags in der Frühe nach Augsburg zu fahren, mich auf das Redactionsbureau zu begeben und dort meinen Plan zu entwickeln, der gewiß mit der freudigsten Theilnahme würde aufgenommen werden. In diese Gedanken versunken, blätterte ich eine Weile in der mir vorliegenden Nummer. Plötzlich fuhr ich auf, wie von der Tarantel gestochen. Ich hatte folgenden Satz gelesen: „Hätte dieses meist gebirgige Land mehr geordnete staatliche Verhältnisse, wäre es nicht seit Jahrhunderten von der erbittertsten inneren Fehde zerrissen und würden seine Einwohner eben in Folge jenes Umstands nicht die unruhigsten Menschen geworden sein, so wäre die Durchführung jener Idee jedenfalls eine leichte Sache!“ Ich stöhnte laut auf und verließ das Lokal, gefolgt von den mitleidigen Blicken der danebensitzenden Gäste, welche annehmen mußten, daß mich ein heftiger Anfall von Kolik plötzlich ergriffen hätte.

Welche Nacht ich verbrachte, das spottet jeder Beschreibung.

5.

„Vámbéry! Vampyr solltest du heißen, unseliger Artikelschreiber, der du das gesunde Blut unserer Sprache mit gierigem Behagen aussaugest und diese in einen bleichen, blutlosen Schemen verwandelst!“

Das war mein Morgengruß, nach den fürchterlichen Qualen der ruhelos verbrachten Nacht. Aber mein Entschluß stand fest, ich packte sofort meine Effecten und reiste noch am nämlichen Tage nach dem inzwischen erkundeten Wohnorte jenes Herrn.

Kaum dort angelangt, ließ ich mich durch einen Lohndiener vor das Haus geleiten und eilte die Treppe hinauf, von gerechtem Zorn erfüllt und fest entschlossen, diesmal durch einen Eclat den Gegner einzuschüchtern und mich von meinen Leiden zu befreien. Unsanft klopfte ich an. Einige unverständliche Laute ertönten und ich trat ein. Auf einer Ottomane ausgestreckt lag eine lange Gestalt in vielverschnürtem Rock, mit unbändig engen Hosen, hohen Stiefeln, den Tschibuk rauchend. Vor ihm stand ein Tisch mit den Resten einer üppigen Mahlzeit und einer halbgeleerten Flasche Champagner.

„Habe ich die Ehre, den Herrn Vámbéry zu sprechen?" fragte ich in scharfem Tone und bemühte mich, mein Gesicht in die strengsten Falten zu legen.

Statt aller Antwort rückte der Angeredete das Polster seines Ruhebettes zurecht, rülpste zweimal vernehmlich*) und sagte nichts als Jòl lakttam.**)

Etwas betreten durch diese eigenthümliche Erwiderung meines Grußes, begann ich: „Mein Herr, ich komme zu Ihnen in einer sehr ernsten Angelegenheit. Die Wichtigkeit meines Vorhabens mag die Zudringlichkeit entschuldigen, mit welcher ich unangemeldet bei Ihnen vorspreche, und zugleich meine Bitte rechtfertigen, mir auf eine Viertelstunde ein aufmerksames Gehör schenken zu wollen."

„Nem értem!***)" antwortete Herr Vámbéry.

„Mein Herr! Als vielgelesenem Publicisten können Ihnen unmöglich die ernsten Pflichten und die große Verantwortlichkeit entgangen sein, welche bei der außerordentlichen Verbreitung der Erzeugnisse der Tagespresse auf einem Jeden ruhen, der sich diese Einwirkung auf die öffentliche Meinung als eigentliche Berufsthätigkeit erwählt hat. Gestatten Sie mir, Sie auf eine dieser Pflichten, vielleicht nicht die geringste, aufmerksam zu machen. Es ist die Reinheit der Sprache, jenes Organs, welches als das Gemeingut Aller zu betrachten ist und welches demnach in seiner edlen Einfalt und reichen Mannichfaltigkeit zu erhalten als ein allgemeines Interesse angesehen werden muß."

---

*) Rülpsen gilt bei den Orientalen immer als lauttönender Beweis des Sattseins und wird für ein gefälliges Zeugniß der reichlich genossenen Gastfreundschaft angesehen.

Herm. Vámbéry. Allgem. Zeitung 1873, Nr. 231.

Bei den Ungarn auch.

**) Ich habe gut gespeist.

***) Ich verstehe nicht.

„Bolondság*)“, war die Antwort.

„Ueber diesen Gesichtspunkt also mit Ihnen einig, fühle ich die unangenehme Verpflichtung, Ihnen bemerken zu müssen, daß Sie diese schwere Verantwortung viel zu leicht nehmen. Haben Sie schon in Erwägung gezogen, daß die Erzeugnisse Ihrer augenblicklichen Eingebung die Runde machen durch die weite Welt, daß sie, hinausgetragen auf den Flügeln des Dampfes, im fernen Westen wie im wunderreichen Orient, überall, wo Deutsche wohnen, mit Begierde gelesen werden und die innigen Bande mit der trauten Heimat durch das Köstlichste, was eine Nation ihr eigen nennt, die Sprache, zu erhalten und fester zu schlingen berufen sind? Wie traurig, wenn nun diese Sprache ihrer eigensten Zier und Schönheit beraubt, hinkfüßig und schielend gehandhabt wird; wenn das böse Beispiel von denen ausgeht, die als Autoritäten gelten und die Schwächeren nach sich ziehen. O, mein Herr, bedenken Sie die namenlosen Folgen, die eine Verletzung des reinen und schlichten Sprachgebrauchs nach sich ziehen muß. Sehen Sie diesen Satz (hier entfaltete ich das Exemplar der Allgemeinen), der Ihrer Feder entflossen ist, überlegen Sie einmal, wenn von den zahlreichen deutschen Schriftstellern jeder auch nur ein gesundes Glied des Sprachbaues in dieser Weise verletzen wollte, wie jammervoll verstümmelt der herrliche Leib unserer Sprache bald sein müßte, unkenntlich ihren Kindern, ein Spott des Auslandes und ein Schimpf für die Enkel jener, die einst mit ihrer edelsten Kraft zu ihrer Verherrlichung beigetragen!“

„Bajmocz**)“, entströmte Herrn Vámbéry's Lippen.

„Ihr großer Landsmann, Graf Széchenyi, hat das hochherzige Beispiel gegeben, indem er einen beträchtlichen Theil seines Vermögens zur Begründung einer Akademie für Ausbildung und Reinerhaltung der ungarischen Sprache weihte, und mit lebhaftester Begeisterung folgte der ungarische Adel diesem Beispiel, jeder nach seinen Kräften beisteuernd, sodaß

*) Unsinn.

**) Schulmeister, Pedant.

in ein paar Stunden das Unternehmen gesichert war. Und was ist die ungarische Sprache im Vergleich zu der deutschen? Ja, vergessen Sie nie", rief ich mit steigender Wärme, „daß diese Sprache ein Schatz ist, köstlicher als Gold und Kleinodien, an welchem die ganze Vorzeit gespart und gearbeitet hat, unschätzbar das Eine durch das alterthümliche Gepräge, das Andere durch den Geistesstempel der göttlichen Meister. Wer Ihnen die Ducaten aus der Kasse stiehlt, der ist ein Dieb und verfällt der Verachtung der Menschen. Einen weit größeren Raub begeht derjenige an dem edelsten und höchsten Besitze der Nation, der ihrer Sprache eine jener mannichfaltigen Formen entzieht, durch welche sie so wunderbar befähigt wird, sich als Ausdruck um den Gedanken innig anzuschmiegen und dessen feinste Nuancen und Schattirungen auszumalen. O, mein Herr, ich nehme Ihnen hiermit das feierliche Versprechen ab, daß Sie meinen Worten Gehör schenken und nach Ihren Kräften für die deutsche Sprache jene Rücksichten beobachten werden, die Graf Széchenyi für Ihre Muttersprache in Anspruch genommen hat."

„Az ördög bujon beled!"*) sagte Herr Vámbéry etwas ungeduldig. Des Ungarischen unkundig, hielt ich diese Worte für eine Einwilligung und näherte mich ihm mit ausgestreckter Rechten, um das Versprechen durch einen Handschlag zu bekräftigen. Er aber erhob sich plötzlich in seiner ganzen Länge, eilte nach seinem Pulte, kramte unter einem Wust von Papieren, nahm endlich ein Zeitungsblatt hervor, auf welches er einen flüchtigen Blick that; dann überreichte er mir dasselbe mit einem ungemein spöttischen Lächeln, indem er gleichzeitig mit scheinbar unterwürfiger Verneigung, die Hand auf die Brust legend, sich von mir verabschiedete.

Beim Weggehen dachte ich nach über den seltsamen Empfang und die kurzen Erwiderungen, deren Sinn mir unverständlich war, die ich aber als Beistimmung zu meinen Worten deutete. „Ich hatte Unrecht", sagte ich mir, „ihm so sehr zu zürnen, er ist ein Stockungar; das beweist

*) Kreuzmillionendonnerwetter.

nicht nur sein Name, sondern auch seine Manieren. Er weiß es eben nicht besser und kann deshalb für jenen Fehler nicht verantwortlich gemacht werden. Was aber mag jenes diabolische Lächeln bedeutet haben, mit welchem er mir das Blatt überreichte?"

Im Gasthause angekommen, war mein Erstes, dies Blatt zu durchfliegen. Es war eine neuere Nummer der Allgemeinen. Sie enthielt einen interessanten Bericht über die Wiener internationale Kunstausstellung von Professor Friedrich Pecht. Ich begann zu lesen — Himmel, jetzt versteh' ich, das Blut gerann mir in den Adern — da ist er wieder, da steht er, da starrten folgende Worte in unbarmherzig unveränderlicher Druckerschwärze mir entgegen: „Aber auch dann noch würden seine Schöpfungen einen hohen Rang einnehmen. Würden sie es doch in der ganzen Welt!"

Noch am nämlichen Abend löste ich mir ein Billet nach Wien.

6.

„Aber, mein Lieber, ich kann Sie nicht verstehen", sagte Herr Pecht, mich freundlich zu sich auf das Sopha ziehend. „Sie sind, wie ich aus Allem entnehme, ein Mann von classischer Bildung. Haben Sie denn ganz die Worte des Horaz vergessen, der die Entwickelung und das Wachsthum der Sprache mit den Bäumen des Waldes vergleicht, von denen manche zu Grunde gehen, andere wieder aus unscheinbaren Trieben zu fröhlichem Gedeihen emporschießen und so die Stelle ihrer gefallenen Brüder einnehmen? Ein ewiges Werden, ein unmerkliches, aber unausgesetztes Umbilden der Formen und Wendungen, das ist das große Naturgesetz, und so scheint es mir denn, daß Sie sich ohne Noth über diesen Satz, sowie über den, wie Sie sagen, immer mehr überhandnehmenden Conditional ereifert haben."

„Gestatten Sie mir den Einwurf", erwiderte ich bescheiden „daß diese Umbildungen, sofern sie von dem lebendigen Mittelpunkt des Sprachgeistes ausgehen, allzeit eine Vervollkommnung des sprachlichen Ausdrucks, eine feinere Nuancirung und Differenzirung — denn das ist das große Gesetz der Entwickelung — mit einem Worte, eine Bereicherung des Sprachschatzes ausmachen müssen. Daß dagegen auch eine Zeit des Verfalls kommt, in welcher die sprachlichen Bezeichnungen unterschiedslos zusammenfließen und dann statt des prächtigen Waldes mit den geordneten, schlanken Stämmen wildes Gestrüpp, verworrenes Unkraut, aus den Wurzeln emporschießende Wasserreiser zum Vorschein kommen, ein scheinbares Bild der unverwüstlichen Naturkraft; aber es geht kein Pfad mehr durch die Wildniß und die heranreifenden Geschlechter vermögen nicht, wie sonst, unter dem Schatten des herrlichen Laubdachs zu ruhen. Haben wir nicht ein sprechendes Beispiel, eine lebendige Warnung in der lateinischen Sprache? Diese einst so klare, so durchsichtige, so scharf ausgeprägte Sprache, die ein Muster von Logik und künstlerischer Durchbildung war — bereits im dritten Jahrhundert bricht die Zerstörung ein, und in den Schriftwerken herrscht ein Conglomerat von Phrasen, Floskeln, rhetorischen Zieraten, die die Gedanken zudecken und verhüllen, durch die man sich mit unsäglicher Anstrengung hindurcharbeiten muß."

„Und Sie glauben wirklich, daß diese Ausdrucksweise ein Zeichen der Auflösung oder des Verfalls ist?"

„Ob ich es glaube? Sie, geehrter Herr Professor, der mit so feinsinnigem Verständniß die Gesetze der Schönheit in dem einzelnen Kunstwerke nachweist, wären vor allem berufen und verpflichtet, auch der Sprache, dem großartigsten Kunstwerke, ihre eigenthümliche Schönheit zu bewahren, das Gesetz des Ausdrucks, wie an dem Gemälde, dem Marmorbilde, so auch in ihr nur dann vollkommen erfüllt zu finden, wenn das Mittel zugleich das einfachste und das charakteristischste ist."

„Ich glaube, daß Sie im Rechte sind", sagte der Professor wohlwollend. „Nun aber erlauben Sie mir eine Frage, die ihre Berechtigung darin findet, daß sie nicht einer Regung der Neugierde, sondern aufrichtiger, wahrer Theilnahme entspringt. Sie haben die Reise nach Wien gemacht, doch hoffentlich, um die Ausstellung zu besuchen, und nicht, um mir Ihren schätzbaren Besuch in dieser doch auch auf schriftlichem Wege zu erledigenden Angelegenheit zu machen?"

„Einzig und allein aus letzterem Grunde.“

„Wie aber soll ich das verstehen?“ fragte Herr Pecht erstaunt.

„Ach, das ist eine trübe, trübe Geschichte“, erwiderte ich gepreßt. „Aber da ich bei Ihnen einem so großen Wohlwollen und zum ersten Male einem wirklichen Verständniß begegnet bin, so will ich Ihnen mein Herz ausschütten und das tragische Verhängniß meines Lebens mittheilen.“

Und nun begann ich ihm von der ersten Katastrophe an die unsäglichen Leiden, die mich verfolgten, den mir auf Weg und Steg durch seine Gegenwart jede Freude verbitternden Gesellen zu schildern, ebenso den Entschluß, den ich gefaßt und von dem ich Erlösung gehofft hatte, sowie die Erfolglosigkeit meiner bisherigen Anstrengungen mitzutheilen. Mit sichtlicher Theilnahme folgte er meinen Worten und sagte, als ich zu Ende war, gerührt: „Das ist allerdings ein finsteres, schweres Geschick. Armer junger Mann! Eine wahre Orestie!“

„Ja, nur daß die tragische Sühnung bis heute noch nicht eingetreten ist“, sagte ich dumpf, denn ich glaubte das Knarren der Schuhe Olibrii in der Nähe zu vernehmen.

„Gibt es denn gar kein Mittel? fragte der Professor und versank in Nachdenken. „Halt, ich hab's, ich hab's!“ rief er urplötzlich in freudiger Erregung aufspringend und sich die Hände reibend, „ich hab' es gefunden. Sie werden erlöst!“ Erstaunt blickte ich ihn an.

Und freudestrahlend mit großen Schritten im Zimmer auf und abgehend, rief er immer wieder: „So ist's, ja so! Wissen Sie was, Sie setzen sich hin, hier gleich bei mir und schreiben in Ihrer einfach treuherzigen Weise Ihr Schicksal nieder, gerade so wie Sie mir's erzählt haben, kein Wort mehr, keins weniger. Das lassen wir dann drucken, veröffentlichen das Büchlein und ich will nicht Pecht heißen, wenn es nicht den erwünschten Erfolg hat! Ich kenne unsere Deutschen, sie sind ein gutes Volk. Die sich nicht durch die Gewalt Ihrer Gründe bestimmen lassen, die werden aus Mitleid für Sie, um Sie von Ihren Leiden zu erlösen, jenen Fehler zu vermeiden suchen! Und so haben Sie denn Ihre Mission erfüllt, der Unhold ist gefeit, Sie sind befreit! — entsühnt! Und außer sich vor Freude tanzte der gute Mann im Zimmer herum, wodurch ich so eigenthümlich bewegt wurde, daß ich unter Thränen lächeln mußte. Dann nöthigte er mich an seinen Schreibtisch und hieß mich sofort die Erzählung zu Papier bringen.

So that ich.

Und nun ruhe, ruhe, verstörter Geist!

Leipzig,
Druck von Giesecke & Devrient.

FSC
www.fsc.org
MIX
Papier | Fördert
gute Waldnutzung
FSC® C083411

Kolibri 360 GmbH
Ferdinand-Jühlke-Straße 7
99095 Erfurt, Deutschland
produktsicherheit@kolibri360.de